林地生态养殖系列

林地生态养鸡实用技术

张鹤平 主 编
陈敬谊 张庆桥 副主编

化学工业出版社
·北京·

本书介绍了林地生态养鸡概述、林地生态养鸡具备的条件、林地生态养鸡品种的选择、林地生态养鸡科学规划和设计、林地生态养鸡营养与饲料配合、林地生态养鸡饲养管理技术、林地生态养鸡疾病防治技术、林地生态养鸡经营管理等内容，是指导林地种植户、养殖场（户）掌握林地生态养鸡技术的科普书籍。

图书在版编目（CIP）数据

林地生态养鸡实用技术/张鹤平主编．—北京：化学工业出版社，2012.4（2025.1重印）
（林地生态养殖系列）
ISBN 978-7-122-13454-7

Ⅰ.林… Ⅱ.张… Ⅲ.鸡-饲养管理 Ⅳ.S831.4

中国版本图书馆CIP数据核字（2012）第021428号

责任编辑：邵桂林	文字编辑：王新辉
责任校对：宋 玮	装帧设计：杨 北

出版发行：化学工业出版社（北京市东城区青年湖南街13号　邮政编码100011）
印　　装：北京盛通数码印刷有限公司
850mm×1168mm　1/32　印张8　字数240千字
2025年1月北京第1版第17次印刷

购书咨询：010-64518888　　　　　　　　售后服务：010-64518899
网　　址：http://www.cip.com.cn
凡购买本书，如有缺损质量问题，本社销售中心负责调换。

定　价：23.00元　　　　　　　　　　　　　　版权所有　违者必究

编写人员名单

主　　编　张鹤平
副 主 编　陈敬谊　张庆桥
编写人员（按姓氏笔画排序）
　　　　　乔海云　刘建钗　孙占田　孙树春
　　　　　张庆桥　张鹤平　陈敬谊

前　言

　　随着社会进步和经济水平的提高，人们对食品安全的要求越来越高，迫切需要得到安全、优质的畜禽产品，并且市场需求量极大。利用林地进行生态养殖，既能够提高林地的利用效率，改善环境，同时生产的畜禽产品具有安全、优质的特点，符合当前市场对安全食品的需求趋势，提高了经济效益、生态效益，具有广阔的发展前景，同时也是农民当前致富的好途径。

　　本书介绍了我国林地生态养鸡概况，并详细论述了林地生态养鸡应具备的条件、林地生态养鸡品种的选择、林地生态养鸡科学规划和设计、林地生态养鸡营养与饲料配合、林地生态养鸡饲养管理技术、林地生态养鸡疾病防治技术、林地生态养鸡经营管理等内容。是指导林地种植户、养殖场（户）掌握林地生态养鸡技术的技术书籍。

　　由于林地生态养鸡这项新技术还有待完善，加之笔者水平有限，书中可能有不妥之处，敬请广大读者批评指正。

编者
2012 年 1 月

目 录

第一章 概述 …… 1
一、林地生态养鸡的概念及特点 …… 1
二、林地生态养鸡的意义 …… 3
三、林地生态养鸡产品的特点 …… 5
四、林地生态养鸡的生产现状 …… 6
五、林地生态养鸡的发展前景 …… 10

第二章 林地生态养鸡应具备的条件 …… 11
一、林地生态养鸡可行性调查 …… 11
二、对放养场地的要求 …… 11
三、林地种类及特点 …… 12
四、养殖经验和技术要求 …… 16

第三章 林地生态养鸡品种的选择 …… 18
一、鸡的起源 …… 18
二、鸡的品种分类 …… 18
三、林地生态养鸡对鸡品种的要求 …… 19
四、地方鸡的品种 …… 21

第四章 林地生态养鸡科学规划和设计 …… 39
一、林地面积、养殖规模的确定 …… 39
二、养殖季节及放养时间的确定 …… 40
三、场址的选择 …… 42
四、场地规划 …… 50
五、鸡舍的建筑类型和修建 …… 51
六、养殖设备和用具 …… 57

第五章 林地生态养鸡营养与饲料配合 …… 59
一、林地养鸡采食特点 …… 59
二、鸡的营养需要 …… 60
三、鸡常用饲料原料 …… 75

四、生态养鸡饲料开发 ……………………………………………… 87
　　五、饲料添加剂 …………………………………………………… 97
　　六、鸡饲养标准与饲料的配制 …………………………………… 106
第六章　林地生态养鸡饲养管理技术 …………………………………… 114
　　一、雏鸡的饲养管理 ……………………………………………… 114
　　二、生长、育成鸡林地放养技术 ………………………………… 134
　　三、产蛋鸡林地饲养技术 ………………………………………… 148
　　四、优质鸡育肥期的饲养管理 …………………………………… 156
　　五、不同林地生态养鸡技术 ……………………………………… 158
　　六、不同季节林地养鸡饲养管理 ………………………………… 163
第七章　林地生态养鸡疾病防治技术 …………………………………… 167
　　一、林地养鸡发病特点 …………………………………………… 167
　　二、鸡病的传播途径 ……………………………………………… 168
　　三、林地生态养鸡疫病综合防治 ………………………………… 170
　　四、林地生态养鸡常见疾病 ……………………………………… 184
第八章　林地生态养鸡经营管理 ………………………………………… 220
　　一、制定养鸡周期和计划 ………………………………………… 220
　　二、成本和效益核算 ……………………………………………… 220
　　三、提高经济效益的方法 ………………………………………… 220
　　四、生态养殖，生产无公害、绿色产品 ………………………… 221
　　五、养鸡废弃物的处理 …………………………………………… 228
附录 …………………………………………………………………………… 232
　　一、规模化生态放养鸡养殖技术规程 …………………………… 232
　　二、无公害食品蛋鸡饲养允许使用的兽药 ……………………… 240
　　三、无公害食品肉鸡饲养中允许使用的药物饲料添加剂 ……… 246
　　四、无公害食品肉鸡饲养中允许使用的治疗药 ………………… 247
　　五、生产A级绿色食品允许使用的抗寄生虫和抗菌化学药品 … 249
参考文献 ……………………………………………………………………… 250

第一章 概 述

一、林地生态养鸡的概念及特点

（一）林地生态养鸡概念

林地生态养鸡是利用林地、果园、草场、荒山荒坡、河堤、滩涂等丰富的自然生态资源，根据不同地区自然环境的特点和特性，实行舍养（育雏阶段在鸡舍内养殖、放养阶段晚上鸡在舍内休息、过夜）和放养（雏鸡脱温后白天在林地散放饲养）相结合的养殖方法。鸡以自由采食林地里生长的野生自然饲料如各种昆虫、青草、草籽、嫩叶、腐殖质和矿物质等为主，辅助人工补喂饲料，实行科学的饲养和管理、严格的卫生防疫措施，并在整个饲养过程中严格限制饲料添加剂、化学药品及抗生素的使用，以提高鸡蛋、鸡肉风味和品质，生产出更加优质、安全的无公害或绿色的肉、蛋产品。

林地生态养鸡是在现代农业可持续发展的大背景下运用生态学的原理，使农、林、果等农业种植生产和传统的散放饲养及现代科学饲养等畜牧生产方式做到有机结合，充分利用广阔的林地、果园等自然资源，进行养鸡生产，达到以林养牧、以牧促林的良好效果。并通过建立良性物质循环，实现资源的综合利用，起到既保护生态环境，又增加农民收入的作用，实现生态效益、经济效益和社会效益的统一。

我国具有丰富的林地资源，怎样有效利用林地土地和空间的巨大资源，增加林地收益，是新时期农村建设的重要议题，利用林地、果园等进行生态养鸡这种新型养殖方式，正是既合理利用了林地、果园等自然资源，又解决了传统养鸡占地多、鸡病多、对环境造成污染等制约常规舍内饲养时遇到的突出问题，同时鸡在新鲜的空气、自由的觅食运动中充分享受了动物福利，这种因地制宜利用林地发展生态养鸡的模式，已经是不少地区发展生态农业的重要方式。

(二) 林地生态养鸡的特点

1. 舍饲和放养结合

放养是指雏鸡经过 1~2 个月的鸡舍内饲养脱温后，散放饲养在树林、果园、山地、草场、田间中，鸡在白天自由活动、觅食、饮水，早晨和傍晚人工补喂饲料，晚上在林地里的棚舍内休息、过夜。这种饲养方式既利用了林地资源，使林地空间、林地中自然生态资源如林地里生存的各种虫体、嫩叶、青草等作为食物供鸡采食，又给鸡提供了自由活动、觅食、饮水的广阔空间，林地环境安静、空气新鲜、光照充足、有害气体少、饲养密度小，能够给鸡提供良好的生活环境，使鸡只健康、生长发育良好，从而生产出更优质、安全、生态的产品。

2. 采食野生饲料和人工补喂饲料相结合

鸡白天自由采食林地里的野生自然饲料如昆虫、草籽、青草、嫩叶、果实、腐殖质等，但还不能满足鸡的营养需要，早晨或傍晚还要再通过补喂饲料来补足营养，使鸡能够获得充足的营养物质，从而可以充分发挥其生产潜力，达到较高的生产水平。鸡白天自由觅食获得的野生饲料一方面可以减少人工饲喂饲料的数量，节省饲料开支，同时野生的动植物饲料中含有丰富的动物性蛋白质和多种氨基酸，并且还有大量叶黄素等营养物质，使鸡肉营养丰富、味道鲜美，蛋黄颜色橙黄，适口性增加，作为无污染、无公害的肉蛋产品销售，从而获得良好的效益。

3. 严格限制饲料添加剂、化学药品及抗生素的使用

林地生态饲养的过程中，鸡的生长环境良好，和传统舍内高密度饲养相比，鸡只患病少，使用的预防和治疗药物少，产品中残留的成分大大减少。整个饲养过程中严格限制饲料添加剂、化学药品及抗生素的使用，保证了鸡肉和鸡蛋的质量，真正做到产品安全、优质、生态，使消费者放心。

4. 林地生态养鸡需要科学的配套技术作为技术支持

过去传统的家庭散放养鸡，是利用农家自家场院，在房前屋后养鸡，养的数量较少，鸡的饲喂也较随意，常常用单一的谷物或剩余饭菜喂饲，鸡晚上也常常是在条件简陋的鸡窝休息过夜，所以鸡只生长

速度慢，产蛋性能低，患病的概率大，只是以零换整补贴家用，或供自家食用，往往没有什么收益。

林地生态饲养，有别于随意性较强的传统的庭院散养，须从品种选择、林地规划和要求、饲料供给、鸡舍设置到周期性的饲养管理技术等方面，严格按照科学的饲养、管理等一系列的配套技术进行养殖，才能搞好林地生态养鸡，从而获得较高的经济效益。

二、林地生态养鸡的意义

（一）生产安全、优质、放心的鸡肉和鸡蛋

随着人民生活水平的逐步提高，消费者更加注重食品的质量，对鸡肉和鸡蛋产品的质量也提出了更高的要求。现代集约化饲养条件下鸡肉和鸡蛋的品质和风味已经不能满足消费者的需求。有时为了改善集约化饲养鸡的产品品质，往往在饲料中添加一些化学合成的着色剂等物质，也引起消费者的顾虑。林地生态养鸡，由于林地、果园等外界环境条件较复杂，容易受气候、天气情况变化的影响，一般宜选择野外生活力较强、耐粗饲、觅食能力好的地方优良品种，在肉质和蛋品质方面本身具有一些优质基因，加上采用自然、健康的林地散放饲养方式，鸡的活动空间大，自由采食，以昆虫、草籽、嫩草为食，饲养期较长，一般经过90~150天才出栏上市，这时鸡冠红润、羽毛光亮，脂肪沉积适中，皮薄肉嫩，味道鲜美；鸡蛋水分少，蛋白质含量高，胆固醇含量低，蛋黄色素深，香味浓郁，口味好。由于饲养过程中严格控制各种添加剂和药物的使用，鸡肉和鸡蛋中无药物和激素残留，生产的产品绿色、优质，符合当今人们对食品质优、安全的需求，深受消费者青睐。

（二）饲养成本较低，经济效益高

1. 饲料投入较少

林地里鸡的食物资源丰富，鸡可以自由采食林地里的植物性饲料（草籽、嫩草等）和动物性饲料（昆虫、虫卵等），且可以从土壤中获取矿物质，仅在晚上补喂饲料即可，可以节约饲料。鸡的饲喂靠全程人工喂料时，饲料成本占到全部成本的70%左右，而林地生态养鸡，一般可减少饲料成本10%~30%，使养鸡效益得以

提高。

2. 药物费用降低

林地空气新鲜,光照充足,饲养密度小,环境安静,应激因素减少,鸡到处觅食,抗病力较强,尤其是山区的草坡、山坡做自然屏障,传染病的发生率低,用药少,能节省药物费用。

3. 养鸡设备投入较少

雏鸡在鸡舍内饲养,需要雏鸡舍。林地放养后夜间休息、过夜的鸡舍一般要求不高,可以视具体条件搭建简易棚舍、塑料大棚等,也可以由人住的房舍加以改造利用,不需要鸡笼,可以减少一笔鸡舍建筑费用。

4. 市场价格高于普通肉鸡、鸡蛋

由于鸡的生长环境优越,养殖时间较长(约100天以上),肉、蛋品质好,无污染、无药物残留,味道鲜美,如果按照无公害、绿色食品的生产要求进行饲养,出售时价格更比普通的鸡肉、鸡蛋价格高很多。据笔者在当地市场调查,普通鸡蛋超市价格为3.95元/500克,而标注为当地笨鸡蛋的价格为10.8元/500克、13.8元/500克不等,价格是普通鸡蛋的3~4倍。

5. 增加生态效益

我国各地林地资源丰富,怎样对现有林地资源进行开发利用,增加收益,是林地生产中的重要问题。农民利用各种林区、山坡、果园等闲置资源,合理利用现有自然资源,做到林牧结合,以林养牧,以牧促林。

林地是各种昆虫如金龟子、金针虫、地老虎、蛾、蝗虫、叶蝉等害虫的滋生和繁殖场所,鸡大量采食林地害虫,它们是鸡的"美味佳肴",林地、果园、草场害虫大大减少,保护了林木、果树,使病虫害的发病率明显减少,也减少了喷施农药的次数。

全舍内饲养时,鸡的饲养密度大、粪便产生多,氨气、硫化氢等有害气体含量高,恶臭气味大,夏季招惹蚊蝇,对外界环境产生的污染日益突出。而林地空间开阔,鸡的活动空间大,饲养密度较低,鸡的粪便产生的有害气体如硫化氢、氨气、灰尘等在空气中的浓度相对降低,从而减少了养鸡对环境的污染。

鸡粪做肥,减少化肥使用,节省肥料成本。鸡的粪便中含有大量有机物质和丰富的氮、磷、钾等矿物质,是优质的有机肥料,林地施用鸡粪作为有机肥投入,促进林木生长,既解决了粪便污染环境的问题,又减少了化学肥料的施用量,可改良土壤品质,增强地力,有利于林木、果树的生长发育。果园每养50只鸡,一年可产750千克的鸡粪,约相当于50千克的碳铵、50千克的过磷酸钙、10千克的氯化钾所含的养分,这些有机肥对改良果园土壤的有机质可起到良好的作用,还能提高果品的质量和产量。

鸡粪还可作为林地中蚯蚓、蝇蛆等动物的营养物质,通过人工繁殖养育,可以为鸡、鸭等家禽提供丰富的蛋白质饲料,节约饲养成本。

林地生态养鸡有利于农业增产、农民增收,是当前新农村建设一个新的经济增长点。

三、林地生态养鸡产品的特点

(一)鸡肉品质的特点

1. 营养价值高

鸡肉的主要营养成分包括水分、粗脂肪、粗蛋白、灰分、钙磷及氨基酸等。不同鸡种与饲养方式对鸡肉成分有影响。据测定,放养柴鸡胸肌干物质率、粗蛋白含量比笼养京白蛋鸡腿肌含量高,胸肌粗脂肪含量低于笼养京白蛋鸡。

2. 鸡肉口味鲜美

实验表明,通过林地生态养殖,鸡肉蛋白质的氨基酸种类和含量发生变化,脂肪含量低,胸肌和腿肌中肌酐酸的含量高于现代笼养(京白)鸡,能够改善鸡的肉质,肌纤维直径小,密度大,嫩度好。

(二)鸡蛋品质的特点

1. 蛋壳质量高,蛋黄颜色深

实验表明,通过林地散放饲养,鸡蛋蛋壳质量如蛋壳厚度、蛋壳相对重量比笼养鸡有所提高。放养鸡在林地活动,自由采食嫩草及富含角黄素的甲壳类、昆虫、蜘蛛等动物,蛋黄颜色深于笼养鸡蛋黄的颜色。

2. 鸡蛋主要营养物质含量

鸡蛋含水量的高低是衡量鸡蛋营养价值的重要指标，鸡蛋含水量越高，其有价值的部分越低，林地饲养鸡的鸡蛋蛋清和蛋黄含水量比同品种的笼养鸡低。林地放养的鸡可以自由采食绿草和昆虫，可能增加了饲料中可溶性纤维、壳聚糖的含量，蛋黄中胆固醇含量显著低于相应的笼养鸡。林地放养鸡的鸡蛋蛋清和蛋黄中的蛋白质含量高于笼养鸡。

放养鸡的柴鸡蛋含水量低，干物质、脂肪、粗灰分显著高于现代笼养京白鸡，脂肪含量高，鸡蛋味道香。同时鸡蛋的粗蛋白含量也较高。重要风味物质即谷氨酸含量柴鸡蛋比现代笼养鸡高，可能是柴鸡蛋风味优于笼养鸡蛋的原因之一。

四、林地生态养鸡的生产现状

（一）生产现状

我国地域广阔，具有多样化的林地资源，把自然资源有效开发、利用，进行适度规模的林地生态养鸡符合市场对优质、安全畜产品的需求，也能够充分发挥地区生态农业的优势，一举多得，是带动农民致富的好项目。

有的地区实现了林地生态养鸡规模化生产，通过正确引导和组织，加强技术培训，以规模饲养基地为龙头，靠特色、绿色形成品牌，抢占市场，实现产、供、销一条龙，取得了很好的经济效益。

我国南北各地林地自然资源差异较大，自然气候条件和市场消费需求各不相同，在利用林地生态养鸡方面呈现多样化局面。各地利用现有林木、竹林、果园、荒山荒坡、草场、滩涂进行生态养鸡的模式各不相同。养鸡种类，有的饲养肉鸡，有的以饲养蛋鸡为主，饲养品种有优良地方鸡种，如固始鸡、仙居鸡、华北柴鸡等；也有地方鸡培育的配套品系，如北京矮脚肉鸡、绿壳蛋鸡等，也有现代培育品种如"农大3号"节粮小型蛋鸡等。正是林地生态养鸡的多样化特点，要求在实际生产中，一定要因地制宜，合理种养，才能获得好的经济效益。

(二) 存在的主要问题

1. 缺乏科学的林下养殖饲养管理技术

林下生态养鸡对饲养品种、养殖环境、地理位置、棚舍搭建、饲养管理等技术要求与规模化舍内饲养技术有比较大的差距，有的地区缺乏科学的林下养殖管理技术，缺乏林下养殖技术人员、有经验的养殖户，甚至还是沿用传统舍内饲养的基本技术，导致饲养效果不佳或养殖失败。

2. 疫病防控难度较大

林下养鸡主要以放养为主，鸡容易感染寄生虫等疾病，果园中由于养殖区域宽阔，流动性大，雀鸟活动频繁，且果农、养殖户等人员往来频繁，对日常的环境消毒、疫病预防控制造成一定的难度。

3. 产业链建设不完善

林下生态养鸡的产品安全、风味独特，比规模化舍内饲养的市场竞争力强、价格高，但是目前有的地区林下养殖的畜禽还是以商贩销售为主要途径，没有形成自己的特有品牌，体现不出应有的市场竞争力，林下生态养鸡的产业链建设还有待完善。

(三) 林地生态养鸡需注意的问题

1. 正确认识林地生态养鸡项目

林地生态养鸡并不是简单、粗放的散放养，它需要科学、规范的养殖技术，既对林地、果园有一定的要求，又要根据各地的实际条件选择合适的品种，并在营养、饲料、饲养、管理、鸡场（舍）规划建设、鸡病防治等方面参考舍内养鸡的一些好方法，根据当地的具体条件，因地制宜，遵循科学的配套养殖技术，才能保证林地生态养鸡的整个饲养过程的成功，养出规模，养出效益，实现科技致富。

林地生态养鸡，要求在对林地、果园进行正常生产和管理的同时，对鸡的饲养管理一点也不能松懈，从对市场的调查、养鸡的品种选择、鸡苗的购买、鸡棚舍的建设、饲料的准备和购进、药物、疫苗的准备，到日常的饲养和管理，最终产品的销售、对预期的成本核算等有很多烦琐的工作；需要一定的人力、物力、财力投入，同时会有一定风险，一定要认真对待，科学决策，避免盲目模仿和跟进。

2. 品种选择要慎重

各地自然条件、市场需求等有很大差异，应该结合当地情况，找到适合本地的品种。是饲养肉用型鸡、蛋用型鸡还是肉蛋兼用型鸡，要视具体情况，做慎重选择，避免盲目选择。

在饲养品种上，有的养殖户选择的是快大型肉鸡品种，如艾维茵、ＡＡ等快大型肉鸡，由于其生长快、活动量小、对环境条件要求高，不适于在林地、果园等粗放环境进行放养。同时快大型肉鸡采食量大，需要投喂大量饲料，出售日龄较早，造成鸡肉品质较差，失去了林地放养鸡应有的口味，从而导致销售困难，难以实现利润，是在林地饲养时必须注意的问题。

地方品种是我国劳动人民历经长期的劳动培育出的地方良种。但一些地方鸡种存在增重慢、耗料多、育肥效果差、繁殖率低的特点，一定要慎重选择。有些品种在笼养条件下产蛋率就非常低，林地放养时更不可能取得优良的产蛋成绩。标准的蛋鸡品种，如罗曼、海兰系列等，可进行林地放养，但是蛋重往往大于55克，得不到消费者的认可。

总之，一定要选择适合当地自然条件、生产性能较稳定、产品又符合当地消费习惯的品种进行饲养，才能获得较好的效益。

有关品种选择的具体内容，详见第三章相关内容。

3. 重视科学的饲养管理技术

林地放养，作为一种全新的饲养方式，需要采用科学、合理的饲养管理技术。要获得高经济效益、高产性能，实现条件须是高产品种、配合饲料、足够大的场地并严格控制饲养条件。如果还是按照传统的饲养方法，就会导致成本高、效益差。各地的林地养鸡条件差异较大，饲养品种不同，很难有统一的饲养标准。林地养鸡要参照当地制定的鸡营养需要、日粮配制及生产性能等相关指标进行科学饲养管理。林地放养鸡切忌不讲究科学的饲养、管理方法而是想当然，随意配制饲料，有什么喂什么，导致营养严重失衡，造成蛋壳颜色发白，甚至出现沙壳蛋、薄壳蛋，使鸡蛋品质下降。

要根据合理利用林地资源，结合具体情况，合理制定饲养密度和规模。由于放养场地面积及林地昆虫、植被等情况相对固定，而鸡对杂草等粗纤维高的物质消化利用能力非常有限，一只鸡采食50克青饲料，理想状态下仅提供了2~3克粗蛋白质，不足以维持较高生长水平和产蛋率。饲养规模越大，鸡得到动物蛋白质的机会就越少，白天鸡自由觅食到的营养物质就少，影响鸡的生长发育，所以应当确定适宜的饲养规模和密度，防止饲养规模和饲养密度过大。饲养密度过大，也会导致生长过程中鸡的个体大小不均，影响生长发育。也有的养殖户，养鸡的数量比较少，但仍大量投喂饲料，导致鸡不愿运动觅食，只在料槽附近等吃食，既增加了饲养成本，又降低了林地鸡的肉质。

有的养殖户不完全按照林地饲养管理的方法进行特色饲养，而采取圈舍饲养，用饲料催肥，结果产品质量差，与市场普通鸡肉、鸡蛋没有差别，价格低，经济效益低。有的忽视疾病的防治，疫苗接种不科学，导致鸡发病率高、死亡率高，养殖效益差。

总之，林地生态养鸡一定要科学饲养，才能有好的经济效益。

4. 突出生态养殖，形成特色，创出品牌

林地散养鸡要获得收益，要在选用优质品种的基础上，通过科学饲养管理，进行无公害标准化生产，发展特色林地生态养鸡，打造无公害、绿色品牌，以优质、特色品牌产品赢得市场，从而获得较好的经济效益。

林地生态养鸡有其特别的生产和销售规律，要利用市场对产品的需求特点、市场价格的地区差异和节假日价格差，合理安排饲养周期，适时出栏，供应市场。林地饲养如果养殖规模小，存栏量较少，就形不成规模优势，有时由于鸡的销售环节出现问题，鸡不能按时出栏，饲养周期延长甚至超过150多天，造成鸡的饲料转化率降低，饲养成本大大增加，都会影响养殖效益。有的地区，基础条件较差，电、水等基础设施不完善、不配套，交通运输不便，外地运输成本增加等，制约了林地经济规模化发展，需要政府有关部门合理引导，创造条件，为林地养鸡提供有力的支持，通过提高养殖水平，使其从传统的饲养方式向科学饲养方式转变，科学规划，科学养殖，向适度规模化、区域化发展。

五、林地生态养鸡的发展前景

目前，普通商品鸡蛋和鸡肉供应充足、销售价格和利润偏低，特色、安全的肉蛋产品会越来越受到消费者的喜爱，林地生态养鸡产品正好符合了人们对优质、绿色食品的需求，符合生态农业的发展趋势，通过积极、正确引导，掌握科学种养技术，把握好销售环节，林地生态养鸡大有作为。

我国林地面积广阔，充分利用林下土地资源和林荫空间，充分利用这些林地、果树、苗木地发展生态养殖，实现以林"养"鸡、鸡"育"林的良性循环，作为一种农牧结合的新型生态产业，具有良好的生态效应和经济效益，有广阔的市场前景。

第二章 林地生态养鸡应具备的条件

林地生态养鸡一般分为育雏和放养两个阶段。育雏阶段一般在鸡舍内，饲养4~6周，等雏鸡脱温后再进入林地放养阶段。林地生态养鸡应该从选择适宜的林地及果园环境、养鸡技术等方面做好准备。

一、林地生态养鸡可行性调查

筹建一定规模的林地生态养殖场，要先进行可行性调查研究和论证，考虑建场养鸡的必要性。主要包括林地生态养鸡项目投资的必要性和经济意义；国内外市场近期的需求情况，市场现有生产能力估计，销售预测、价格分析、产品竞争力及拟建场规模；资源、原材料、燃料和设施情况如饲料资源，水、电、燃料等情况及建筑材料种类和价格；场址方案和建场条件如林地场区的地理位置、气象、地质和地形条件及社会经济状况，交通运输及水电供应条件等；养殖设备的选择、土建工程量估算和布置，给排水、供电、采暖及通风等设施的选择等；生产组织如劳动定员及劳动力来源情况；投资估算和资金的筹措如建场资金、生产流动资金及资金来源等；经济效益分析如生产成本、年收入概算等。

二、对放养场地的要求

放养场地是林地生态养鸡的生活场所，选择得当与否，对养殖的效率和效益有很大影响。选择放养场地时应主要考虑以下内容。

（一）环境条件

平原地区的林地、果园，应注意选择在地势高燥、平坦，较周围地段稍高、稍有缓坡的地方，以便排水，防止积水和雨后泥泞，容易保持场地和棚舍干燥。低洼潮湿的场地，空气相对湿度较高，不利于鸡的体热调节，而利于病原微生物和寄生虫的生存繁殖，对鸡的健康会产生很大影响。

丘陵、山区林地应选在地势较高、向阳背风的地方，坡面坡度不超过25%。还要注意地质构造情况，避开断层、滑坡、塌方的地段，避开坡底和谷地以及风口，以免山洪和暴风雪的袭击。放牧场地的地形应尽量开阔整齐，不要过于狭长或边角过多，这样饲养管理时比较方便，能提高生产效率。

放养场地除丘陵、山区外，最好是沙壤土，透水透气性良好，雨后不会泥泞，易于保持干燥，可防止病原菌、寄生虫卵、蚊蝇等的生存和繁殖。

放养场地的位置要考虑饲料、物资需求和产品供销，应保证交通方便，远离屠宰场、化工厂、大型养殖场等污染源，保证防疫安全。

（二）林地植被状况

植被的多少，影响林地养鸡的效益和效果，甚至是养殖成功与否的关键因素之一。要考察植被的密度和牧草的覆盖率及植被的种类。单位面积的林地生长的植被越多、地块覆盖率越高越好。鸡对牧草有选择性，喜欢吃的牧草越多，林地饲养效果越好。鸡喜欢吃幼嫩多汁、无异味的牧草，尤其是野菜类。鸡不喜欢吃粗硬、含水率较低、带有臭味或异味的草。人工草场、果园、林地的野草质量较好，退化的天然草场和土地条件较差的山地和丘陵，生长的抗逆性较强的野草，可食性差，多数不能被利用，不宜作为林地生态饲养的场所。

（三）可靠的水源

在林地放养期间，鸡在野外受到阳光直射、自然风吹，运动量大，往往比在舍内饲养需要更多的饮水。所以林地放养需要保证可靠的水源，给鸡只提供充足、优质的饮水，才能满足鸡的健康和生长发育需要。

三、林地种类及特点

（一）林地基本情况调查

选择现有林地、果园、山场进行生态养鸡，要对林地基本情况进行调查，结合养鸡对场地的要求，判断林地是否适合建场养鸡。调查内容包括以下几方面。

1. 社会经济情况

林地、果园所在地区及其邻近地区的人口、劳动力数量和技术素质，当地的经济发展水平，居民的收入及消费状况等。

2. 林地、果树生产情况

现有林地、果园的栽植林木树种和品种、树龄、生长结果状况、总面积、产量、林地管理技术水平及经济效益等。

3. 气候条件

包括平均温度、最高与最低温度、日照时数、年降水量及主要时期的分布，当地灾害性天气出现频率及变化等。

4. 地形及土壤条件

包括平地和山地林场及果园。

5. 水利条件

主要包括水源，现有灌、排水设施和利用状况。

对以上情况有了较全面的了解后，综合判断林地的自然条件，根据其特点决定是否满足建场养鸡的条件。

(二) 可以进行生态养鸡的林地种类

林地、果园、山地、坡地、竹园、茶园和桑园、草场、农田、滩涂等都可以用来进行生态养鸡。

1. 林地种类

(1) 林地 林地中野生草菜、昆虫等自然饲料资源丰富，林下空间宽阔，空气新鲜，环境幽静，适宜林地生态养鸡。

林地以树冠较小、林冠较稀疏、冠层较高（4~5米以上），树林郁闭度在70%左右，阳光照射地面面积在50%左右成林较为理想，这样的林地透光通气性能好，林地杂草、昆虫丰富。如果树木枝叶过于茂密，林地透光效果差，林地植被生长受影响，同时也不利于鸡的生长，尤其在秋末冬初天气凉爽时，早晚过于阴冷，特别是秋末雨水仍然不少，空气和地面过于潮湿，不利于鸡的生长发育，鸡易发生疾病，特别是球虫病和肠道疾病。

鸡性情活泼，喜欢飞栖于树枝头，不宜选择矮小的树林。要选择树木较高，能够遮阴的连片林地。适宜选择面积较大的阔叶树林地或杉、松、毛竹等林地，远离居民、工矿区和主干道，环境僻静，空气清新，有利于夏季防暑降温，对鸡的生长有利。

林地以中成林以上为宜，最好是成林林地。为不影响树木生长发育，不宜选择处于苗木期的林地。因为苗圃的树苗幼小，易被鸡啄食，对小树苗生长不利。小树苗栽种比较密集，树枝低矮，不利于空气流通，夏天不能遮阴避雨，对鸡的生长和发育也不利。

山区林地最好是果园、灌木丛、荆棘林或阔叶林等，土质以沙壤为佳，附近有小溪、池塘等清洁水源。鸡舍建在向阳南坡上，山的坡度不宜过大。

生态养鸡用的人工林地，应根据树种的特性，选择生长良好、较粗直的树苗，合理确定株行距。

沿河林带、道路绿化林带、环城林带等生态林带，由于地理位置、林地面积和形状等因素，不宜用来养鸡，否则影响林带作用和周边环境。在这样的林带里养鸡，鸡也容易受到外界环境的影响，影响生产性能。

(2) 果园　以干果类果树，同时要求主干略高、用农药少、地势高燥、排水良好的果园最为合适。核桃园、枣园、柿园和桑园等树体主干和果实结果部位都高，都是较理想的果园。榛子、栗子等干果，有坚硬外壳或芒刺，成熟时不脱落，树下适宜养鸡。

山楂园由于全年很少用药，也可以用来生态养鸡。而在苹果园、梨园、桃园养鸡，放养期应避开用药和果实采收期，以减少药害以及鸡对果实的伤害。

不宜选择处于幼龄期和树形矮小的林果地，如矮化果园不宜养鸡。葡萄园不宜放养。

(3) 山场　山地坡地等有丰富的野草、野菜、果实、昆虫等动植物资源，空气新鲜，场地宽阔，适宜进行生态养鸡。山场最好有崖、坡、沟等自然屏障，否则容易造成鸡群迷路走失。土地条件较差的山地和丘陵，不适于放养。

(4) 草场　草场是天然的绿色场地，草场中生长有丰富的虫草，鸡群能够采食到大量的绿色植物、昆虫、草籽和土壤中的矿物质。可利用养鸡灭蝗，降低草场虫害的发生率。要选择地势高燥的草场；避开洼谷地,底部阴冷潮湿,不利于鸡的生长、健康。草场中最好有些树木,能在中午为鸡群遮阴或下雨时做庇护,没有树木则需搭设遮阴棚。

选择草山、草坡还要避开风口、泄洪沟和易塌方的地方,将棚舍搭建在背风向阳、地势高燥的场所。

退化的天然草场,不适于放养。

2. 不同地形及土壤条件的林地、果园特点

(1) 平地 指地势较为平坦,或向一方稍微倾斜或高差不大的波状起伏地带。平地水分充足,水土流失较少,土层较深厚,有机质含量较多,果园根系入土深,生长结果良好。平地果园地形变化较小,便于操作管理,提高劳动生产率;便于生产资料与产品的运输;便于道路及排灌系统的设计与施工。但是平地果园的通风、光照、排水均不如山地果园。

① 冲积平原地区林地、果园特点。地势平坦,地面平整,土层深厚,土壤有机质较多,灌溉水源比较充足、交通便利。需注意:地下水位过高的地区,应选择地势较高、排水良好、地下水位在1米以下的林地建场养鸡。

② 洪积平原地区林地、果园特点。洪积平原由山洪冲击形成的冲积扇延伸而来。与冲积平原相比,面积较小,有大量石砾。应选距山较远、土壤较细、石砾较少的洪积平原地带建场养鸡。

③ 泛滥平原地区林地、果园特点。泛滥平原是指河流故道及沿河两岸的沙滩地带。如我国黄河故道地区是典型的泛滥平原。黄河故道地区的土壤质地差异较大,中游多为黄土,肥力较高;下游多为沙壤或纯沙或与淤泥相间,形成沙荒地区。土壤质地主要是沙粒,氮、磷、钾等矿质元素严重缺乏,腐殖质含量较低,土壤贫瘠,土壤极易干旱。沙地导热系数高,白天地温升高,夜间散热也快,昼夜温差大。

④ 滨湖滨海地果园的特点。濒临湖、海等大水体,依靠大水体的调节作用,空气湿度较大,气温较稳定,果园受低温或冻害等灾害性天气为害较少。但滨湖滨海地风速较大,易受风害。

(2) 山地 我国是一个多山的国家,山地面积占全国陆地面积的2/3以上。利用山地发展林果生产及养殖畜禽对调整和优化山区的经

济结构，改变山区落后的面貌，具有重要现实意义。山地空气流通，日照充足，但日温差较大。由于山地构造的起伏变化，坡向（或谷向）、坡度的差异，气候垂直分布带的实际变化常出现较为复杂的情况。山地林地、果园注意海拔高度、坡度、坡向及坡形等条件对温度、光照、水、大气的影响。山地气候复杂，要在适宜的小气候带建场养鸡。

(3) 丘陵地　地面起伏不大，相对高差200米以下的地形为丘陵地。介于平地与山地之间的过渡地形。顶部与麓部相对高差小于100米的丘陵为浅丘，相对高差100～200米为深丘。浅丘园地交通较方便；深丘坡度较大，交通不便，产品与物资运输较为困难。

3. 不宜作为林地养殖的地区

规定的自然保护区、生活饮用水水源保护区、风景旅游区、受洪水或山洪威胁的地区及泥石流、滑坡等自然灾害多发地带、自然环境污染严重的地区。

四、养殖经验和技术要求

和普通养鸡方式相比，进行林地生态养鸡没有特别的要求，尤其山区、丘陵地区，林地资源比较丰富的地区，拥有比较开阔的场地，与外界交流也较少，进行林地生态养鸡具有投资少、设备要求简单、节省饲料和人工的有利条件；还有降低果园虫害、减少防治病虫害费用等独特的优势。

林地养鸡要有一定的养鸡经验或经过专门养殖技术培训。如果当地有该品种地方饲养技术规范，要认真学习，或向有过林地养鸡经验的养殖户学习，了解鸡的生物特性、鸡的品种特点、饲料的配制方法、林场选择要求和鸡舍的建设要求、不同生长发育阶段的饲养和管理技术、卫生防疫和鸡病防治技术、药物的正确使用方法、养鸡场的日常管理和经营等。掌握了基本的饲养技术后再开始饲养，以保证饲养过程顺利。

在开始饲养的时候，对品种的选择、养鸡的规模，要做好充分的调查和准备，品种的选择一定要符合当地的环境条件和市场对产品的需求，第一次养鸡饲养规模不宜过大，应该根据林地的条件和面积进行小规模的饲养，掌握了饲养技术后再逐渐增加饲养规模。有过养鸡经验的农户，林地生态养鸡在技术上有特殊的要求，不要盲目追求饲养规模，应该根据实际情况，确定适当的饲养规模，饲养的时间和周期也一定要进行科学安排。

总之，林地养鸡时要掌握相关养殖技术，避免盲目上马，同时多借鉴别人的成功经验，在各方面做好充分准备后再进行饲养。

第三章 林地生态养鸡品种的选择

一、鸡的起源

鸡具有鸟类的生物学特性。动物分类学上，鸡属于鸟纲、鸡形目、雉科、原鸡属、鸡种。

家鸡的祖先起源于原鸡。原鸡包括红色原鸡、锡兰原鸡、灰色原鸡、黑色或绿色原鸡。红色原鸡分布较广，分布于东南亚、印度和我国的海南、云南、广西、广东等地，野生的茶花鸡是红色原鸡，是中国家鸡的祖先。

原鸡由野生红色原鸡经长期驯化选育而成，仍保留其野生习性。栖于热带和亚热带山区的常绿带灌丛及次生林中，常到林边的田野间觅食植物种子、嫩芽、谷物等，兼吃虫类及其他小动物。原鸡以植物的果实、种子、嫩竹、树叶、各种野花瓣为食，也吃白蚁、白蚁卵、蠕虫、幼蛾等。飞行能力强，夜栖树上，于2~5月份繁殖，多筑巢在树根旁的地面上，在浅凹内铺一层枯叶，少许羽毛。年产卵1~2次，每窝4~8枚，多则12枚。

家鸡的各个品种都是由原鸡驯化培育而来。中国家鸡驯养史已有7000年左右。在漫长的历史进程中，随着人类社会养鸡生产的发展，人们为了生活和生产的需要，在特定的自然生态和社会经济条件下，通过自然选择和人工选择，培育出许多优良的地方品种。

二、鸡的品种分类

品种，是指通过育种而形成的一个鸡群，它们具有大体相似的体型外貌和相对一致的生产性能，并且能够把其特点和性状遗传给后代。不同品种鸡的生产潜力、适应力和抗病力都不同。

鸡的分类方法主要有标准品种分类法和现代分类法。

（一）标准品种分类法

标准品种分类法将鸡分为类（按原产地区）、型（按用途）、品种

(按育种特点)和品变种。

① 类：按照鸡的原产地划分，主要有亚洲类、中国类、英国类、美洲类和地中海类等。

② 型：按照经济用途划分，有蛋用型、肉用型、肉蛋兼用型和玩赏型等。

③ 品种：经过定向选育而形成的血统来源相同、性状一致、生产性能相似、遗传性稳定、有一定影响和足够数量的纯种类群。

④ 品变种：又称亚品种、变种或内种，是在一个品种内按羽毛颜色，或羽毛斑纹，或冠型分为不同的品变种。

(二) 现代分类法

按现代育种方法培育出的品种，大部分为杂交配套品种。按经济性能分类，又可分蛋鸡系和肉鸡系。

① 蛋鸡系：主要用于生产商品蛋。根据蛋壳颜色的不同分为白壳蛋鸡系、褐壳蛋鸡系和粉壳（浅褐壳）蛋鸡系三种类型。

② 肉鸡系：主要通过肉用型鸡的杂交配套选育成的肉用仔鸡。根据肉质和生长速度不同分为快大型肉鸡、优质肉鸡（地方品种肉鸡、我国自主培育的优质肉鸡和仿土鸡）。

快大型白羽肉鸡是由国外高度培育的肉用专门化配套品系，如AA、艾维茵、罗斯308、科宝等，饲养周期短，早期生长速度快，45日龄平均体重可达2.5千克，饲料转化率高，但肉质、口感较差。

地方品种鸡（土鸡）如河田鸡、惠阳鸡等品种，饲养周期长，生长速度慢，但肉质最好，肉味鲜美，市场价格最高。国内自主培育的地方优质肉鸡，如广东三黄鸡、广西青脚鸡，鸡饲料转化率差异较大，但肉质好，市场价格高。

用我国地方品种的优质肉鸡与国外引进的快大型肉用品系配套杂交，形成的高效优质鸡为仿土鸡或半土鸡。半土鸡饲养期、生长速度、料肉比和肉质都介于地方品种鸡和快大型肉鸡之间。

三、林地生态养鸡对鸡品种的要求

优良、适宜的品种是进行林地生态养鸡的基础。选择林地生态养鸡品种是一个至关重要的技术环节，要根据鸡的特性和市场需求综合确定。

适宜在林果地放养鸡品种的要求有以下几个方面。

（一）适应性强，耐粗饲、抗病力好

林地、果园、山场生态养鸡适宜选择采食能力和抗逆性强的鸡种。林地养鸡白天要靠鸡在林地里自由采食，林地环境条件不稳定，气候多变，饲养管理、条件较粗放，鸡在野外自由活动使鸡接触致病因素的机会增加，要求鸡适应性强，抗病力好，可选择适应性较强、耐粗饲以及抗病力强的地方优良品种。如浙江仙居鸡、河南固始鸡、河北柴鸡、北京油鸡、广东三黄鸡等。

（二）觅食性好，体重、体形适中

林地生态饲养的优点在于改善产品品质和节省饲料。林地里的青草和昆虫作为鸡的饲料资源可以减少全价饲料的使用，节约饲料成本，同时野生自然饲料里还有能够改善鸡的产品品质的成分，鸡采食后能够使蛋黄颜色变深，降低产品中胆固醇的含量。要充分利用这些资源，就要求鸡灵活好动，觅食能力强，才能够采食到足够的食物，以保证鸡的生长发育，并最大限度地节约饲料，减少成本。林地生态养鸡适宜饲养小型或中型体型的品种，这样的鸡个体小，体形紧凑，身体灵活，反应灵敏，对环境适应性好。地方土鸡由于体型小巧、反应灵敏、适应当地气候与环境条件，适宜林地放养。如三黄鸡、麻黄鸡、芦花鸡及绿壳蛋鸡等体型较小的品种较适宜在林地饲养。体型中、小型的优良地方品种，如麻花青脚鸡、河南固始鸡、广西岑溪三黄鸡及浙江仙居鸡等也适于林地生态饲养。低矮乔木果园放养鸡的品种适宜选择飞蹿能力低的品种，如丝羽乌骨鸡，腿较短的鸡如农大3号蛋鸡。

大型鸡种体重大，较笨重，不愿活动，不宜在林地饲养。高产的蛋鸡品种大多体型大，体重大，对外界环境较敏感，需要饲养环境安静，对饲养管理水平要求也较高，抗病性差，野外林地饲养不易成功。如快大型肉鸡品种如艾维茵、AA、罗斯308等由于生长速度快、活动量小、对环境要求高，不适于果园、林地养殖。

（三）考虑市场需求，因地而异

我国各地消费习惯差异较大。不同的地区对鸡肉和鸡蛋的需求不

同，可以根据当地的饲养习惯及市场消费需求，选育适合当地饲养的优良鸡品种。在南方，褐壳蛋比白壳蛋更受欢迎，粉壳蛋的市场也较好，选择品种时宜考虑蛋壳颜色。

消费者对肉质风味的要求愈来愈高，优质、安全的鸡肉更受消费者欢迎。地方品种为主的肉鸡风味独特，饲养过程用药少、无污染和药物残留，更受市场欢迎。

鸡的体重和毛色的选择，在选择鸡种时也应有所考虑。从羽色外貌上宜选择黑羽、红羽、麻羽或黄羽青脚等地方鸡种特征明显的鸡种。鸡毛色鲜艳、个头小，羽色黑、红、麻、黄，脚爪色为青色的鸡，容易被消费者认可，可选择养殖绿壳蛋鸡、本地乌骨鸡、青脚麻鸡、黑凤鸡等品种。

四、地方鸡的品种

（一）优质地方品种肉鸡

1. 溧阳鸡（又叫三黄鸡、九斤黄鸡）

（1）产地（或分布）　产于江苏省溧阳县。

（2）主要特性　属肉用型鸡种。体型较大，体躯呈方形，羽毛黄色或浅褐色，部分鸡颈羽有黑色斑点，为麻黄、麻栗色，黄脚、黄喙、黄皮肤。公鸡单冠直立，母鸡单冠有直立与倒冠之分，虹彩呈橘红色。

（3）生产性能　一般放养条件下生长速度比较慢。成年鸡体重：公鸡为3850克，母鸡为2600克。成年鸡屠宰率：半净膛，公鸡87.5%，母鸡85.4%；全净膛，公鸡79.3%，母鸡72.9%。溧阳鸡产蛋性能差，开产日龄243天，500日龄产蛋145个，蛋重57克，蛋壳呈褐色。母鸡就巢性强。

2. 河田鸡

（1）产地（或分布）　产于福建省长汀、上杭两县。

（2）主要特性　属肉用型鸡种。颈粗、躯短、胸宽、背阔，体躯近方形。有"大架子"（大型）与"小架子"（小型）之分。成年鸡外貌较一致，单冠直立，冠叶后部分裂成叉状冠尾，称三叉冠。皮肤白色或黄色，胫黄色。公鸡喙尖呈浅黄色。颈羽呈浅褐色，背、胸、腹羽呈浅黄色，鞍羽呈鲜艳的浅黄色，尾羽、镰羽黑色有光泽，不发达。主翼羽黑色，有浅黄色镶边。母鸡羽毛以黄色为主，颈羽的边缘呈黑色，似颈圈。

(3) 生产性能　屠体丰满、皮薄骨细、肉质细嫩、肉味鲜美。生长速度缓慢，150日龄体重，公鸡为1294.8克，母鸡为1093.7克；成年鸡体重，公鸡为1725克，母鸡为1207克。120日龄屠宰率：半净膛，公鸡85.8%，母鸡87.1%；全净膛，公鸡68.6%，母鸡70.5%。开产日龄180天，年产蛋100个，蛋重43克，蛋壳以浅褐色为主，少数灰白色。母鸡就巢性极强。

3. 霞烟鸡（原名下烟鸡，又名肥种鸡）

(1) 产地（或分布）　产于广西壮族自治区容县。

(2) 主要特性　属肉用型鸡种。体躯短圆，腹部丰满，胸宽、胸深与骨盆宽三者相近，外形呈方形。公鸡羽毛黄红色，颈羽颜色较胸背羽为深，主、副翼羽带黑斑或白斑，有些公鸡鞍羽和镰羽有极浅的横斑纹，尾羽不发达。性成熟公鸡的腹部皮肤多呈红色，母鸡羽毛黄色。单冠，肉垂、耳叶均鲜红色。虹彩橘红色。喙基部深褐色，喙尖浅黄色，胫黄色或白色，皮肤黄色或白色。

(3) 生产性能　在较好的饲养管理水平下，90日龄活重公鸡922.0克，母鸡776.0克；150日龄活重公鸡1595.6克，母鸡1293.0克；成年鸡体重公鸡2500克，母鸡1800克。180日龄屠宰率：半净膛，公鸡82.4%，母鸡87.9%；全净膛，公鸡69.2%，母鸡81.2%。阉鸡：半净膛84.8%，全净膛74.0%。由于肌间和皮下脂肪沉积，肉质好，肉味鲜，肥育后，肌间脂肪丰满，屠体美观，肉质细嫩。开产日龄170～180天，年产蛋140～150个，蛋重44克，蛋壳呈浅褐色。

4. 桃源鸡（又称桃源大种鸡）

(1) 产地（或分布）　主产于湖南省桃源县中部。长沙、岳阳、郴州等地也有分布。

(2) 主要特性　属肉用型鸡种。体型高大，体质结实，羽毛蓬松，体躯稍长，呈长方形。公鸡头颈高昂，尾羽上翘，侧视呈U字形。母鸡体稍高，背较长而平直，后躯深圆。公鸡体羽呈金黄色或红色，主翼羽和尾羽呈黑色，颈羽金黄色或兼有黑斑。母鸡羽色有黄色和麻色两个类型。黄羽型的背羽呈黄色，颈羽呈麻黄色，喙、胫呈青灰色，皮肤白色。单冠，公鸡冠直立，母鸡冠倒向一侧。

(3) 生产性能　生长缓慢，尤其早期生长发育迟缓。90日龄平均体重公鸡为1093克，母鸡为862克。成年鸡体重：公鸡3342克，母鸡2940克。180日龄屠宰率：半净膛，公鸡83.7%，母鸡81.5%；全净膛，公鸡75.5%，母鸡68.7%。开产日龄195天，年产蛋158个，蛋重53克，蛋壳呈浅褐色。母鸡就巢性强。

5. 惠阳胡须鸡（又名三黄胡须鸡、龙岗鸡、龙门鸡、惠州鸡）

(1) 产地（或分布）　主产于广东省惠阳地区。

(2) 主要特性　属小型肉用鸡种。体躯呈葫芦瓜形，胸深背宽，后躯丰满。其标准特征为额下有发达而张开的胡须状髯羽，单冠直立。公鸡背部羽毛枣红色，分有主尾羽和无主尾羽两种，主尾羽多呈黄色，有少量黑色，腹部羽色比背部稍淡。母鸡全身羽毛黄色，主翼羽和尾羽有些黑色，尾羽不发达；喙、胫黄色，虹彩橙黄色。耳叶红色。

(3) 生产性能　惠阳胡须鸡肥育性能良好，脂肪沉积能力强。成年鸡体重：公鸡2228克，母鸡1601克。120日龄屠宰率：半净膛，公鸡86.7%，母鸡84.6%；全净膛，公鸡81.1%，母鸡76.7%。开产日龄150天，年产蛋108个，蛋重46克，蛋壳呈浅褐色或乳白色。

6. 清远麻鸡

(1) 产地（或分布）　主产于广东清远县。

(2) 主要特性　属肉用型鸡种，体型特征可概括为"一楔"、"二细"、"三麻身"。"一楔"指母鸡体型像楔形，前躯紧凑，后躯圆大；"二细"指头细、脚细；"三麻身"指母鸡背羽主要有麻黄、麻棕、麻褐三种颜色。公鸡头部、背部的羽毛金黄色，胸羽、腹羽、尾羽及主翼羽黑色，肩羽、鞍羽枣红色。母鸡头部和颈前1/3的羽毛呈深黄色，背部羽毛分黄、棕、褐三色，有黑色斑点，形成麻黄、麻棕、麻褐三种。单冠直立，喙、胫呈黄色，虹彩橙黄色。

(3) 生产性能　农家饲养放牧为主，天然食饵丰富的条件下生长速度较快，120日龄体重公鸡为1250克，母鸡为1000克；成年鸡体重：公鸡2180克，母鸡1750克。180日龄屠宰率：半净膛，公鸡83.7%，母鸡85.0%；全净膛，公鸡76.7%，母鸡75.5%，开产日龄 150~210 天，年产蛋 78 个，蛋重 47 克，蛋壳呈浅褐色。

7. 杏花鸡（又称"米仔鸡"）

(1) 产地（或分布）　主产于广东省封开县。

(2) 主要特性　属小型肉用型鸡种。结构匀称，体质结实，被毛紧凑，前躯窄，后躯宽。其体型特征可概括为"两细"（头细、脚细）、"三黄"（羽黄、皮黄、胫黄）、"三短"（颈短、体躯短、脚短）。雏鸡以"三黄"为主，全身绒羽淡黄色。公鸡头大，冠大直立，冠、耳叶及肉垂鲜红色；虹彩橙黄色；羽毛黄色略带金红色，主翼羽和尾羽有黑色。胫黄色。母鸡头小，喙短而黄；单冠，冠、耳叶及肉垂红色；虹彩橙黄色。体羽黄色或浅黄色，颈基部羽多有黑斑点（称"芝麻点"），形似项链。主、副翼羽的内侧多呈黑色，尾羽多数有几根黑羽。

(3) 生产性能　农家饲养条件下，杏花鸡早期生长缓慢。使用配合饲料时，112日龄体重公鸡为1256克，母鸡为1032克，未开产母鸡，一般养到 5~6 月龄，体重 1000~1200 克。成年鸡体重：公鸡 1950 克，母鸡 1590 克。112 日龄屠宰率：半净膛，公鸡 79.0%，母鸡 76.0%；全净膛，公鸡 74.7%，母鸡 70.0%。皮薄且有皮下脂肪，细腻光滑，肌肉脂肪分布均匀，肉质特优，适宜做白条鸡。开产日龄 150 天，年产蛋 95 个，蛋重 45 克，蛋壳呈褐色。

(二) 肉蛋兼用型优质地方品种

1. 北京油鸡

(1) 产地（或分布）　主产于北京市郊区。

(2) 主要特性　属肉蛋兼用型鸡种。其中羽毛呈赤褐色（俗称紫红毛）的鸡体型偏小；羽毛呈黄色（俗称素黄色）的鸡体型偏大。初生雏全身披着淡黄或土黄色绒羽，冠羽、胫羽、髯羽也很明显，体浑圆。成年鸡的羽毛厚密而蓬松，有冠羽和胫羽，有些个体兼有趾羽。多数个体的颔下或颊部生有髯须，冠型为单冠，冠叶小而薄，在冠叶的前段常形成一个小的"S"状褶曲，冠齿不甚整齐。虹彩多呈棕褐色，喙和胫呈黄色，少数个体分生五趾。

(3) 生产性能　油鸡生长速度缓慢。初生重为 38.4 克，4 周龄重为 220 克，8 周龄重为 549.1 克，12 周龄重为 959.7 克。成年鸡体重公鸡为 2049 克,母鸡为 1730 克。

成年鸡屠宰率:半净膛,公鸡 83.5%,母鸡 70.7%;全净膛,公鸡 76.6%,母鸡 64.6%。性成熟较晚,开产日龄 210 天,年产蛋 110 个,平均蛋重 56 克,蛋壳呈褐色,个别呈淡紫色。

北京油鸡屠体皮肤微黄,紧凑丰满,肌间脂肪分布良好,肉质细嫩,肉味鲜美,尤其适于山区散养,肉料比 3.5:1。部分个体有抱窝性。

2. 大骨鸡(又名庄河鸡)

(1) 产地(或分布)　主产于辽宁省庄河县,还分布于吉林、黑龙江、山东等省。

(2) 主要特性　属肉蛋兼用型鸡种。大骨鸡体型魁伟,胸深且广,背宽而长,腿高粗壮,墩实有力,腹部丰满,觅食力强。公鸡羽毛棕红色,尾羽黑色并带金属光泽。母鸡多呈麻黄色。头颈粗壮,眼大明亮,单冠,冠、耳叶、肉垂均呈红色。喙、胫、趾均呈黄色。

(3) 生产性能　庄河鸡 90 日龄平均体重公鸡为 1039.5 克,母鸡为 881.0 克;120 日龄体重公鸡为 1478.0 克,母鸡为 1202.0 克;150 日龄体重公鸡为 1771.0 克,母鸡为 1415.0 克;成年体重公鸡为 2900 克,母鸡为 2300 克。产肉性能好,全净膛屠宰率平均 70%~75%。开产日龄 213 天,年产蛋 160 个。蛋重 63 克,蛋壳呈深褐色。就巢率为 5%~10%,就巢持续期为 23~30 天,60 日龄育雏率达 85% 以上。

3. 狼山鸡

(1) 产地(或分布)　产于江苏省如东县境内,以马唐、岔河为中心,旁及掘港、栟茶、丰利及双甸,南通县石港等地也有分布。

(2) 主要特性　属肉蛋兼用型鸡种。狼山鸡羽色分为纯黑色、黄色和白色三种,其中黑鸡最多。该鸡种体呈 U 形,头尾高翘,背平,头部短圆,脸部、耳叶及肉垂均呈鲜红色,虹彩以黄色为主,皮肤为白色,喙黑褐色,胫黑色。

(3) 生产性能　前期生长速度不快,出生重 40 克,30 日龄体重 157 克;60 日龄体重 463 克;90 日龄体重公鸡为 1070 克,母鸡为 940 克;120 日龄体重公鸡为 1750 克,母鸡为 1333 克;150 日龄体重公鸡为 2403 克,母鸡为 1673 克;成年鸡体重公鸡为 2840 克,母鸡为 2283 克。195 日龄屠宰率：半净膛，公鸡 82.8%，母鸡 80.1%；全净膛，公鸡 76.9%，母鸡 69.4%。开产日龄 208 天，年产蛋 160~170 个，蛋重 59 克，蛋壳呈褐色。农家放牧条件下，就巢率为 11.89%，平均持续就巢期为 11.23 天。

4. 萧山鸡（又名越鸡）

(1) 产地（或分布） 主产于浙江杭州市萧山区。

(2) 主要特性 属肉蛋兼用型鸡种。体型较大，外形近似方形而浑圆，公鸡羽毛紧凑，头昂尾翘。单冠红色、直立。肉垂、耳叶红色，虹彩橙黄色。全身羽毛有红、黄两种颜色，母鸡全身羽毛以黄色为主，有部分麻栗色。喙、胫黄色。

(3) 生产性能 早期生长速度快，特别是 2 月龄阉割后生长速度更快，体型高大，俗称"萧山红毛大阉鸡"。90 日龄体重公鸡为 1247.9 克，母鸡为 793.8 克；120 日龄体重公鸡为 1604.6 克，母鸡为 921.5 克；150 日龄体重公鸡为 1785.8 克，母鸡为 1206.0 克；成年鸡体重公鸡为 2758 克，母鸡为 1940 克。150 日龄屠宰率：半净膛，公鸡 84.7%，母鸡 85.6%；全净膛，公鸡 76.5%，母鸡 66.0%。屠体皮肤黄色，皮下脂肪较多，肉质好，味美。开产日龄 180 天，年产蛋 141 个，蛋重 57 克，蛋壳呈褐色。

5. 寿光鸡（又叫慈伦鸡）

(1) 产地（或分布） 产于山东省寿光县。

(2) 主要特性 属肉蛋兼用型鸡种。寿光鸡有大型和中型两种；还有少数是小型的。大型寿光鸡外貌雄伟，体躯高大，骨骼粗壮，体长胸深，胸部发达，胫高而粗，体型近似方形。成年鸡全身羽毛黑色，颈背面、前胸、背、鞍、腰、肩、翼羽、镰羽等部位呈深黑色，并有绿色光泽。其他部位羽毛略淡，呈黑灰色。单冠，公鸡冠大而直立；母鸡冠形有大小之分，喙、胫、趾灰黑色，皮肤白色。

(3) 生产性能 寿光鸡个体高大，屠宰率高。成年母鸡脂肪沉积能力强，肉质鲜美。90 日龄体重公鸡为 1310.0 克，母鸡为 1056.6 克；120 日龄体重公鸡为 2187.0 克，母鸡为 1775.3 克。大型成年鸡体重公鸡 3610 克，母鸡 3310 克；中型成年鸡体重公鸡 2880 克，母鸡 2340 克。成年鸡屠宰率：大型鸡半净膛，公鸡 83.7%，母鸡 80.3%；中型鸡半净膛，公鸡 83.7%，母鸡 77.2%；大型鸡全净膛，公鸡72.3%，母鸡65.6%；中型鸡全净膛，公鸡71.8%，母鸡63.2%。开产日龄：大型鸡240～270天；中型鸡190～210天。年产蛋：大型鸡90～100个；中型鸡120～150个。蛋重：大型鸡65～75克，中型鸡60～65克。蛋壳呈褐色。

寿光鸡是我国的地方良种之一，遗传性能较为稳定，外貌特征比较一致，体型硕大，蛋重大，就巢性弱。但有早期生长慢、成熟晚、产蛋量少等缺点。

6. 固始鸡

（1）产地（或分布） 原产河南省固始县，分布于河南商城、新县、淮宾等及安徽的霍邱、金寨等县。

（2）主要特性 属肉蛋兼用型鸡种。体型中等，外观清秀灵活，体形细致紧凑，结构匀称，羽毛丰满。公鸡羽色呈深红色和黄色，母鸡羽色以麻黄色和黄色为主，白、黑很少。尾型分为佛手状尾和直尾两种，佛手状尾羽向后上方卷曲，悬空飘摇。成鸡冠型分为单冠与豆冠两种，以单冠居多。冠直立，冠、肉垂、耳叶和脸均呈红色，虹彩浅栗色。喙短略弯曲，呈青黄色。胫呈靛青色，四趾，无胫羽。皮肤呈暗白色。

（3）生产性能 固始鸡早期生长速度慢，60日龄体重公、母鸡平均为265.7克；90日龄体重公鸡为487.8克，母鸡为355.1克；180日龄体重公鸡为1270克，母鸡为966.7克；成年鸡体重公鸡为2470克，母鸡为1780克。180日龄屠宰率：半净膛，公鸡81.8%，母鸡80.2%；全净膛，公鸡73.9%，母鸡70.7%。开产日龄205天，年产蛋141个，蛋重51克，蛋壳呈褐色。

7. 江汉鸡（土鸡、麻鸡）

（1）产地（或分布） 分布于湖北省江汉平原。

（2）主要特性 属肉蛋兼用型鸡种。体型矮小，身长胫短，后躯发育良好，公鸡头大，呈长方形，多为单冠，直立，呈鲜红色，虹彩多为橙红色，肩背羽毛多为金黄色，镰羽发达，呈黑色发绿光。母鸡头小，单冠，有时倒向一侧。羽毛多为黄麻色或褐麻色，尾羽多斜立。喙、胫有青色和黄色两种。无颈羽。

（3）生产性能 成年鸡体重，丘陵地区：公鸡1765克，母鸡1380克；平原地区：公鸡1342克，母鸡1127克。180日龄屠宰率：

半净膛，公鸡78.8%，母鸡75.5%；全净膛，公鸡71.4%，母鸡67.8%。开产日龄238天，丘陵地区的鸡年产蛋量151个，平原地区的鸡年产蛋量162个，蛋重44克，蛋壳多为褐色，少数白色。

8. 峨嵋黑鸡

(1) 产地（或分布）　产于四川省峨眉、乐山、峨边三县沿大渡河丘陵山区。

(2) 主要特性　属肉蛋兼用型鸡种。体型较大，体态浑圆，全身羽毛黑色，着生紧密，具金属光泽。大多呈红色单冠，少数有红色豆冠或紫色单冠或豆冠。部分有胫羽，喙、胫、趾黑色，极少数颔下有胡须。皮肤白色，偶有黑皮肤个体。

(3) 生产性能　成年鸡体重：公鸡2832克，母鸡2223克。屠宰率成年公鸡全净膛80.3%，成年母鸡全净膛71%。开产日龄186天，年产蛋120个，蛋重54克，蛋壳呈褐色或浅褐色。

9. 太湖鸡

太湖鸡是无锡市祖代鸡场选育的肉蛋兼用型品种，2005年通过江苏省畜禽品种审定委员会审定。

(1) 主要特性　体型中等偏小，具有喙黄、脚黄、羽毛黄的"三黄"特征，尾羽尖端有黑色斑纹，少部分在颈羽、翼羽、尾羽均有黑色斑纹。太湖鸡行动敏捷，善于觅食，耐粗饲，适应性强，宜放养，也宜圈养。

(2) 生产性能　父母代种鸡135日龄开产，72周龄入舍母鸡产蛋量178个，料蛋比3.5∶1，种蛋受精率93%，受精蛋孵化率95%。商品代鸡全期成活率98%，母鸡120日龄体重1.4千克，公鸡90日龄体重1.5千克，料肉比3.2∶1。

10. 石龙鸡

(1) 产地（或分布）　主要产于福建省上杭县湖洋乡元丰村和寨背村，还分布于旧县、才溪、通贤、南阳和太拔、兰溪、稔田、庐丰等乡镇。它又被称为石兰鸡或石潭鸡。

(2) 主要特性　是肉蛋兼用型的优良地方鸡种。石龙鸡体型清秀、矮小、胫细、羽黄、脚黄、皮黄、肉垂小、三叉冠、镰羽不发达，主翼羽和尾羽间有黑羽。石龙鸡耐粗饲，觅食能力比较强，抗逆性、抗寒性较强。

(3) 生产性能　成年公鸡体重 1500～1700 克，成年母鸡体重 1100～1300 克，成年公鸡屠宰率半净膛 81.82%，全净膛 75.61%；成年母鸡屠宰率半净膛 83.21%，全净堂 79.38%。母鸡 140 日龄开产，年产蛋 110～150 个，蛋重 40～45 克，蛋壳乳白色。

11. 柴鸡

(1) 产地（或分布）　柴鸡又叫笨鸡，主要产自河北，经过长期自然选育而成的蛋肉兼用型地方品种。主要分布于河北省广大地区，其中以西部太行山区为主，邯郸、邢台、石家庄、保定等地区都有分布。

(2) 主要特性　柴鸡的体型均较小而细长，身体结构匀称，羽毛紧凑，骨骼细小，体质结实。头、脸较小，面容清秀；冠型多数为单冠（所谓的单冠也就是锯齿状的单片肉质冠），部分为豆冠（由三叶小的单冠组成，中间一页较高）和草莓冠（冠体自喙基到冠顶的中部，小而低矮，无冠尾，表面突起似草莓状），极少有冠羽；喙短细，多为青灰色和肉色，极少部分为黑色或黄色；胫细长，多为青灰色或者肉色；耳叶红色或者白色，红色占多数；公鸡羽毛红褐色，尾羽和翅膀上的羽毛为黑色，色泽光亮，母鸡多数是麻色，黄麻和褐麻为主，少部分为芦花色和杂色。

(3) 生产性能　平均初生重 27 克，60 日龄 180 克，90 日龄 470 克；成年公鸡平均体重 2000 克，母鸡 1500 克。7 月龄公鸡平均半净膛屠宰率为 82.82%，平均全净膛屠宰率为 62.59%；成年母鸡平均半净膛屠宰率为 79.26%，平均全净膛屠宰率为 60.00%。其肉质细嫩，肉味鲜美，风味独特。

柴鸡平均开产日龄是 150 天，年平均产蛋量 150 个左右，蛋重最高为 54 克。蛋壳淡褐色、红褐色和白色。蛋黄比例大、颜色发黄，蛋清黏稠，色泽鲜艳，适口性好。公母配种比例 1∶(10～15)，平均种蛋受精率为 91%，平均受精蛋孵化率为 93.5%。母鸡就巢性弱，占鸡群 2%～5%。

柴鸡具有耐粗饲、觅食性强、遗传性能稳定、就巢性弱和抗病力强等特性，适合在林地、果园、山地放养结合补喂饲料的养殖方式。柴鸡肉质鲜嫩，肉味鲜美，风味独特，在京津冀地区柴鸡作为地方品种饲养较多。

(三) 蛋用型优质地方品种

1. 仙居鸡（又名梅林鸡、元宝鸡）

(1) 产地（或分布） 产于浙江省仙居县及邻近的临海市、天台县、黄岩等区。

(2) 主要特性 属蛋用型鸡种。仙居鸡有黄、黑、白三种羽色，黑羽者体型最大，黄羽者次之，白羽者略小。目前资源保护场在培育的目标上，主要是黄羽鸡种的选育，黄羽鸡种的外貌特征是羽毛紧凑，尾羽高翘，体型健壮结实，单冠直立，喙短，呈棕黄色，胫黄色无毛。部分鸡只颈部羽毛有鳞状黑斑，主翼羽红夹黑色，镰羽和尾羽均呈黑色。虹彩多呈橘黄色，皮肤白色或浅黄色。

(3) 生产性能 仙居鸡体型小，生长速度中度，早期增重慢，属于早熟品种。180日龄体重公鸡1256克，母鸡953克；成年鸡体重公鸡1440克，母鸡1250克。180日龄屠宰率：半净膛，公鸡82.7%，母鸡83.0%；全净膛，公鸡71.0%，母鸡72.2%。开产日龄150天，年产蛋160～180个，蛋重44克，蛋壳以浅褐色为主。该品种有一定就巢性，就巢母鸡占鸡群10%～20%，多发生于4～5月份。

2. 白耳黄鸡（又名白耳银鸡、江山白耳鸡、玉山白耳鸡、上饶白耳鸡）

(1) 产地（或分布） 主产于江西省上饶地区广丰、上饶、玉山三县和浙江的江山县。

(2) 主要特性 属我国稀有的白耳蛋用早熟鸡种。白耳黄鸡的选择以"三黄一白"的外貌为标准，即黄羽、黄喙、黄脚、白耳。单冠直立，耳垂大，呈银白色，虹彩金黄色，喙略弯，黄色或灰黄色，全身羽毛黄色，大镰羽不发达，黑色呈绿色光泽，小镰羽橘红色。皮肤和胫部呈黄色，无胫羽。

(3) 生产性能 体型小，60日龄平均体重公鸡为435.78克，母鸡为411.5克；150日龄体重公鸡为1265克，母鸡为1020克；成年鸡体重公鸡为1450克，母鸡为1190克。成年鸡屠宰率：半净膛，公鸡83.3%，母鸡85.3%；全净膛，公鸡76.7%，母鸡69.7%。开产日龄152天，年产蛋184个，蛋重55克，蛋壳呈深褐色。

3. 坝上长尾鸡

(1) 产地（或分布） 产于河北省坝上地区，张北、沽源、康保及尚义、丰宁、围场等县部分地区。

(2) 主要特性 偏向于蛋用型鸡种。头中等大，颈较短，背宽，体躯较长，尾羽高翘，背线呈V形。全身羽毛较长，羽层松厚。母鸡按羽毛颜色可分为麻、黑、白和白花四种羽色，其中以麻羽为主。麻鸡的颈羽、肩羽、鞍羽等主要由镶边羽构成，羽片基本呈黑褐相间的雀斑。公鸡羽色以红色居多，约占80%。尾羽较长，公鸡的镰羽长40~50厘米，长尾鸡便由此得名。冠型以单冠居多，草莓冠次之，玫瑰冠和豆冠最少。

(3) 生产性能 成年鸡体重公鸡1800克，母鸡1240克。成年公鸡屠宰率：半净膛，75.5%，全净膛，68.5%。开产日龄270天，年产蛋100~120个，蛋重54克，蛋壳呈深褐色。

4. 绿壳蛋鸡

产绿壳鸡蛋的蛋鸡总称。绿壳蛋鸡的形成，可能是纯黑羽乌鸡与野鸡自然杂交的结果。最早发现于江南山区，经过进一步选育，形成绿壳蛋鸡的品系或配套系，主要分布于江西、湖北、山东、江苏等地。

特征为"五黑一绿"，即黑毛、黑皮、黑肉、黑骨、黑内脏，所产蛋绿色。

绿壳蛋鸡体型较小，结实紧凑，行动敏捷，匀称秀丽，性成熟较早，产蛋量较高。

(1) 东乡黑羽绿壳蛋鸡 由江西省东乡县农科所和江西省农科院畜牧所培育而成。体型较小，产蛋性能较高，适应性强，羽毛全黑、乌皮、乌骨、乌肉、乌内脏，喙、趾均为黑色。母鸡羽毛紧凑，单冠直立，冠齿5~6个，眼大有神，大部分耳叶呈浅绿色，肉垂深而薄，羽毛片状，胫细而短，成年体重1.1~1.4千克。公鸡雄健，鸣叫有力，单冠直立，暗紫色，冠齿7~8个，耳叶紫红色，颈羽、尾羽泛绿光且上翘，体重1.4~1.6千克，体型呈"V"形。大群饲养的商品代，绿壳蛋比率为80%左右。该品种经过5年4个世代的选育，体型外貌一致，纯度较高，其父系公鸡常用来和蛋用型母鸡杂交生产出高产的绿壳蛋鸡商品代母鸡，我国多数场家培育的绿壳蛋鸡品系中均含有该鸡的血缘。但该品种抱窝性较强（15%左右），因而产蛋率较低。

(2) 三凰绿壳蛋鸡 由江苏省家禽研究所（现中国农业科学院家禽研究所）选育而成。有黄羽、黑羽两个品系，其血缘均来自于我国的地方品种，单冠、黄喙、黄腿、耳叶红色。开产日龄155~160天，开产体重母鸡1.25千克，公鸡1.5千克；300日龄平均蛋重45克，500日龄产蛋量180~185个，父母代鸡群绿壳蛋比率97%左右；大群商品代鸡群中绿壳蛋比率93%~95%。成年公鸡体重1.85~1.9千克，母鸡1.5~1.6千克。

(3) 三益绿壳蛋鸡 由武汉市东湖区三益家禽育种有限公司杂交培育而成，其最新的配套组合为东乡黑羽绿壳蛋鸡公鸡做父本，国外引进的粉壳蛋鸡做母本，进行配套杂交。商品代鸡群中麻羽、黄羽、黑羽基本上各占1/3，可利用快慢羽鉴别法进行雌雄鉴别。母鸡单冠、耳叶红色、青腿、青喙、黄皮；开产日龄150~155天，开产体重1.25千克，300日龄平均蛋重50~52克，500日龄产蛋量210个，绿壳蛋比率85%~90%，成年母鸡体重1.5千克。

(4) 新杨绿壳蛋鸡 由上海新杨家禽育种中心培育。父系来自于我国经过高度选育的地方品种，母系来自于国外引进的高产白壳或粉壳蛋鸡，经配合力测定后杂交培育而成，以重点突出产蛋性能为主要育种目标。商品代母鸡羽毛白色，但多数鸡身上带有黑斑；单冠、冠、耳叶多数为红色，少数黑色；60%左右的母鸡青脚、青喙，其余为黄脚、黄喙；开产日龄140天（产蛋率5%），产蛋率达50%的日龄为162天；开产体重1.0~1.1千克，500日龄入舍母鸡产蛋量达230个，平均蛋重50克，蛋壳颜色基本一致，大群饲养鸡群绿壳蛋比率70%~75%。

(5) 招宝绿壳蛋鸡 由福建省永定县雷镇闽西招宝珍禽开发公司选育而成。该鸡种和江西东乡绿壳蛋鸡的血缘来源相似。母鸡羽毛黑色，黑皮、黑肉、黑骨、黑冠。开产日龄较晚，为165~170天，开产体重1.05千克，500日龄产蛋量135~150个，平均蛋重42~43克，商品代鸡群绿壳蛋比率80%~85%。

(6) 昌系绿壳蛋鸡 原产于江西省南昌县。该鸡种体型矮小，羽毛紧凑，未经选育的鸡群毛色杂乱，大致可分为4种类型：白羽型、黑羽型（全身羽毛除颈部有红色羽圈外，均为黑色）、麻羽型（麻色有大麻和小麻）、黄羽型（同时具有黄肤、黄脚）。头细小，单冠红色；喙短稍弯，呈黄色。体重较小，成年公鸡体重1.30～1.45千克，成年母鸡体重1.05～1.45千克，部分鸡有胫毛。开产日龄较晚，大群饲养平均为182天，开产体重1.25千克，开产平均蛋重38.8克，500日龄产蛋量89.4个，平均蛋重51.3克，就巢率10%左右。

绿壳蛋鸡性情温和，喜群居，抗病力强，全国各地均可饲养。可进行笼养、圈养和散养。

（四）药用珍禽

丝羽乌骨鸡（又称泰和鸡、武山鸡、白绒乌鸡、竹丝鸡）

(1) 产地（或分布） 产于江西省泰和县。福建省泉州市、厦门市、闽南沿海及其他省亦有分布。

(2) 主要特性 属药用珍禽。体型结构细致紧凑，体态小巧轻盈，头小，颈短，脚矮。

标准的丝羽乌骨鸡具有十大特征，又称"十全"。

① 桑椹冠。草莓冠类型，公鸡比母鸡略为发达。鸡冠颜色在性成熟前为暗紫色，与桑椹相似；成年后则颜色减退，略带红色，有"荔枝冠"之称。

② 缨头。头顶有聚集的丝羽冠，为一丛缨状，母鸡冠羽较为发达，状如绒球，又称"凤头"。

③ 绿耳。耳叶呈暗紫色，在性成熟前现出明显的蓝绿色彩，但在成年后此色素即逐渐消失，仍呈暗紫色。

④ 胡须。在下颌和两颊着生有较细长的丝羽，如胡须，母鸡较为发达。肉垂很小，或仅留痕迹，颜色与鸡冠一致。

⑤ 丝羽。除翼羽和尾羽外，全身的羽片因羽小枝没有羽钩而分裂成丝绒状。一般翼羽较短，羽片的末端常有不完全分裂。

⑥ 五爪。脚有五趾，通常由第一趾向第二趾的一侧多生一趾，也有个别从第一趾再多生一趾成为六趾的，其第一趾连同分生的多趾均不着地。

⑦ 毛脚。胫部和第四趾着生有胫羽和趾羽。

⑧ 乌皮。全身皮肤以及眼、脸、喙、胫、趾均呈乌色。

⑨ 乌肉。全身肌肉略带乌色，内脏膜及腹脂膜均呈乌色。
⑩ 乌骨。骨质暗乌，骨膜深黑色。

(3) **生产性能** 成年鸡体重：福建，公鸡1810克，母鸡1660克；江西，公鸡1300克，母鸡970克。成年鸡屠宰率：半净膛，公鸡88.4%，母鸡84.2%；全净膛，公鸡75.9%，母鸡69.5%。开产日龄：福建170天，江西156天。年产蛋：福建120～150个，江西110个。蛋重：福建47克，江西40克。蛋壳呈浅褐色。母鸡就巢性强，年平均就巢4次，平均持续期为17天。

(五) **标准品种**

1. **黄羽肉鸡**

由国内育种公司和科研人员根据市场需要，结合当地品种资源特点，经过多年培育成功的配套品系。

(1) **苏禽黄鸡** 苏禽黄鸡是由中国农业科学院家禽研究所培育的优质黄鸡系列配套系，分为优质型、快速型和快速青脚型。

① 优质型：父母代种鸡1～20周龄成活率为97%；开产日龄为147～175天，开产体重为1730～1820克，28～29周龄达产蛋高峰期，高峰期产蛋率为88%，68周龄产蛋190～205个；21～68周龄成活率为95%。商品鸡56日龄公、母鸡平均体重1039克，料肉比2.41∶1。

② 快速型：父母代种鸡1～20周龄成活率为95%；平均开产日龄161天，开产体重1860～1940克，28～29周龄达产蛋高峰期，高峰期产蛋率为83%；68周龄产蛋185～190个，21～68周龄成活率为93%。商品鸡56日龄公、母鸡平均体重1707克，料肉比2.21∶1。

③ 快速青脚型：父母代种鸡1～20周龄成活率为94%，平均开产日龄161天，开产体重为1820～1910克，29～30周龄达产蛋高峰期，高峰期产蛋率为78%；68周龄产蛋175个；21～68周龄成活率为92%。商品鸡49日龄公、母鸡平均体重1142克，料肉比2.21∶1；56日龄公、母鸡平均体重1332克，料肉比2.43∶1。

(2) **882黄鸡（粤黄882）** 882黄鸡是由广州市国营白云肉鸡公司选育的新配套肉鸡。它包括S系、K系和R系，并配套生产

"882"1号、2号、3号商品肉鸡系列产品,适应不同消费者的需要。882黄鸡的特征为毛黄、脚黄、皮黄、鸡体呈矩形;具有抗逆性强、生长速度快、遗传性稳定、商品代整齐等优点。肉质鲜滑、味美。

① 1号配套系列:父母代种鸡育成期成活率为95%,平均开产日龄161天,20周龄母鸡平均体重为1750克,28周龄达产蛋高峰,高峰产蛋率为75%,68周龄入舍母鸡平均产蛋153个,平均产雏鸡123只,产蛋期成活率为93%。商品鸡60日龄公鸡平均体重1400克,料肉比2.3:1;70日龄母鸡平均体重1350克,料肉比2.7:1;90日龄母鸡平均体重1750克,料肉比3.0:1。

② 2号配套系列:父母代种鸡育成期成活率为95%,平均开产日龄168天,20周龄母鸡平均体重为1800克,20周龄达产蛋高峰,高峰产蛋率为80%,68周龄入舍母鸡平均产蛋161个,平均产雏鸡131只,产蛋期成活率为93%。商品鸡60日龄公鸡平均体重1500克,料肉比2.2:1;70日龄母鸡平均体重为1450克,料肉比2.5:1;90日龄母鸡平均体重2000克,料肉比2.9:1。

③ 3号配套系列:父母代种鸡育成期成活率为95%,平均开产日龄168天,20周龄母鸡平均体重为1800克,29周龄达产蛋高峰,高峰产蛋率为78%,68周龄入舍母鸡平均产蛋160个,平均产雏鸡125只,产蛋期成活率为93%。商品鸡60日龄公鸡平均体重为1600克,料肉比2.2:1;70日龄母鸡平均体重为1500克,料肉比2.5:1;90日龄母鸡平均体重为2000克,料肉比2.9:1。

(3)石岐杂鸡 石岐杂鸡是香港有关部门由广东惠阳鸡、清远麻鸡和石岐鸡与引进的新汉县、白洛克、科尼什等外来鸡种杂交改良而成。

① 外貌特征:具有三黄鸡的黄毛、黄皮、黄脚、短腿、单冠、圆身、薄皮、细骨、肉厚、味浓等特征。适应性好,抗病力强,个体发育均匀。

② 生产性能:母鸡在5~6月龄开产,年产蛋120~140个,母鸡饲养至110~120天平均体重在1750克以上,公鸡2000克以上,料肉比(3.2~3.4):1。青年小母鸡半净膛屠宰率为75%~82%。

(4)江村黄鸡 是广州市江丰实业股份有限公司选育而成的优质肉鸡,包括江村黄鸡JH-1号(特优型)、JH-2号(快速型)、JH-3

号（中速型）3个优质肉鸡配套系。

品种特征：头部较小，单冠鲜红直立，嘴黄而短，全身羽毛紧实，呈亮泽的浅黄色，体型短而宽，肌肉丰满，腿较矮，体胫皮肤为黄色。

① 江村黄鸡 JH-2 号配套系：父母代种鸡成活率，1～20周龄 94%～96%，21～66周龄 92%～95%。1～20周龄耗料量 8.0～8.2 千克，20周龄母鸡体重 1900～2050 克，66周龄母鸡体重 3300～3400 克。商品代肉鸡饲养到日龄 56 天，成活率 97%～98%，平均体重 (1358±95) 克，屠宰率 89.6%，半净膛率 91.9%。饲料转换率 (2.33±0.10)。

② 江村黄鸡 JH-3 号配套系：父母代种鸡成活率，1～20周龄 94%～97%，21～66周龄 92%～95%，1～20周龄耗料量 7.9～8.1 千克，20周龄母鸡体重 1720～1850 克，66周龄母鸡体重 2600～2700 克。商品代肉鸡饲养日龄 56 天，成活率 97%～98%，平均体重 (1300±91) 克，饲料转换率 (2.35±0.11)，屠宰率 88.7%，半净膛率 92.3%。

③ 江村黄鸡 JH-2A 号配套系：父母代种鸡成活率，1～20周龄 94%～96%，21～66周龄 92%～95%。1～20周龄耗料量 6300～6600 克，20周龄母鸡体重 1530～1630 克，66周龄母鸡体重 2300～2500 克。

(5) 新浦东鸡

① 产地（或分布）：属肉用型品种。新浦东鸡由上海市农业科学院畜牧兽医研究所育种，主要分布于上海市郊、江苏、浙江、广东一带。

② 外貌特征：其外貌特征与浦东鸡相比，除体躯较长而宽、胫部略粗短而无胫羽外，差异不大。有体型大、产肉率高、肉质鲜美、黄羽黄脚、适应性强等特点。

③ 生产性能：平均体重 28 日龄公鸡 433 克，母鸡 391 克；63 日龄公鸡 1863 克，母鸡 1491 克；70 日龄公鸡 2175 克，母鸡 1704 克。公、母鸡平均半净膛屠宰率 85%。母鸡平均开产日龄 184 天，300 日龄平均产蛋 78 个，平均年产蛋 177 个，平均蛋重 61 克。蛋壳浅褐色。

(6) 康达尔黄鸡　康达尔黄鸡是由深圳康达尔家禽育种中心培育的优质黄羽肉鸡品种配套系。

① 康达尔黄鸡128A型：父母代种鸡68周龄入舍母鸡产蛋177个，可产雏鸡144只。商品代公鸡55～65日龄，体重达1300～1500克，肉料比1：(2～2.3)；母鸡70～95日龄，体重达1500～2000克，肉料比1：(3.1～3.3)。

② 康达尔黄鸡128B型：父母代母鸡与128A型相同。商品代公鸡55～65日龄体重达1300～1500克，肉料比1：(2～2.3)；母鸡为矮脚型仿土鸡，腿矮、细，脚小，皮黄，皮下脂肪多，性成熟早，毛孔和肌肉纤维细，胸肌丰满，70～105日龄体重达1000～1400克，肉料比1：(3.3～3.7)。

(7) 京星黄鸡　是由中国农业科学院北京畜牧兽医研究所培育的优质黄鸡系列配套系，分100、102两个配套系。

① 京星黄鸡100配套系：商品代肉鸡为矮脚型，体型团圆，胴体皮肤黄，皮下脂肪均匀，胸肌内脂肪含量达到3.6%，商品鸡60日龄公、母鸡平均体重1500克，料肉比2.1：1。

② 京星黄鸡102配套系：商品代为正常型，体型清秀，早期生长速度快，皮下脂肪均匀，胸肌内脂肪含量达到3.3%，适应性强，成活率高。商品鸡50日龄公、母鸡平均体重为1500克，料肉比2.03：1。

(8) 矮脚黄鸡　矮脚黄鸡冠头高、红润，脚胫矮细，毛色纯黄，羽毛紧凑、贴身。公鸡63～65日龄上市，体重1600～1750克；母鸡85～88日龄上市，体重1350～1500克。肉质嫩滑，味道鲜美。

2. "农大3号"节粮小型蛋鸡

(1) 产地　"农大3号"节粮小型蛋鸡配套系是由中国农业大学育成的三元杂交的矮小型蛋鸡配套系。分为农大褐和农大粉两个品系。

(2) 特点　体型小，自然体高比普通蛋鸡矮10厘米左右。褐壳鸡大部分为花红羽，少量为白羽（10%以下）；粉壳鸡绝大部分为纯白羽，只有小部分为花红羽（20%）。

(3) 生产性能　农大褐父母代种鸡1～120日龄成活率为94%；120日龄平均体重为1550克，开产日龄151～155天，高峰产蛋率为94%，72周龄入舍母鸡平均产蛋276个，产合格种蛋230～240个，产母雏80～87只；母鸡体重为1900～2200克，产蛋期日耗料110～115克/只，产蛋期成活率为93%；商品鸡120日龄平均体重为1250

克,成活率为97%;开产日龄150~156天,高峰产蛋率93%;72周龄入舍鸡平均产蛋275个,总蛋重15.7~16.4千克,蛋重55~58克,料蛋比(2.0~2.1):1,产蛋期成活率为96%。

农大粉父母代种鸡1~120日龄成活率为94%,120日龄平均体重1350克,开产日龄148~153天,高峰产蛋率为95%;72周龄入舍母鸡平均产蛋280个,产合格种蛋230~240个,产母雏90只;母鸡体重1800~2000克,产蛋期日耗料100~105克/只,产蛋期成活率为93%。商品鸡120日龄平均体重1200克,成活率为96%;开产日龄148~153天,高峰产蛋率为93%;72周龄入舍鸡平均产蛋278个,总蛋重15.6~16.7千克,蛋重55~58克,料蛋比(2.0~2.1):1,产蛋期成活率为96%。

第四章 林地生态养鸡科学规划和设计

林地生态养鸡，指鸡的育雏期在鸡舍内完成，生长期白天在林地、果园、丘陵山地、荒山荒坡等放养，早晚补饲全价配合饲料的生态饲养方式。这种饲养方式既不同于传统的散养，又与现代养鸡方式有很大不同，在林地生态养鸡的过程中，只有采取科学的饲养管理技术，才能保证生产出优质、合格的产品，获取较高的经济效益。对林地生态养鸡场的科学规划设计，是实现上述目标的保证。通过对林地生态养鸡场进行科学规划设计可以使投资减少、生产过程顺利、劳动效率提高、生产潜力得以发挥、生产成本较低。反之，如果林地生态养鸡之前没有规划、盲目饲养或者不合理的规划都会导致饲养过程中正常的生产指标无法实现，导致直接亏损或失败。

林地生态养鸡规划和设计的主要内容包括林地面积、养殖规模的确定、场址选择、场地规划、鸡舍的类型、布置和修建、养鸡设备等。规划和设计内容因生态养鸡场的性质、规模等而不同，规模较大的养鸡场需作出详细科学的规划，养殖规模比较小的鸡场也应有一定的计划。

一、林地面积、养殖规模的确定

（一）林地面积

因地制宜。规模化养鸡，林地面积尽量大，一般面积不小于30亩。在林地面积很大、养鸡规模较大时，可以根据饲养数量划分成若干小块，一小块面积在10亩左右，进行分批饲养。

（二）放养密度

养鸡的密度和规模需要根据林地、果园或山地面积大小、林地内野生饲料资源的多少、鸡的品种、养殖季节等而确定，按宜稀不宜密的原则，确定合适的饲养密度和规模。一般667平方米（1亩）林地面积放养数量为20～75只。植被情况良好，饲养密度可适当大些；

刚开始放养时，鸡的体重小，采食量少，饲养密度可大些，随着鸡体重的增加，采食量加大，饲养密度也要相应降低。饲养密度还要考虑鸡的品种。饲养农大3号节粮型蛋鸡一定要注意密度不要太大，因为该品种鸡有很强的食草性，它们对草的需求量很大，无论青草还是树叶都会采食，放养密度大可使果园光秃一片。一定不要盲目高密度养鸡，否则会造成过牧，甚至导致养殖失败。不同放养场地放养柴鸡数量参考值见表4-1。

表4-1 不同放养场地放养柴鸡数量/(只/亩)

放养场地	果园	林地	山场	草地
放养鸡数量	35～50	30～40	20～50	22～77

（三）养殖规模

合理安排养殖规模，应根据养殖鸡的品种（个体大小、体型特点）、林地面积和种类、林地所处阶段、林地草木覆盖和生长等情况具体确定。林地饲养的规模还应根据自己的实际条件如有无养鸡经验，养鸡技术水平的高低，现有经济条件、人力资源状况等灵活掌握，不应照搬照抄。

养殖规模要与配套利用的资源条件相适应，如果规模过大，造成林地的植被、虫草等不足，容易造成过牧，影响鸡的正常生长发育；规模过小，浪费林地资源，不能体现应有的生态效果。

林地面积较小的鸡场，根据面积第1年可养500～1000只，有经验以后再逐步扩大饲养规模。初次开始时规模不宜过大。较大的鸡场可采用小群体、大规模的方式，一般以每群500～1000只为宜，不应超过2000只。采用全进全出制。不要盲目贪求大规模，在未能落实销售的情况下，大量饲养，造成压栏时间过长，饲养成本提高；规模过小（100～200只），不能充分利用林地资源，管理粗放，也不能有很好的收益。

二、养殖季节及放养时间的确定

根据当地的气候条件、雏鸡脱温日龄、林地资源情况和市场消费特点综合考虑。

1. 育雏时间

林地生态鸡的饲养必须选择合适的育雏季节，因为育雏时间直接影响后期鸡在林地饲养的时间。

育雏在舍内进行，一年四季都可育雏。按季节可分为3～5月进雏为春雏，6～8月进雏为夏雏，9～11月进雏为秋雏，12月至翌年2月份进雏为冬雏。考虑0～6周龄育雏结束后，进入林地放养时，外界环境条件主要是气温、植被生长情况，是否达到鸡生长所需的基本条件。初次养鸡，育雏可选在气温较暖和的春季，取得经验后一年四季均可进雏养鸡。

蛋用鸡育雏时间的确定还要根据当地自然条件、出栏计划、市场需求等情况综合确定。蛋用鸡的性成熟期为20周龄前后。选择不同的时间育雏，要考虑产蛋期在林地饲养时间的长短和林地中自然饲料的利用情况及市场供求情况等。一般多选择春季育雏。春季气温逐渐升高，白天渐长，雨水较少，空气较干燥，鸡病少，所以春雏生长发育快，成活率高，育成期处于夏秋季节，在林地有充分活动和采食青饲料的机会，鸡性成熟较早，产蛋持续时间长。

肉用鸡的饲养时间一般在90～150天，在雏鸡舍内饲养时间不少于30天，一般为30～50天。林地放养时间不宜过早，否则鸡的抵抗力较弱，对林地环境适应性差，野生饲料的消化利用率低，容易感染疾病，也容易受到野外兽害侵袭。最好选择3～5月份育雏，春季气温逐渐上升，阳光充足，对雏鸡生长发育有利，育雏成活率高。雏鸡一般4周龄脱温后已到中鸡阶段，外界气温比较适宜，舍外活动时间长，可得到充分的运动与锻炼，体质强健，对后期林地放养自由采食、适应环境有利。并且安排好进雏时间，可充分利用外界适宜放养的时间，每年饲养两批。比如在4月上旬育雏，5月中旬放养，7月中旬出栏；第二批6月中旬进雏，7月中旬放养，9月底至10月初出栏。

2. 放养时间

（1）放养时机的选择 什么时候转入放养阶段应该从几个方面考虑。

① 雏鸡的长势。如果雏鸡健康，生长发育正常，可以早些进行放养。

②气候条件。冬春季节,天气寒冷,保温时间应该长一些,春夏季节,天气暖和,转群放养的时间可以早些,但应在雏鸡脱温后进行。

③雏鸡的饲养密度。如果雏鸡饲养密度大,放养应早些。

(2)林地放养时间 南方温暖季节和北方夏秋季节都可以进行林地养鸡。白天气温不低于15℃时就可以开始放养,一般夏季30日龄、春季45日龄、冬季50~60日龄就可以开始放养。

放养时间可从4月初至10月底,外界温度较高,鸡容易适应,并能充分利用较长的自然光照,有利于鸡的生长发育。同时林地青草茂盛,虫、蚁等昆虫较多,鸡群觅食范围不需要太大就可采食到充足的野生饲料。公鸡放养2~3个月,体重达到1~1.5千克上市。母鸡可在当年9~10月份开产,11月至次年3月份则可转到固定鸡舍圈养为主、放牧为辅,产蛋期可达1年左右,经济效益较好。

室外放养时间的长短对鸡肉肉质和风味影响很大,作为柴鸡上市前通常要求在林地放养时间不短于45天,利于鸡体内风味物质的形成。放养时间短,土鸡风味不足。

三、场址的选择

林地生态鸡场是鸡重要的生活环境。要为鸡创造一个良好的生长环境,首先应该做好林地场址的选择。场址的选择对林地日常生产和管理、鸡的健康状况、生产性能的发挥、生产成本及养殖效益都有重要影响,科学选择场址对保证林地及养鸡场的高效、安全生产具有重要意义。场址一旦选定后,所有的房舍建筑、生产设备都要进行动工建设、安装,投资较大,且一经确定后很难改变。林地生态养鸡场场址也就是林地所处地,对林地选择要经过慎重考虑和充分论证。

(一)选择场址原则

遵循环境保护的基本原则,防治环境污染。养鸡场地既要保证免受周围其他厂矿、企业的污染,又要避免对周围外界环境造成污染。

1. 无公害生产原则

所选区域的空气、水源水质、土壤土质等环境应符合无公害生产标准。防止重工业、化工工业等工矿企业产生的废气、废水、废渣等的污染。鸡若长期处于严重污染的环境，受到有害物质的影响，产品中也会残留有毒、有害物质，这些畜产品对人体也有害。因此，林地生态鸡场不宜选在环境受到污染的地区或场地。

2. 生态可持续发展原则

鸡场选址和建设时要有长远考虑，做到可持续发展。鸡场的生产不能对周围环境造成污染。选择场址时，应考虑鸡的粪便、污水等废弃物的处理、利用方法。对场地排污方式、污水去向、距居民区水源的距离等应调查清楚，以免引起对周边环境的污染。

3. 卫生防疫原则

鸡场场地的环境及卫生防疫条件是影响林地生态养鸡能否成功的关键因素之一，必须对当地历史疫情做周密的调查研究，特别警惕附近兽医站、养殖场、屠宰场等离拟建场的距离、方位等，尽量要远离这些污染源，并保证合理的卫生距离，并处于这些污染源的上风向。

4. 经济性原则

林地生态养鸡，在选择用地和建设时精打细算、厉行节约。避免盲目追求大规模建设、投资，鸡舍和设备可以因陋就简，有效利用原有的自然资源和设备，尽量减少投入成本。

（二）选址要求

林地生态养鸡场场址的选择应考虑以下内容：

1. 位置

林地场址要考虑物资需求和产品供销，应保证交通方便。林地场外应通有公路，但不应与主要交通线路交叉。林地场址应尽可能接近饲料产地和加工地，靠近产品销售地，确保有合理的运输途径。为确保防疫卫生要求，避免噪声对鸡健康和生产性能的影响。

（1）与各种化工厂及畜禽产品加工厂距离　为防止被污染，养鸡场与各种化工厂、畜禽产品加工厂等的距离应不小于1500米，而且不应将养鸡场设在这些工厂的下风向。

（2）与其他养殖场距离　为防止疾病的传播，每个养鸡场与其他畜禽场之间的距离，一般不少于500米。大型畜禽场之间应不少于1000～1500米。

（3）养鸡场与附近居民点的距离　最好远离人口密集区，与居民点有1000~3000米以上的距离，并应处在居民点的下风向和居民水源的下游。有些要求较高的地区，如水源一级保护区、旅游区等，则不允许选建养鸡场。

（4）交通运输　选择场址时既要考虑交通方便，又要为了卫生防疫使鸡场与交通干线保持适当的距离。一般来说，养鸡场与主要公路的距离至少要在300~400米，与国道的距离（省际公路）500米，与省道、区际公路的距离200~300米；与一般道路的距离50~100米（有围墙时可减小到50米）。养鸡场要求建专用道路与公路相连。

（5）与电力、供水及通讯设施关系　养鸡场要靠近输电线路，以尽量缩短新线敷设距离，并最好有双路供电条件。如无此条件，鸡场要有自备电源以保证场内稳定的电力供应。另外，使鸡场尽量靠近集中式供水系统（城市自来水）和邮电通讯等公用设施，以便于保障供水质量及对外联系。

2. 地形地势

（1）地势　地势是指地面形状、高低变化的程度。养鸡场地应当地势高燥，高出历史洪水线1米以上。地下水位要在2米以下，或建筑物地基深度0.5米以下为宜，避免洪水季节的威胁和减少土壤毛细管作用而产生的地面潮湿。低洼潮湿的场地，空气相对湿度较高，不利于鸡的体热调节，而利于病原微生物和寄生虫的生存繁殖，对鸡的健康会产生很大影响。

地势要向阳背风，以保持场区的小气候条件稳定，减少寒冷季节风雪的影响。平原地区一般场地比较平坦、开阔，林地场地应注意选择在较周围地段稍高、稍有缓坡的地方，以便排水，防止积水和雨后泥泞，容易保持场地和鸡舍干燥。靠近河流、湖泊的地区，场地要选择在较高的地方，应比当地水文资料中最高水位高1~2米，以防涨水时被水淹没。山区林地应选在稍平缓坡上，坡面向阳，南向坡接受的太阳辐射最大，北向坡接受的太阳辐射最小，东坡和西坡介于两者之间。南坡日照充足，气温较高，北坡则相反。最大坡度不超过25%，建筑区坡度应在1%~3%以内为宜，坡度过大，对建筑施工、运输、日常管理和放牧工作造成不便。在同一坡向，因为坡度的变化而影响其太阳辐射的强度。15°的南坡得到的太阳辐射比平地（坡度为 0)要高，而在北坡则较低。山区林地还要注意地质构造情况，避开断层、滑坡、塌方的地段，避开坡底和谷地以及风口，以免受山洪和暴风雪的袭击。在山下部，低的山谷或盆地中，云雾较多，光照的时间少。

（2）地形　地形是指养殖场地的形状、大小及地面物体等状况。林地的地形应尽量开阔整齐，不要过于狭长或边角过多，这样在饲养管理时比较方便，能提高生产效率。

3. 地质和土壤

林地土质状况对环境、林地植被生长情况、鸡群健康状况、鸡舍建筑施工等都有密切关系。林地散放养鸡，林地作为鸡重要的生存环境，土质对鸡的影响要比舍内饲养时更为重要。鸡长期与地面接触，可以通过林地植被的生长与营养含量、土质所含腐殖质、矿物质含量等对鸡的健康和生长发育、生产性能起着重要作用。在选择场址时，要详细了解场地的土质土壤状况，要求场地以往没有发生过疫情，透水透气性良好，能保证场地干燥。

（1）土壤类型　土壤是由地壳表面的岩石经过长期的风化和生物学作用形成的。土壤是由土粒组成的，土粒根据直径大小分为沙粒（粒径 0.01～1 毫米）、粉粒（粒径 0.001～0.01 毫米）和黏粒（粒径小于 0.001 毫米）。

壤土是大致等量的沙粒、粉粒及黏粒，或是黏粒稍低于 30%。土壤质粒较均匀，黏松适度，透水透气性良好，雨后也不会泥泞，易于保持干燥，可防止病原菌、寄生虫卵、蚊蝇等的生存和繁殖。土壤导热性小，热容量大，土温稳定、温暖，对鸡的健康、卫生防疫生长和林地种植都比较适宜。抗压性好，膨胀性小，也适于做鸡舍建筑地基。

沙质土含沙粒超过 50%，土壤黏结性小，土壤疏松，透气透水性强；但热容量小，增温与降温快，昼夜温差大，会使鸡舍内温度波动不稳，并作为建筑用地抗压性弱，建筑投资增大。注意防止土壤过热、防冻。

黏质土的沙粒含量较少，黏粒及粉粒较多，黏粒含量常超过30%。这类土壤质地黏重，土壤孔隙细小，透水透气性差；吸湿性强，易潮湿、泥泞，长期积水，易沼泽化。在其上修建鸡舍，舍内容易潮湿，也易于滋生蚊蝇。有机质分解较慢，土壤热容量大，昼夜土壤温差较小，春季土温上升慢。由于其容水量大，在寒冷地区冬天结冰时，体积膨胀变形，可导致建筑物基础损坏。潮湿会成为微生物繁殖的良好环境，使寄生虫病或传染病得以流行。

(2) 土壤化学成分　土壤成分复杂，包括矿物质、有机物、土壤溶液和气体。一般土壤中矿物质占90%～99%，有机物占1%～10%。土壤中的化学元素，与鸡关系密切的有钙、磷、钾、钠、镁、硫等常量元素及必要的微量元素如碘、氟、钴、钼、锰、锌、铁、铜、硒等。另外，土壤中含量最多的元素如氧、硅、铝等，是土壤矿物质的主要组成成分，是林地植被的重要养分。

土壤中的某些元素缺乏或过多，会通过饲料、植被和水引起一些营养代谢疾病。一般情况下，土壤中的常量元素含量较丰富，大多可以通过饲料满足鸡的需要。但鸡对某些元素的需求较多，或植物性饲料中含量较低，应注意在日粮中补充。

土壤中的微量元素、重金属、有机污染物（主要是农药残毒）等土壤中的化学成分对鸡的健康有直接影响。

如果土壤中的有毒有害物质超过标准，被鸡食入后，会直接影响鸡的健康，所生产的鸡蛋与鸡肉也会因某些有害物质的富集残留，达不到无公害食品标准的要求。所以，要了解鸡场当地农药、化肥使用情况，对土壤样品的汞、镉、铬、铅、砷等污染物进行检测。

(3) 土壤的生物学特性　土壤的生物学特性也会影响鸡的健康。土壤中的生物包括微生物、动物和植物。微生物中有细菌、放线菌、病毒。植物中有真菌和藻类，动物包括鞭毛虫、纤毛虫、蠕虫、线虫和昆虫等。微生物大多集中在土壤表层。土壤中的细菌大多是非病原性杂菌，如酵母菌、球菌、硝化菌和固氮菌等。土壤的温度、湿度、酸碱度、营养物质等不利于病原菌的生存。但被污染的土壤，或抗逆性较强的病原菌，可能长期生存下来。沙门菌可生存12个月，霍乱杆菌可生存9个月，痢疾杆菌在潮湿的地方可生存2～5个月，在冻土地带，细菌可长期生存。因此，发生过疫情的地区会对鸡的健康构成很大威胁，养鸡场也不宜选低洼、沼泽地区，这些地区容易有寄生虫生存，会成为鸡寄生虫病的传染源。

总之，对土质土壤的选择，不宜过分强调土壤物理性质，应重视化学特性和生物学特性的调查。如因客观条件所限，达不到理想土壤，就要在鸡的饲养管理、鸡舍设计、施工和使用时注意弥补土壤的缺陷。

4. 水质水源

水是鸡最重要的营养物之一。刚出壳雏鸡体内含水量85%左右，成年鸡体内含水量65%左右。鸡体内缺水10%，将导致代谢紊乱，超过20%即可引起死亡。必须给鸡充足、清洁的饮水。水源水质关系着林地养鸡时的生产和人员生活用水及建筑施工用水，林地养鸡必须有可靠的水源。对水源的基本要求是：水量充足，水质良好，取用和防护方便。

（1）水量充足　能满足林地生产、灌溉用水、场内人员生活用水、鸡饮用和生产用水、消防用水等。鸡场人员生活用水一般每人每天24~40升，每只成鸡每天的饮水量平均为300毫升，加上日常管理一般按每只鸡每天1升计算。夏季用水量要增加30%~50%。

（2）水质良好　水质要求无色、无味、无臭，透明度好。水的化学性状，需了解水的酸碱度、硬度、有无污染源和有害物质等。有条件的则应提取水样做水质的物理、化学和生物污染等方面的化验分析。水源的水质不经过处理或稍加处理就能符合饮用水标准是最理想的。

饮用水水质要符合无公害畜禽饮用水水质标准（见表4-2）。

表4-2　畜禽饮用水水质标准

项　目		标　准　值	
		畜	禽
感官性状及一般化学指标	色	色度不超过30度	
	浑浊度	不超过20度	
	臭和味	不得有异臭、异味	
	肉眼可见物	不得含有	
	总硬度（以$CaCO_3$计）/（毫克/升）	≤1500	
	pH	5.5~9	6.8~8.0
	溶解性总固体/（毫克/升）	≤4000	≤2000
	氯化物（以Cl^-计）/（毫克/升）	≤1000	≤250
	硫酸盐（以SO_4^{2-}计）/（毫克/升）	≤500	≤250
细菌学指标≤	总大肠菌群/（个/100毫升）	成年畜10,幼畜和禽1	

续表

项　目		标　准　值	
		畜	禽
毒理学指标	氟化物(以F⁻计)/(毫克/升)	≤2.0	≤2.0
	氰化物/(毫克/升)	≤0.2	≤0.05
	总砷/(毫克/升)	≤0.2	≤0.2
	总汞/(毫克/升)	≤0.01	≤0.001
	铅/(毫克/升)	≤0.1	≤0.1
	铬(六价)/(毫克/升)	≤0.1	≤0.05
	镉/(毫克/升)	≤0.05	≤0.01
	硝酸盐(以N计)/(毫克/升)	≤30	≤30

当畜禽饮用水中含有农药时，农药含量不能超过表4-3中的规定。

表4-3　畜禽饮用水中农药限量指标/(毫克/升)

项　目	限　值	项　目	限　值
马拉硫磷	0.25	林丹	0.004
内吸磷	0.03	百菌清	0.01
甲基对硫磷	0.02	甲萘威	0.05
对硫磷	0.003	2,4-D	0.1
乐果	0.08		

(3) 水源选择　水源周围环境条件应较好。以地面水作为水源时，取水点应设在工矿企业的上游。根据当地的实际情况选用林地水源。

① 地面水：包括江、河、湖、塘及水库等。这些水主要由降水或地下水在地表径流汇集而成，容易受到生活及工业废水的污染，常常因此引起疾病流行或慢性中毒。地面水一般来源广、水量足，又因为它本身有较好的自净能力，是被广泛使用的水源。在条件许可的情况下，应尽量选用水量大、流动的地面水作牧场水源，使水有较好的自净能力。在管理上可采取分段用水和分塘用水。

② 地下水：地下水深藏在地下，是由降水和地表水经土层渗透到地面以下而形成。水质悬浮杂质少、水清澈透明、有机物和细菌含量极少、溶解盐含量高、硬度和矿化度较大、不易受污染、水量

充足而稳定和便于卫生防护。但某些地区地下水含有某些矿物性毒物，往往引起地方性疾病。所以，当选用地下水时，应首先进行检验，才能选作水源。

③ 降水：是雨、雪等降落到地面形成的，水质依地区条件而定。内陆的降水可混入大气中的灰尘、细菌，城市和工业区的降水可混入煤烟、酸雨等各种可溶性气体和化合物，因而易受污染。降水由于贮存困难、水量无保障，除缺乏地面水和地下水的地区外，一般不宜作林地养殖场的水源。

自来水和深层地下水是最好水源。林地场区附近如有地方自来水公司供水系统，可以尽量引用，但需要了解水量能否保证。也可以在本场地打井，采用深层水作为主要供水来源或者作为地面水量不足时的补充水源。

(4) 水的人工净化和消毒　如果林地养鸡场无自来水供应。使用地面水作为水源时，水质一般比较浑浊，细菌含量较多，必须经过净化和消毒处理以改善水质。地下水较清洁，一般只需消毒处理。

① 普通净化：包括混凝沉淀和砂滤。

a. 混凝沉淀：加入明矾、硫酸铝和硫酸亚铁、三氯化铁等混凝剂，使水中杂质加速沉降。混凝沉淀的效果与水的浑浊度、温度的高低、混凝沉淀时间长短、混凝剂用量有关。普通河水用明矾时，需40～60毫克/升。

b. 砂滤：把浑浊的水通过砂层，使水中的悬浮物、微生物阻留在砂层上部，水得到净化。可在河边挖渗水井，使水经过地层滤过。

② 消毒：水经过混凝沉淀和砂滤后，细菌大大减少，但还没有完全除去，病原菌还有可能存在，为确保饮水安全，必须再经过消毒处理。目前应用最广的是氯化消毒法，此法杀菌力强、使用方便、费用低。

氯化消毒用的药剂为液态氯和漂白粉。漂白粉的杀菌能力取决于其所含有效氯。新制漂白粉一般含有效氯25%～35%，但漂白粉易受空气中二氧化碳、水分、光线和高温等的影响而发生分解，使有效氯含量不断减少。因此，须将漂白粉装在密塞的棕色瓶内，放在低温干燥、阴暗处，并在使用前检查其有效氯含量。如果有效氯含量低于15%，则不适于作饮水消毒用。此外，还有漂白粉精片，它的有效氯含量高而且稳定，使用比较方便。

5. 气候因素

调查了解当地气候气象资料，如气温、风力、风向及灾害性天气的情况，作为鸡场建设和设计的参考。这些资料包括地区气温的变化情况、夏季最高温度及持续天数、冬季最低温度及持续天数、风向频率、土壤冻结深度、降雨量与积雪深度、最大风力、常年主导风向、光照情况等。

四、场地规划

养鸡场场址选定以后，要根据该场地的地形、地势和当地主风向，对鸡场内的各类房舍、道路、排水、排污等地段的位置进行合理的分区规划。同时还要对各种房舍的位置、朝向、间距等进行科学布局。养鸡场各种房舍和设施的分区规划，主要考虑有利于防疫、安全生产、工作方便，尤其应考虑风向和地势，通过鸡场内建筑物的合理布局来减少疫病的发生。科学合理的分区规划和布局还可以有效利用土地面积，减少建厂的投资，保持良好的环境卫生和管理的高效方便。

养鸡场通常分为生活区、生产区和隔离区。

（一）生活区

人员生活和办公的生活区应在场区的上风向和地势较高的地段（地势和风向不一致时，以风向为主）。与林地、果园必要的管理用房与生产用房（办公室、车辆库、工具室、肥料农药库、宿舍等）结合起来，设在交通方便和有利作业的地方。在2～3个小区的中间，靠近干路和支路处设立休息室及工具库。

生活区应处在对外联系方便的位置。大门前设车辆消毒池。场外的车辆只能在生产区活动，不能进入生产区。

（二）生产区

生产区是鸡场的核心。包括各种鸡舍和饲料加工及贮存的建筑物。生产区应该处在生活区的下风向和地势较低处，为保证防疫安全，鸡舍的布局应该根据主风向和地势，按照孵化室、雏鸡舍与成年鸡舍的顺序配置。把雏鸡舍放在防疫比较安全的上风向处和地势较高处，能使雏鸡得到较新鲜的空气，减少发病机会，也能避免成年鸡舍排出的污浊空气造成疫病传播。当主风向和地势发生矛盾时，应该把卫生防疫要求较高的雏鸡舍设在安全角（和主风向垂直的两个对角线上的两点）的位置，以免受上风向空气污染。养鸡场最好饲养同一批鸡。还应按照规模大小、饲养批次、日龄把鸡群分成几个饲养区，区和区之间要有一定的距离。雏鸡舍和成年鸡舍应有一定的距离。

饲料加工、贮存的房舍处在生产区上风处和地势较高的地方，同时与鸡舍较近的位置。由于防火的需要，干草和垫草堆放的位置必须处在生产区下风向，与其他建筑物保持60米的卫生间距。

（三）隔离区

病鸡的隔离、病死鸡的尸坑、粪污的存放、处理等属于隔离区，应在场区的最下风向，地势最低的位置，并与鸡舍保持300米以上的卫生间距。处理病死鸡的尸坑应该严密隔离。场地有相应的排污、排水沟及污、粪水集中处理设施（用于果林灌溉或化粪池净化）。隔离区的污水和废弃物应该严格控制，防治疫病蔓延和污染环境。

鸡场内的道路分人员出入、运输饲料用的清洁道（净道）和运输粪污、病死鸡的污物道（污道），净污道分开与分流明确，尽可能互不交叉。

（四）防护设施

林地养殖场界要划分明确，规模较大的养殖场四周应建较高的围墙或挖深的防疫沟，以防止场外人员及其他动物进入场区。在林地养殖场大门及各区域、鸡舍的人口处，应设相应的消毒设施，如车辆消毒池、脚踏消毒槽或喷雾消毒室、更衣换鞋间等。车辆消毒池长应为通过最大车辆周长的1.5倍。林地果园要饲养护场犬，并训练其保护鸡群和阻止外人进入。除养犬外还应有人专门值班看守。

五、鸡舍的建筑类型和修建

林地饲养还需要建鸡舍，供鸡晚上休息、过夜。鸡如果在外面过夜，可能会遇到刮风、下雨、打雷等异常天气，鸡受到的刺激比较大,容易患病;也有可能遇到狐狸、黄鼠狼等天敌,回鸡舍可以避开天敌的伤害。

1. 鸡舍的基本要求

(1) 鸡舍的位置适当 舍要建在地势较高、地面干燥、易于排水的地方,下雨不致发生水灾和容易保持干燥,如果自然条件不能满足,应垫高地基和在鸡舍四周挖排水沟。注意选择在比较安静的地方,避开交通要道,人员往来不能过于频繁。鸡舍建在高大的乔木树下、果树林中或林地边,放牧场面向果林、树林。

(2) 便于清洁卫生 舍地面以保持地面干燥为原则,要做好防潮处理,同时要高于鸡舍外地面25~30厘米,最好为水泥地面,并呈一定坡度,以便于消毒和向舍外排污,以便清理粪便和鸡舍消毒;或使用网上养鸡,鸡不与粪便接触,减少疾病传播机会。

(3) 保证良好通风和温度调节能力 放养季节能够调节鸡舍的门窗进行适量通风换气,保持鸡舍空气新鲜和环境条件适宜。在放养地建育雏舍,一定要注意加强鸡舍保温隔热的能力。可以利用一些价廉的保温隔热材料,如塑料布等设置鸡棚,隔离出一些小的空间来增加鸡舍的保温性能。鸡舍北墙和西墙等处适当加厚,或在鸡舍屋顶铺设一些玉米、高粱等的秸秆用泥密封等措施,都有利于鸡舍保温和隔热。

(4) 安全性能好 鸡舍和饲料间的门窗要安装铁丝网,以防鸟类和野生动物进入鸡舍和料间,侵害鸡只和糟蹋饲料。

2. 鸡舍的布置

(1) 朝向 朝向指鸡舍用于通风和采光的窗户和门朝着的方向。鸡舍的朝向与鸡舍的采光、保温和通风等环境效果有关。朝向的选择应根据当地的地理位置、气候条件等来确定。适宜的朝向要满足鸡舍的光照、温度和通风要求。

我国地处北纬20°~50°,太阳高度角(太阳光线与地平线的夹角)冬季小、夏季大,为保证鸡舍冬季获得较多的太阳辐射热,防治夏季太阳过分照射,鸡舍宜采用东西走向或南偏东或西15°左右朝向较为合适。鸡舍朝向不仅影响采光,而且与进入到鸡舍的冷风有关。冬季主风向对鸡舍迎风面造成压力,使墙由外向内渗透寒气,造成冬季鸡舍热量散失,温度下降。鸡舍长轴与冬季主风向平行或呈0°~45°的朝向,冷风将纳入少,有利于保温。鸡舍长轴与夏季主风向平行或呈30°~45°的方向，涡风少，通风均匀，有利于防暑。北方地区，冬春季风多西北风，鸡舍以南向为好。

(2) 间距　舍的间距是两栋相邻鸡舍纵墙之间的距离。鸡舍合理的间距是鸡群防疫隔离的条件，能减少鸡舍之间的相互感染。鸡舍通过窗户排出污浊的空气和水汽，其中夹杂着灰尘和微粒，一些病原微生物会附着其中，如果鸡舍过近，就会通过空气流通进入相邻的鸡舍，引起传染病的发生。同时鸡舍间距影响鸡舍通风和采光的效果。综合考虑以上因素，鸡舍的间距保持房檐高度的3~5倍，能满足鸡舍的光照、通风和防疫要求。若距离过大，则会占地太多、浪费土地，增加道路、管线等基础设施投资，管理也不便。若距离过小，会加大各舍间的干扰，对畜舍采光、通风、防疫等不利。

(3) 跨度和长度　鸡舍的跨度一般不宜过宽，鸡舍高度较低，靠窗户自然通风，其鸡舍跨度以6~10米为宜，这样舍内空气流通较好。鸡舍的长度没有严格的限制，考虑到工作方便和饲养方式，一般以20~50米为宜。鸡舍的总面积依鸡的数量确定。

(4) 高度　鸡舍高度根据饲养方式、鸡舍大小、气候条件而定。一般鸡舍的净高（从地面到屋檐或天棚的距离）为2~2.4米。炎热的地区，可增高到2.5米左右，加大鸡舍高度可以加强鸡舍的通风，缓和高温的影响。在寒冷地区，鸡舍的高度适当降低有利于保温。考虑人的进出和管理方便，鸡舍高度不能低于2米。

(5) 鸡舍数量和面积　根据林地面积和养鸡的规模、饲养密度确定修建鸡舍的数量。一般鸡舍之间间隔150~200米，每个鸡舍容纳300~500只青年鸡或200~300只成年鸡。

通常地面平养情况下，雏鸡、中鸡和蛋鸡饲养密度为：0~3周龄为每平方米20~30只，4~9周龄为每平方米10~15只，10~20周龄为每平方米8~12只，20周龄后为每平方米6~8只。

如果设置的鸡舍数量较少，或鸡舍之间距离过近或连在一起，容易造成鸡只集中在一个范围觅食，造成过度放牧，植被破坏，影响鸡的生长，使鸡容易患病。

鸡舍面积的大小直接影响鸡的饲养密度，合理的饲养密度可保证雏鸡能有足够的活动范围、适宜的采食空间和充足的饮水，有利于鸡群的生长发育。密度过高会限制鸡的活动，并造成空气污染，会诱发啄肛、啄羽等现象发生。同时，由于空间拥挤，弱小的鸡经常吃不到足够的饲料，体重不够，造成鸡群均匀度差。

在林地、果园中鸡棚不能随意搭建，任鸡自由活动，否则会造成鸡舍附近场地寸草不生，土壤硬结，而离鸡舍较远处则野草丰盛，不能做到科学轮牧。

(6) 鸡舍屋顶形式　鸡舍屋顶形状较多，有单坡式、双坡式、双坡不对称式、拱式、平顶式、钟楼式和半钟楼式等。一般最常采用双坡式，也可以根据当地的气候环境采用单坡式。单坡式鸡舍一般跨度较小，适合小规模的养鸡场；双坡式鸡舍跨度较大，适合较大规模的鸡场。在南方干热地区，屋顶可高些以利于通风。北方寒冷地区可适当降低鸡舍高度以利于保温。

(7) 鸡舍地面　雏鸡舍地面平养时应铺设垫料。或利用网上饲养，也可立体笼养育雏。刨土和沙浴打滚是鸡的天性，鸡舍内密度大，活动空间小，是土地面时，鸡活动或遇应激时炸群，鸡舍则尘土飞扬，长期在这样的环境生活，很容易引发鸡的呼吸道疾病，从而影响生长发育，甚至死亡。

成年鸡舍地面可设置架床。铁架床结实耐用，而且便于清理打扫。要注意网眼大小合适，使鸡的脚不会卡在里面，并且要磨平，防止扎伤鸡。使用竹架床时弹性大，鸡喜欢扎堆生活，时间一长，竹架容易被压变形。

3. 鸡舍类型和特点

在进行鸡舍建筑设计时，可以根据情况选择鸡舍的类型，既考虑为鸡提供良好的生长发育和繁殖的环境条件，又考虑降低造价、减少投资。应该根据养鸡的实际情况而定，切忌在建设鸡舍时盲目高要求、大投入，也不要过于忽视鸡舍的建造，随意搭建。

(1) 完全开放式鸡舍　完全开放式鸡舍是能充分利用自然条件、辅以人工调控或不进行人工调控的鸡舍类型。完全开放式鸡舍也称敞棚式鸡舍，鸡舍只有端墙或四面无墙。鸡舍可以起到遮阳、避雨及部分挡风的作用。有的地区为了克服其保温能力差的弱点，可以在鸡舍前后加卷帘，利用温室效应，使鸡舍夏季通风好，冬季能保温。

完全开放式鸡舍用材少，造价低，适于炎热地区及温暖地区。

我国南方地区天气炎热，多使用完全开放式鸡舍。

（2）半开放式鸡舍　三面有墙，正面全部敞开或有半截墙。一般敞开部分朝南，冬季有阳光进入鸡舍，夏季只照到屋顶。有墙的部分在冬季可挡风。一般在冬季可加卷帘、塑料薄膜等形成封闭状态，改善舍内温度。

（3）有窗式鸡舍　这种鸡舍通过墙、窗户、屋顶等围护结构形成全封闭状态，有较好的保温和隔热能力，通风和采光依靠门、窗或通风管。特点是防寒较易做到，而防暑较困难。另外，鸡舍舍内温度分布较不均匀，应该根据鸡的特点合理安置在恰当的位置。有窗式鸡舍的窗户要安装铁丝网，以防止飞鸟和野兽进入鸡舍。有窗式鸡舍最多见。

4. 鸡舍建造

普通鸡舍一般为砖瓦结构，常用于育雏、放养鸡越冬或产蛋鸡。

（1）育雏鸡舍　育雏鸡舍是饲养出壳到 3～6 周龄雏鸡的鸡舍。设计育雏鸡舍时主要要求鸡舍有好的保温能力，地面容易保持干燥，通风良好。平面育雏的育雏鸡舍，舍高 2.3～2.5 米为宜，跨度 6～9 米。多层笼养育雏鸡舍，墙高可设计得高一些，以 2.8 米为宜。育雏鸡舍不易过高，否则热空气体积变轻会聚居在鸡舍的上部，导致雏鸡经常活动的地面附近温度不够，浪费燃料，而且导致雏鸡发育不良。

育雏鸡舍的屋顶最好设天棚（又叫顶棚、天花板），天棚是将鸡舍与屋顶下的空间隔开的结构，能够加强鸡舍冬季保温和夏季隔热能力，也有利于通风换气。常用的天棚材料有胶合板，也可以用草泥、芦苇、草席等做成简易的天棚。天棚结构必须严密，不透水、不透气是保温隔热的重要保证，建造时常被忽视。有天棚的笼养鸡舍一般为 2.7～3.0 米。笼顶到吊顶的垂直距离应保持 1.0～1.3 米，以利于通风排污。一般以每平方米 30 只雏鸡计算育雏鸡舍面积。育雏鸡舍与生长育肥鸡舍应有一定的距离，以利于防疫。

（2）生长育肥鸡舍　生长育肥鸡舍主要用于林地放养时鸡夜间休息或避雨、避暑。生长育肥鸡舍要特别注意通风换气，否则舍内空气污浊，导致优质鸡增重减缓，饲养期延长。

林地放养时鸡舍建筑可就地取材，因陋就简。生长育肥鸡舍的面积大小、长度和高度一般都随饲养的规模、饲养的方式、饲养的品种不同而异。

(1) 塑料大棚　塑料大棚鸡舍可就地取材。塑料大棚鸡舍,棚舍的左侧、右侧和后侧为墙壁,可用土、土坯、砖或石头砌墙,前坡是用竹条、木板或钢筋做成的弧形拱架,外覆塑料薄膜,搭成三面为围墙、一面为塑料薄膜的起脊式鸡舍。

一般鸡舍的后墙高1.2~1.5米,脊高为2.2~2.5米,跨度为6米,脊到后墙的垂直距离为4米。塑料薄膜与地面、墙的接触处,要用泥土压实,防止贼风进入。在薄膜上每隔50厘米,用绳将薄膜捆牢,防止大风将薄膜刮掉。棚舍内地面可用砖垫起30~40厘米。

棚舍的南部要设置排水沟,及时排出薄膜表面滴落的水。棚舍的北墙每隔3米设置升1个窗户,在冬季时封严,夏季时逐渐打开。门设在棚舍的东侧,向外开。棚内还要设置照明设施。优点是投资少,节省能源。缺点是管理维护麻烦、潮湿和不防火等。

(2) 简易鸡舍　主要在夏秋季节为鸡提供遮风避雨、晚间休息的场所。棚舍材料可以用砖瓦、竹竿、木棍、角铁、钢管、油毡、石棉瓦以及篷布、编织袋、塑料布等搭建。棚舍四周要留通风口,要求棚舍保温挡风、不漏雨不积水。用木桩做支撑架,搭成2米高的人字形屋架,四周用塑料布或饲料袋围好,屋顶铺上油毛毡,地面铺上干稻草,鸡舍四面挖出排水沟。

这种简易鸡舍投资省,建造容易,便于撤除,适合小规模果园养鸡或轮牧饲养法。

(3) 移动型鸡舍　移动型鸡舍适用于喷洒农药和划区轮牧的果园、草场等场地,用于放养期间的青年鸡或产蛋鸡。

整体结构不宜太大,要求相对轻巧且结构牢固,2~4人即可推拉或搬移。主要支架材料采用木料、钢管、角铁或钢筋,周围用塑料布、塑编布、篷布均可,注意要留有透气孔。内设栖架、产蛋窝。底架要求坚固,若要推拉移动,底架下面要安装直径50~80厘米的车轮,车轮数量和位置应根据移动型棚舍的长宽合理设置。每一栋移动型棚舍可容纳100~150只青年鸡或80~100只产蛋鸡。移动型棚舍,开始鸡不适应,应注意调教驯化。

六、养殖设备和用具

（一）供暖设备

用于育雏鸡舍的加热保温，火炉、火炕、火墙、电热育雏伞、红外线灯泡等均可选用，要注意火炉加热较易发生煤气中毒，必须加烟囱。

（二）通风设备

夏季鸡舍炎热，加强通风是防暑降温的重要措施，一般使用风机进行机械通风。鸡舍多使用轴流式风机，也可以使用吊扇。

（三）供水设备

供水设备有水槽、饮水器（真空式、吊塔式、乳头式、杯式等）、自动饮水设备。

平养育雏时多用真空式、吊塔式、乳头式饮水器。使用吊塔式自动饮水器，节水、卫生。乳头式饮水器由阀芯和触杆组成，阀芯直接与水管相连，由于毛细管作用，触杆的端部经常悬着一滴水，鸡需要饮水时，只要触动阀杆，水就流出。不再触动阀杆，水路封闭，水停止外流。乳头式饮水器可以保持饮水洁净，节约用水，防止细菌污染。V形水槽，常流水供水，每天要刷洗水槽。

（四）喂料设备

料盘适用于雏鸡饲养，面积大小视雏鸡数量而定，一般每个料盘供60～80只雏鸡使用。平养育雏时可使用料桶供料，也可用料槽供料。食槽的形状对鸡饲料的用量有影响，食槽过浅、没有护沿等会造成饲料浪费。

（五）集蛋设备

林地养鸡要配产蛋箱。可用砖石搭建，木板钉制，或用草藤编织。内部空间一般高35～40厘米，宽30～35厘米，深35～40厘米。一般每5只蛋鸡配制一个产蛋箱，放在离地面30厘米高度处，也可以双层或三层摆放，但上层产蛋箱要设有踏板，以方便产蛋母鸡进入。

（六）避雨棚

在散养场地选择地势高燥的地方搭建数个避雨棚，供雷雨天气鸡避雨。

（七）清粪设备

一般鸡场采用人工定期清粪，规模较大的鸡场可采用机械清粪。

（八）笼具

育雏可以用平面网上饲养，雏鸡饲养在鸡舍内距离地面一定高度的平网上，雏鸡不与地面粪便接触，可减少疾病传播。平网有塑料网、金属网，市场可以买到。也可以用竹木自制。雏鸡也可用立体多层育雏鸡笼，提高了单位面积的育雏数量，鸡笼上部温度较高，可较好利用鸡舍热能，有利于雏鸡的生长发育。林地饲养阶段，鸡舍内不设鸡笼，有栖架。

（九）光照设备及诱虫设备

采用普通灯泡、节能灯来照明。安装定时自动控制开关，保证光照时间准确可靠。诱虫可以使用黑光灯、荧光灯、白炽灯等。

（十）其他

消毒设备如火焰喷灯、喷雾消毒器等；免疫、治疗设备如连续性注射器、刺种针等；断喙设备如电动断喙器、电烙铁等；称重设备如弹簧秤、杆秤、电子秤等。

第五章 林地生态养鸡营养与饲料配合

林地生态养鸡由于饲养的品种和饲养环境条件的差异，鸡的营养需要与舍内笼养条件下鸡的营养需要有较大差异。

林地生态养鸡品种包括我国地方品种和现代鸡种，但以地方品种为主。由于鸡品种繁多，体型和生产类型差异很大，对营养物质的需要不同，我国地方品种没有统一的营养标准。在国内颁布的地方品种鸡饲养标准中，能量和蛋白质需要量主要参照广东鸡，其他指标参照蛋用型鸡的标准。林地饲养不同品种的鸡，应以地方品种鸡的饲养标准确定鸡的营养需要量。

在林地开放的环境中饲养，鸡的活动量大，气候条件和气象因素复杂多变，空气温度、湿度、风速和风向、光照等环境因素对鸡的影响较大，相比于舍内笼养，鸡对能量、蛋白质等营养物质的需要会有差异，所以林地生态养鸡要根据当地气候条件、不同阶段鸡的生长发育特点制定科学的饲料配方。

一、林地养鸡采食特点

（一）杂食性强，觅食能力好

我国地方品种鸡的杂食性强，觅食能力好，林地、果园生态养鸡野生饲料资源丰富。各种昆虫甚至蛰伏在土壤中或植被上的昆虫都被鸡所采食，可利用这一特点进行灭虫、灭蝗。鸡可自主采食林地、果园中各种青草、野菜的嫩叶、植物种子、树叶、浆果等各种植物的籽实。在觅食过程中可以啄出植被的根茎，采食其中的可食部分，这个采食过程也践踏死杂草，可进行棉田除草。鸡可觅食各种昆虫如蜘蛛、瓢虫、蛾类、蝗虫及虫卵、蚯蚓甚至各种幼小动物如小老鼠、青蛙、小爬行动物等。这些饲料中有的还含有特殊的生物活性物质，采食后能提高鸡的抵抗力。林地放养鸡由于鸡本身能自由地接触土壤地面和周围的植被环境，从土壤中觅食鸡自身所需的各种矿物质元素和其他一些营养物质。同时林地中野生的中药材，人工种植的苜蓿等优质牧草，人工育虫，养殖的蚯蚓、蝇蛆等都为鸡提供了丰富的营养物质饲料。

（二）需要人工补喂饲料

鸡所采食的青绿饲料含有大量的纤维素，但鸡的消化道中没有消化粗纤维的酶，饲料中的粗纤维主要靠盲肠中的微生物分解，但只有极少量小肠内容物经过盲肠，盲肠的消化作用有限，所以鸡对粗纤维的消化率低。仅仅依靠鸡的自主采食活动，野生饲料中所含的营养物质还不能满足鸡的营养需要，要保证鸡的正常生长发育，有高的生产性能，获得好的效益，无论所饲养的是什么品种，在什么饲养季节，还必须人工补喂饲料。

（三）喜采食粒状饲料

放牧条件下，鸡喜采食粒状饲料，但用整粒或破碎的谷物作为补料，营养成分不平衡。颗粒配合料营养价值高，养分含量集中，鸡易采食，在饲喂过程中浪费少，并且在颗粒料的制粒加工过程中有灭菌作用等优点，是最好的人工补饲饲料。鸡在采食颗粒料后，可促进唾液的分泌，增强胃肠蠕动，有利于促进营养物质的消化与吸收。尤其在鸡生长后期颗粒饲料可促使鸡多采食，适当缩短饲养周期，提高饲料利用率。在育雏阶段，应饲喂易消化、营养全面的雏鸡全价饲料，林地饲养阶段逐步更换为优质颗粒饲料作为补充料。

二、鸡的营养需要

鸡的生长发育、繁殖、生产等生命活动都离不开营养物质。鸡需要的营养物质包括能量、蛋白质、矿物质、维生素和水。除水外，其余营养物质都由饲料来提供。

（一）能量

鸡的一切生理活动，包括呼吸、循环、消化、吸收、排泄、神经活动、调节体温、运动、生长繁殖、羽毛生长及产蛋、产肉等都离不开能量。

1. 能量来源

饲料中的的蛋白质、脂肪和碳水化合物都含有能量。但一般饲养条件下，饲料中的碳水化合物、脂肪是主要的供能物质。蛋白质经济价值高,由蛋白质提供能量不合算。

(1) 碳水化合物 碳水化合物是鸡饲料的主要成分,提供鸡体所需要的大部分能量,主要包括淀粉、糖类和纤维素。在鸡体内分解后产生能量,用以维持体温和供给体内各器官活动时所需要的能量。淀粉、蔗糖、麦芽糖、己糖等是鸡可以利用的碳水化合物。鸡不能利用乳糖,因为其消化液中不含有乳糖酶。

鸡对纤维素的消化能力低。鸡消化道不分泌纤维素酶,但可利用盲肠中的微生物消化少量纤维素和半纤维素,从中获取能量。如果饲料中纤维素含量过多就会影响鸡的正常生长。但粗纤维素有促进胃肠蠕动、调节排泄的作用,纤维素过少鸡的肠道蠕动慢,易发生便秘和啄羽、啄肛等不良现象,鸡日粮中的粗纤维素含量 2.5%~5% 较合适。

碳水化合物除作为重要供能物质外,还是构成体脂肪的重要原料,当碳水化合物满足鸡的需要后,多余部分就转化为体脂肪。在鸡体内还可以转变为糖原贮备起来,以备必要时利用。日粮中碳水化合物不足时,会影响鸡的生长和生产性能;过多时会影响其他营养物质的含量,造成鸡过肥。

(2) 脂肪 脂肪包括中性脂肪和类脂肪。脂肪在鸡体内的主要功能是贮存能量和供给能量,是鸡能量的来源,它在鸡体内代谢中产生的热能远远高于碳水化合物。相同重量的脂肪所含的热能量约为碳水化合物的 2.25 倍,并且热增耗低,在饲料中适当添加油脂可以降低饲料摄食量,缓解高温对鸡的不利影响,提高饲料利用率。脂肪还是维生素 A、维生素 D、维生素 E 和维生素 K 等脂溶性维生素的吸收溶剂,脂溶性维生素都需先溶于脂肪后才能被吸收和利用。日粮中脂肪缺乏时,容易影响这类维生素的吸收和利用,导致鸡患脂溶性维生素缺乏症。脂肪还是鸡体组织细胞的重要组成部分,是合成某些激素的原料,尤其是生殖激素大多需要胆固醇作原料。

脂肪可由其他营养物质转化而来,大部分脂肪酸均能在体内合成,一般不存在脂肪缺乏问题。只有亚油酸在鸡体内不能合成,必须从饲料中摄取,称为必需脂肪酸。必需脂肪酸缺乏时鸡对水的需要量增加,对疾病的抵抗力下降。以玉米为主要谷物的饲粮通常含有足够的亚油酸,而以稻谷、高粱、麦类为主要谷物的饲料可能会出现亚油酸缺乏。

许多饲料中脂肪含量仅为2%～5%，谷物饲料大约含脂肪3%，油饼含5%左右。在饲料中添加脂肪，可以提高鸡生长速度和产蛋率，改善饲料的利用率，提高饲料的能量密度。

(3) 蛋白质　当机体内供给热能的碳水化合物和脂肪不足时，多余的蛋白质可在体内经分解、氧化释放能量，以补充热量的不足。机体内多余的蛋白质可以贮存在肝脏、血液及肌肉中，或者经脱氨作用，将不含氮的部分转化为脂肪贮存起来以备营养不足时供给热能。但用蛋白质作热量能源，经济上不合算，而且容易加重机体的代谢负担。

日粮的能量值要在一定范围内。鸡具有"因能而食"的特性，鸡每天采食量的多少是由日粮的能量值决定，所以饲料中的能量与其他营养物质应保持合适的比例，使鸡摄入的能量与各营养素之间保持平衡。鸡把饲料中超出需要量的能量转化为脂肪在皮下和腹腔中贮存起来。如果鸡饲料中的能量不足，会造成鸡抗病力降低，健康状况恶化，用于生产的能量降低，鸡生长缓慢，产蛋水平下降。

2. 能量单位与转化

饲料能量通过养分在氧化过程中释放的热量来测定，并以热量单位卡来表示。1卡即1克水从14.5℃升温到15.5℃所需的能量。为了使用方便，实际中常用单位千卡、兆卡。

国际统一的能量单位为"焦耳"。为使用方便，实践中常用单位有千焦、兆焦。

卡与焦耳的换算系数为4.184

1卡＝4.184焦耳

1焦耳＝0.239卡

1千卡＝4.184千焦

1千焦＝0.239千卡

1兆卡＝4.184兆焦

1兆焦＝0.239兆卡

鸡常用代谢能表示其营养需要。由于鸡的消化系统和排泄系统结构特殊，粪尿混合在一起排出体外，粪能和尿能难以分开。把鸡食入的饲料总能减除粪能以及尿能称为代谢能，是鸡食入的饲料中能为机体吸收和利用的能量。

3. 影响能量需要量的因素

能量需要量受品种类型、性别、生长发育阶段、体重、生产性能、运动量、环境温度等因素影响。

(1) 品种类型　肉用仔鸡与同体重的蛋用鸡相比，对日粮的能量需要量更多些。

(2) 饲养方式　放养鸡比舍饲鸡需要的能量多；笼养鸡所需能量比平养鸡要少。

(3) 性别　对于成年鸡，公鸡每千克代谢体重的维持能量比母鸡高30%。

(4) 体重　体重大的鸡需要的能量多，而体重小的鸡相对较少。如体重1.5千克的母鸡，每日需要代谢能740.56千焦，而体重2.5千克的母鸡则需要1083.67千焦。

(5) 生产性能　产蛋率高和蛋重大的鸡，需要的能量多。体重都为2.0千克的母鸡，日产蛋率为60%时，每日需要代谢能1221.67千焦，而日产蛋率为90%时，每日需要代谢能1380.72千焦。

(6) 环境温度　环境温度低，鸡为了维持体温恒定，提高机体代谢，要从饲料中获得更多的能量。高温时，鸡减少对饲料的摄入以维持体温正常。生产中，鸡的环境温度处于等热区范围内，饲料利用率最高。一般讲，产蛋鸡的适宜环境温度为18~24℃，外界环境温度每改变1℃，蛋鸡维持代谢所需的能量要改变8千焦/(千克代谢体重·日)。低温环境下鸡的能量消耗比适宜环境温度增加20%~30%。

(二) 蛋白质

蛋白质是构成生物体的基本物质，是机体最重要的营养物质，是细胞的重要组成成分，也是机体内各种酶、激素、抗体的基本成分。动物的肌肉、神经、结缔组织、皮肤、血液、腺体、精液、毛发、角、喙等都主要由蛋白质构成，肌肉、肝、脾等组织器官的干物质含蛋白质80%以上，蛋白质也是鸡肉、鸡蛋最主要的组成成分。

蛋白质被鸡采食后，首先在胃中被胃蛋白酶分解为蛋白胨，进入小肠后被胰蛋白酶和小肠蛋白酶分解为肽，最终分解为各种氨基酸而被吸收。氨基酸是构成蛋白质的基础物质，蛋白质的营养实质上是氨基酸的营养。

1. 氨基酸的种类

构成蛋白质的氨基酸有 20 多种,分为必需氨基酸与非必需氨基酸。

(1) 必需氨基酸 是指在鸡体内不能合成,或合成速度慢和合成的数量少不够鸡的生长和生产需要,必须由饲料供给的氨基酸。成年鸡的必需氨基酸有 8 种,这些氨基酸是赖氨酸、蛋氨酸、色氨酸、苯丙氨酸、亮氨酸、异亮氨酸、缬氨酸、苏氨酸;生长期鸡除需要上述 8 种氨基酸以外,尚需组氨酸、精氨酸;雏鸡在上述 10 种氨基酸的基础上还需加甘氨酸、胱氨酸和酪氨酸。

限制性氨基酸是指在一定饲料或日粮中某一种或几种必需氨基酸的含量低于动物的需要量,而且由于它们的不足限制了动物对其他必需和非必需氨基酸的利用。其中缺乏最严重的称第一限制性氨基酸,其次是第二限制性氨基酸等。

在必需氨基酸中,以赖氨酸、蛋氨酸、色氨酸更为重要,体内利用其他氨基酸合成蛋白质时,都受它们的限制和制约,把这 3 种氨基酸称为限制性氨基酸。

如果不把限制性氨基酸添加到需要量,其他氨基酸含量再多也不能用于合成蛋白质,而是在体内分解,从尿中排泄。

蛋白质的品质是由氨基酸的种类和数量决定的。饲养时必须注意氨基酸的平衡。在饲料中适当添加赖氨酸、蛋氨酸,能把原来饲料中未被利用的氨基酸充分利用起来。动物性蛋白质所含的氨基酸全面且比例适当,因而品质较好;谷物及其他植物性蛋白质所含的氨基酸不全面,量也少,品质较差。如玉米中赖氨酸和色氨酸的含量很低,营养价值较差。

如果鸡的日粮中缺少某些必需氨基酸或者必需氨基酸含量不足,特别是缺乏赖氨酸、蛋氨酸和色氨酸时,影响鸡体内蛋白质的合成,鸡就会生长停顿,体重减轻,体质衰弱,产蛋率下降。蛋白质过量时,多余的蛋白质转化为能量,造成蛋白质的浪费,使饲料成本增加,严重超标会造成机体代谢紊乱,出现蛋白质中毒,患鸡痛风。

(2) 非必需氨基酸 非必需氨基酸是指在体内合成较多或需要较少,可不由饲料来供给也能保证鸡正常生长的氨基酸。必需氨基酸以外的均为非必需氨基酸。如酪氨酸、谷氨酸、丙氨酸、天冬氨酸、脯氨酸等。畜禽可利用饲料提供的含氮物在体内合成，或由其他氨基酸转化代替这些氨基酸。

2. 氨基酸的平衡和互补

蛋白质品质与必需氨基酸中任何一种氨基酸不足都会影响鸡体内蛋白质的合成，造成其他氨基酸的浪费。配制鸡的日粮时必须注意氨基酸的种类、数量及比例。尤其是蛋氨酸、赖氨酸、色氨酸和胱氨酸，鸡利用其他各种氨基酸合成蛋白质时，都受到它们的限制。

饲料种类不同，蛋白质中必需氨基酸的含量有很大差异。植物性饲料中蛋氨酸、赖氨酸、色氨酸含量较少，动物性饲料中氨基酸组成完善、含量较高，尤其是蛋氨酸、赖氨酸含量高，因此，在鸡日粮配合时，饲料种类要多样化，补充一部分动物蛋白质饲料并添加人工合成的氨基酸，以保证氨基酸的平衡。氨基酸缺乏时，鸡生长迟缓，体重轻，羽毛生长不良、蓬乱、无光泽。

3. 氨基酸的有效性——可利用氨基酸

饲料中的氨基酸不仅种类、数量不同，有效性也有很大差别。可利用氨基酸是指饲粮中可被动物消化吸收的氨基酸，根据饲料的可利用氨基酸含量进行日粮配合，能够更好地满足鸡对氨基酸的需要。

4. 影响必需氨基酸需要量的因素

饲料中必需氨基酸和非必需氨基酸的含量和比例均应保持均衡才能满足机体蛋白质合成的需要。否则，会促进必需氨基酸向非必需氨基酸转化，使必需氨基酸的需要量增加。如胱氨酸不足，会增加蛋氨酸需要量；酪氨酸不足，会增加苯丙氨酸需要量。

日粮的能量浓度提高时需要提高包括必需氨基酸在内的各种营养物质的浓度，因为日粮的能量浓度过高，鸡采食量下降，就减少了其他营养物质的进食量。

（三）矿物质

矿物质是鸡体组织和细胞、骨骼（约 5/6 存在于骨骼中）等的重要成分。矿物质参与机体内的各种生命活动，调节体液（血液、淋巴液）的渗透压，维持体内的酸碱度，调节神经、肌肉的活动，还是某些维生素的组成成分之一。矿物质是保持鸡健康和正常生长及繁殖、产蛋所必需的营养物质。

鸡体内必需的矿物元素按照鸡的需要量可分为常量元素和微量元素两大类。机体内含量大于或等于体重0.01%的元素为常量元素，包括钙、磷、镁、钠、钾、氯和硫；鸡体内小于体重0.01%的元素为微量元素，包括铁、锌、铜、锰、碘、钴、硒等。

1. 钙和磷

（1）钙 是鸡体内含量最多的矿物质元素。钙是构成骨骼的主要成分，鸡体内99%的钙存在于骨骼和喙。其余的分布在血液、淋巴、唾液和其他消化液中。正常骨骼灰分中含钙约36%，含磷17%，钙和磷在骨骼保持一定的比例，大致为2:1。钙也是形成蛋壳的主要物质。产蛋的母鸡，血液中钙的含量比公鸡、未成熟的母鸡高2～3倍。母鸡每产1枚蛋，随蛋壳排出2克左右的钙。形成蛋壳的钙75%来自饲料，如果供给不足会影响蛋壳质量，鸡产薄壳蛋、软蛋。钙对维持神经兴奋性和肌肉组织的正常功能有重要作用。钙还具有自身营养调节功能，在外源钙供给不足时，沉积钙（特别是骨骼中）可大量分解供机体代谢需要，对产蛋十分重要。植物子实、根茎中钙含量很少，豆科牧草含钙丰富，苜蓿粉含钙0.68%。动物副产品如鱼粉、肉骨粉含钙丰富，是鸡饲粮中的优质钙源。钙的吸收需要维生素D，日粮中维生素D不足，降低钙的吸收，日粮中应该注意补充维生素D。

在鸡达产蛋高峰时，每天每只鸡至少食入3.75克钙。随着鸡周龄的增加，钙的利用率下降，蛋壳质量变差，对钙的食入量应相应提高。生长鸡（20周龄以前）日粮钙不能超过1.2%，如果钙太高，容易造成食欲下降，饲料报酬下降，性成熟推迟，内脏痛风等。日粮中缺乏钙会引起钙磷代谢障碍，鸡出现生长停滞，采食量下降，异嗜癖，羽毛生长不良，佝偻病，跛行瘫痪等。蛋鸡可造成蛋壳粗糙、变薄、产蛋率下降、翅骨容易折断等症状。日粮中含钙过高，也会对鸡造成危害，引起肾脏病变、痛风甚至死亡。饲粮中钙含量不宜超过4.0%。

（2）磷 鸡体内约80%的磷存在于骨骼中，与钙一起构成骨组织。其余构成软组织成分，少部分在体液。磷是血液的重要组成成分,参与许多物质代谢过程,促进脂类物质和脂溶性维生素营养物的吸收。

鸡日粮中常用磷酸二氢钙、磷酸氢钙、磷酸钙及蒸骨粉作为磷源饲料的矿物质。

鱼粉含磷量最高,禾谷类子实含有丰富的磷,但其中30%~70%磷以植酸磷的形式存在,鸡的消化道中缺乏水解植酸磷的植酸酶,不能有效利用植酸磷中的磷。应使无机磷的比例占鸡总需要量的30%。

植物性饲料中,小麦、玉米中只有10%左右的植酸磷被鸡消化,大麦利用率达30%~50%,麸皮中磷的有效率为35%。

配制鸡的饲料时,应注意适宜的钙磷比。生长鸡钙磷比例要求(1~2.2):1较适宜,最高不超过2.5:1。如果钙磷比超过3:1,就会造成不利影响,出现佝偻病、腿病。产蛋鸡需要供给较多的钙,钙磷比例保持在(5~6.5):1比较合适。日粮中维生素D供给充足,可促进钙磷的吸收。

日粮中磷不足时,饲料转化率低,采食量下降,增重减慢,饲料利用率下降,异嗜癖等。产蛋鸡产蛋下降,蛋重变小,蛋壳变薄,出现骨质疏松症。

日粮中磷过量引起甲状旁腺功能亢进,骨骼中大量磷进入血液,造成骨组织营养不良,导致跛行、骨折、腹泻。

2. 钾、钠、氯

主要是维持体内酸碱平衡、渗透压和参与水的代谢。大多数钠以氯化钠的形式存在于体内。植物性饲料中钾的含量比较丰富,常用饲料都能满足鸡对钾的需求。钠氯的含量少,鸡体内不能贮存钠,鸡的日粮中需要添加食盐。这三种元素之一缺乏都能导致食欲缺乏,饲料利用率降低,生长迟缓或脱水,严重者死亡。日粮中食盐过多、饮水受到限制或肾功能异常,会出现中毒。一般鸡饲料中食盐添加量占日粮的0.25%~0.5%。

雏鸡对食盐过量敏感,雏鸡耐受0.4%的食盐,当日粮中食盐达2%时发生死亡。成年鸡日粮中食盐达4%可中毒死亡。在添加食盐时,要考虑鱼粉中食盐的含量,适当少添加或不添加食盐。

3. 镁

组成骨骼、蛋壳，主要集中于蛋壳。在蛋白质代谢中起重要作用，维持神经肌肉的正常机能。一般鸡饲料中含镁充足，无需额外添加。雏鸡喂食低镁日粮则生长缓慢、昏睡、心跳加快、气喘。产蛋鸡日粮缺镁导致产蛋率下降，蛋重、蛋壳重降低，蛋黄、蛋壳中镁含量不足。镁过多使蛋壳厚度下降，母鸡采食含0.7%以上镁的日粮会排出稀粪便。高镁石灰石-白云质石灰岩含有镁（1%～3%），不能作为产蛋鸡日粮钙的来源。鸡日粮中含500毫克/千克的镁，能满足其要求。

4. 硫

鸡体内硫主要存在于蛋氨酸、胱氨酸、半胱氨酸等含硫氨基酸中。鸡的羽毛、爪、喙中含硫较多。蛋白质饲料是硫的重要来源。生产中鸡所需的硫主要从采食饲料的粗蛋白中获得。日粮缺乏含硫氨基酸，鸡的食欲降低，蛋重减轻，掉毛，泪溢、流涎等。

5. 微量元素

（1）铁　是合成血红蛋白的原料，也是很多酶（细胞色素氧化酶）的组成成分。铁的需要量在50～80毫克/千克，常规日粮中平均含铁60～80毫克/千克，可以由日粮满足，不需要额外添加。通常鸡不缺铁。鸡缺铁时患贫血。

（2）铜　参与血红蛋白的合成及酶的合成与激活，还参与骨骼的正常形成。缺铜影响铁的利用。鸡对铜的需要量为3～5毫克/千克，一般常用饲料含铜10～20毫克/千克，一般可满足鸡对铜的需要。当日粮中钙、钼、铁、硫等元素含量过高，会出现缺铜症状。铜在一般饲料中含量较丰富，大豆饼粕中含量最高，玉米较低。铜的补充常用硫酸铜，生物利用率高。

（3）锌　是体内近300种酶的组成成分或辅助因子，可以调节和控制这些酶的结构、功能，影响机体的许多代谢过程。锌还参与体内糖、蛋白质和脂肪代谢。缺锌时可引起贫血，导致发育受阻、羽毛生长缓慢，脚爪变短、粗，表皮呈鳞状角质化，羽毛末端易磨损。生长鸡缺锌，生长缓慢，腿骨短粗，跗关节或飞节肿大，皮炎，羽毛发育不良，食欲减退，有时啄癖，免疫力降低。

鸡对日粮锌的最低需要量40毫克/千克，一般基础日粮中含锌较低，为25～30毫克/千克，不能满足鸡的正常需要，必须额外添加。

日粮中需补加硫酸锌、氧化锌等锌制剂。酵母、糠麸、油饼粕含锌丰富，动物性饲料骨肉粉、鱼粉等是锌比较好的来源。过量锌在体内蓄积，长期超量可造成中毒。

（4）锰　鸡骨骼正常发育需要锰，鸡的正常繁殖也与锰有关。雏鸡缺锰时，发生骨短粗症、脱腱症、胫（骨）跗骨关节粗大，胫骨远端和跗骨近端衔接处扭转，最后根尖从踝中滑出，鸡跛行，瘫痪。产蛋鸡、种鸡锰缺乏，产蛋率下降，孵化率下降，薄壳蛋，无壳蛋增加。鸡对锰的最低需要量为50～60毫克/千克，缺锰还可以损伤神经，引起神经症状。胚胎发育期缺锰，雏鸡出现麻痹、共济失调，与维生素B缺乏呈现类似的观星姿势，使雏鸡育成率大大降低。

（5）硒　硒与维生素E及一些抗氧化剂密切相关。硒是谷胱甘肽过氧化物酶的组成成分，防治线粒体的脂类过氧化，保护细胞膜。含硒谷胱甘肽过氧化物酶和维生素E都有抗氧化作用，两者有协同作用。在一定条件下，维生素E可代替部分含硒谷胱甘肽过氧化物酶的作用，蛋含硒谷胱甘肽过氧化物酶不能代替维生素E。谷胱甘肽过氧化物酶能促进维生素E的吸收而减少机体对维生素E的需要量。当饲粮中维生素E不足时易出现缺硒症状，只有存在硒时，维生素E才能在体内起作用。日粮中缺硒时鸡表现精神沉郁，食欲减退，生长迟缓，渗出性素质，肌营养不良或白肌病，胰脏变性、纤维化、坏死等。3～6周龄雏鸡多发渗出性素质病，胸、腹、翅下积聚蓝绿色液体；白肌病，横纹肌变性，肌肉、黏膜苍白色。缺硒可扰乱繁殖，导致产蛋下降，受精率低，早期胚胎死亡。

鸡对硒的需要量为0.1毫克/千克日粮，一般日粮中硒的含量、利用率低，鸡饲料要额外补充硒。一般多用亚硒酸钠。1～2毫克/千克时发生硒中毒，鸡生长受阻，羽毛脱落，神经过敏，性成熟延迟。

（6）碘　是甲状腺素的组成成分。缺碘会导致甲状腺素合成不足，基础代谢降低，对低温适应性差。鸡产蛋率下降，体内脂肪沉积增多，影响种蛋孵化率。缺碘影响骨骼发育，以及皮肤、羽毛生长。鸡对碘的需要量为0.3～0.7毫克/千克日粮，鸡的饲料以禾谷类子实为主，碘的需要量往往得不到满足，需额外添加。主要来源为碘化钾、碘化钠、碘化钙。

(四) 维生素

维生素是维持鸡正常生理机能所必需的低分子有机化合物。它们的需要量极少，但机体自身并不能合成，必须由饲料提供。鸡的饲粮中需要13种维生素，总量约占饲料的0.5‰左右，但是缺少任何一种维生素都会造成鸡生长缓慢，生产力下降，抗病力弱，甚至死亡。

根据维生素的溶解性可将其分为两大类，即脂溶性维生素和水溶性维生素。脂溶性维生素包括维生素A、维生素D、维生素E和维生素K。脂溶性维生素不溶于水，而溶于脂肪，所以饲料中脂肪含量过低不利于脂溶性维生素的消化吸收。脂溶性维生素可以在体内贮存，当饲料短期内供应不足时，对家禽的生长发育和生产性能没有明显影响。

水溶性维生素包括B族维生素和维生素C，B族维生素中又包括维生素B_1（硫胺素）、维生素B_2（核黄素）、烟酸（尼克酸、维生素PP）、维生素B_6（吡哆醇）、泛酸、叶酸、生物素、胆碱及维生素B_{12}（钴胺素）。水溶性维生素几乎不能在体内贮存，短期缺乏就会对鸡的生长发育或产蛋产生影响，必须不断地供应各种水溶性维生素。

1. 脂溶性维生素

(1) 维生素A 可保护上皮组织的完整性。维生素A不足使眼、呼吸道、消化道、泌尿道及生殖器官等的上皮组织干燥，过度角化，易受病菌感染，使鸡患干眼病、气管炎、肺炎、下痢；引起泌尿生殖器官上皮组织角质化，发生结石、痛风；易感染球虫、蛔虫病；抑制家禽的生长发育。家禽维生素A的最低需要量一般为每千克日粮1000~5000国际单位。其中0~20周龄鸡是1500国际单位；产蛋鸡与种母鸡是4000国际单位；肉用仔鸡是2700国际单位，1国际单位维生素A约等于0.6微克胡萝卜素。饲喂过量的维生素A可引起中毒。

(2) 维生素D 饲料中钙、磷的吸收及利用，只有在维生素D的参与下才能完成。如果维生素D缺乏，饲料中钙、磷的吸收和利用将受到限制，并出现一系列的钙、磷缺乏症，表现为生长鸡生长受阻，羽毛生长不良，严重缺乏维生素D时，发生佝偻症，骨骼不能钙化，出现软骨症，龙骨变形，关节异常，甚至神经功能紊乱，抗病力减弱，蛋鸡产蛋量下降，蛋壳变薄，产软壳蛋甚至停产。

维生素 D_2 是植物中的麦角固醇经阳光中紫外线照射而形成，维生素 D_3 是皮肤中的 7-脱氢胆固醇经阳光中紫外线照射产生。维生素 D_2 对鸡的活性低。

家禽对维生素 D 的需要受日粮中钙、磷水平及其比例的影响：日粮中钙、磷含量适宜，比例合理时，维生素 D 的水平要求较低，反之较高。家禽一般须从饲料中补充维生素 D_3，其中 1 国际单位维生素 D_3 近似等于 0.025 微克维生素 D_3。通常鸡每千克饲粮中应含有维生素 D：0～20 周龄 200 国际单位；产蛋鸡和种母鸡 500 国际单位；肉仔鸡 200 国际单位。

(3) 维生素 E　维生素 E 与生殖机能有关，又名生育酚、抗不育维生素，能改善氧的利用，维持组织细胞正常的呼吸过程。维生素 E 作为抗氧化剂，能防止易氧化物质（维生素 A 及不饱和脂肪酸等）在饲料、消化道以及内源代谢中的氧化，保护富于脂质（不饱和磷脂）的细胞膜不被破坏，维持肌肉及外周血管系统功能。维生素 E 长期缺乏可造成繁殖机能紊乱，公鸡交配能力降低，甚至不产生精子，母鸡产蛋率下降，种蛋受精率及孵化率降低，胚胎早期死亡现象增多。维生素 E 的缺乏还会造成肌肉损害，导致肌肉营养不良（白肌病），还可引起血管和神经系统病变。雏鸡维生素 E 和硒不足，则发生渗出性素质，因毛细血管损害而使透过性增强，渗出物大量累积，形成皮下水肿与血肿。维生素 E 还可影响机体的免疫功能和抗应激能力。

(4) 维生素 K　维生素 K 与凝血系统的功能有关，又叫凝血维生素、抗出血维生素。主要作用是催化肝脏中凝血酶原与凝血活素的合成，凝血活素促使凝血酶原变为凝血酶。雏鸡维生素 K 不足时，皮下出血，出现紫斑。种鸡维生素 K 不足孵化率降低。

鸡对维生素 K 的需要量受多种因素的影响。鸡患球虫病时，采食量减少，肠壁吸收障碍；食入大量抗生素、磺胺类药物时抑制肠道维生素 K 的合成，霉变饲料中霉菌毒素抑制维生素 K 的吸收。上述情况下应提高日粮中维生素 K 的水平。

2. 水溶性维生素

水溶性维生素包括 B 族维生素和维生素 C。

B 族维生素主要作用为细胞酶的辅酶，催化碳水化合物、脂肪和蛋白质代谢中的各种反应。水溶性维生素很少或几乎不在体内储备。缺乏时可降低体内一些酶的活性，影响相应的代谢过程，影响畜禽的生产力和抗病力，但临床症状要在较长时间的维生素 B 供给不足时才表现出来。

(1) 硫胺素（维生素 B_1） 硫胺素为许多细胞酶的辅酶，参与碳水化合物代谢。硫胺素不足时，鸡出现多发性神经炎，头向后仰，成"观星状"姿势。硫胺素在糠麸、谷物、饼粕、蔬菜中含量较为丰富。鸡对硫胺素的需要量一般为每千克日粮 1~2 毫克，种母鸡 1.5 毫克/千克日粮；0~4 周龄肉仔鸡 2.0 毫克/千克日粮；5 周龄以上肉仔鸡 1.8 毫克/千克日粮。

(2) 核黄素（维生素 B_2） 核黄素主要参与能量代谢、蛋白质代谢与脂肪酸的合成及分解。核黄素是鸡最易缺乏的维生素。核黄素不足能引起机体代谢紊乱，表现多种症状，雏鸡生长迟缓，胫跗骨关节着地行走，趾爪向内卷曲，麻痹性瘫痪、腹泻。谷物、糠麸、油饼类含核黄素较低，不能满足鸡生长与生产需要，应注意添加。雏鸡、种用母鸡核黄素的需要量比其他鸡高 1 倍。核黄素在豆科植物、大麦、小麦、麦麸、米糠、豆饼、谷芽、酵母、鱼粉、血粉及发酵产品中含量较多。但核黄素在碱性环境中易被光和热破坏，在家禽体内不能贮存，因此需要饲料经常补给。

家禽核黄素的需要量受多种因素影响。日粮蛋白质水平太低，影响核黄素的吸收，日粮中脂肪或糖类比例高时，对核黄素的需要量相应增加。通常家禽对核黄素的需要量随着年龄增长而逐渐降低，随着环境温度降低而相对提高，温度相差 25℃ 时，其需要量相差 1 倍。

家禽对核黄素的最低需要量一般为每千克日粮 2~4 毫克。肉鸡对核黄素的需要量为：种母鸡 4.0 毫克/千克日粮；肉仔鸡 0~4 周龄 7.0 毫克/千克日粮；5 周龄以上 4 毫克/千克日粮。

(3) 泛酸（维生素 B_3） 泛酸是辅酶 A 的重要组成部分，辅酶 A 参与碳水化合物、脂肪、蛋白质代谢。泛酸缺乏使机体代谢紊乱，雏鸡表现鼻炎，眼有黏性分泌物流出，喙角和肛门有硬痂，脚爪有炎症。蛋鸡产蛋量下降，孵化率降低，育雏成活率低。

一般饲料都含有泛酸，糠麸和植物性蛋白质饲料含量最丰富，块根茎饲料含量低。泛酸与维生素 B_{12} 的利用有关，当维生素 B_{12} 缺乏时，泛酸的需要量增加。

肉鸡对泛酸的需要量为：0～20周龄鸡、种母鸡10毫克/千克日粮；产蛋鸡5毫克/千克日粮；肉仔鸡0～4周龄13毫克/千克日粮，5周龄以上10毫克/千克日粮。

(4) 烟酸（尼克酸、维生素PP） 烟酸在体内易转变为烟酰胺，与烟酰胺具有相同的活性。日粮中烟酸缺乏时，发生黑舌病，口腔黏膜、舌发生炎症。雏鸡生长停滞，羽毛发育不良，脚、皮肤有鳞片状皮炎。蛋鸡产蛋下降，种蛋孵化率降低。

烟酸在多叶青绿饲料、花生饼、饲料酵母中含量丰富。在动物性饲料中烟酸含量丰富，血粉、鱼粉等是烟酸的良好来源。禾谷类籽实利用率很低。

肉仔鸡对烟酸的需要量为：0～4周龄40毫克/千克日粮，5周龄以上20毫克/千克日粮。0～14周龄蛋鸡30毫克/千克日粮，15～20周龄15毫克/千克日粮。

(5) 维生素 B_{12}（钴胺素） 维生素 B_{12} 参与核酸、蛋白质的合成，促进红细胞发育和成熟，维持神经系统的完整性。维生素 B_{12} 可提高叶酸的利用率，促进胆碱合成。鸡缺乏时，生长停滞，饲料利用率降低，贫血，运动失调。

植物性饲料中不含维生素 B_{12}，动物性蛋白饲料（如鱼粉、肉骨粉、血粉以及酵母、发酵产品）中含量丰富，是鸡维生素 B_{12} 的重要来源。维生素 B_{12} 在动植物体内均不能合成，只能由微生物合成，但动物组织能贮存维生素 B_{12}，肝脏中含量最丰富。鸡消化道中也能合成一些维生素 B_{12}，但吸收利用率很低，大部分随粪便排出体外。平养鸡在垫料中可以采食到由肠道微生物繁殖产生的维生素 B_{12}，而笼养或网上养鸡，无法从垫料中得到维生素 B_{12}。

鸡对维生素 B_{12} 的需要量为：0～14周龄蛋鸡、4周龄以内肉仔鸡9微克/千克日粮；15～20周龄蛋鸡、产蛋鸡、种母鸡3微克/千克日粮；5周龄以上肉仔鸡4微克/千克日粮。

(6) 维生素 B_6（吡哆醇） 维生素 B_6 为吡哆醇、吡哆醛及吡哆胺三种化合物的统称。维生素参与蛋白质、脂肪和碳水化合物的代谢反应，是代谢过程中100多种酶的辅酶。在动物体内维生素 B_6 主要贮存在肌肉组织中。缺乏维生素 B_6 时，雏鸡兴奋性增强，失去自控能力，无目的奔跑并发出吱吱的叫声，痉挛，最后衰竭死亡。成年鸡缺乏时，食欲废绝，体重下降，产蛋率和种蛋孵化率下降。

动植物饲料中含有较丰富的维生素 B_6。禾谷类籽实中的维生素 B_6 主要存在于种皮和胚芽中，糠麸中含量丰富。加热处理和长久贮存会降低维生素 B_6 的利用率。对维生素 B_6 的需要量：雏鸡、产蛋鸡 3 毫克/千克日粮；种母鸡 4.5 毫克/千克日粮；肉仔鸡 0～4 周龄 3.1 毫克/千克日粮，5 周龄以上 2.5 毫克/千克日粮。

(7) 生物素（维生素 B_4、维生素 H） 生物素广泛参与碳水化合物、脂肪、蛋白质的代谢，是二氧化碳的载体。生物素缺乏时，鸡易患皮炎，脚底变粗糙，裂口，出血，发炎。眼睑肿胀并粘接在一起，类似泛酸缺乏症。蛋鸡产蛋率不受影响，种蛋孵化率下降。生物素广泛存在于所有含蛋白质的饲料中，青绿饲料中含量丰富。酵母中含量也很高。

对生物素的需要量：0～14 周龄蛋鸡 0.15 毫克/千克日粮，15～20 周龄蛋鸡 0.1 毫克/千克日粮。种母鸡 0.15 毫克/千克日粮，肉仔鸡 0～4 周龄 0.1 毫克/千克日粮，5 周龄以上 0.08 毫克/千克日粮。生物素对肝、肾脂肪综合征有一定的预防作用。

(8) 叶酸（维生素 B_{11}） 叶酸能促进核酸、蛋白质的合成及正常红细胞的形成。鸡缺乏叶酸时生长受阻，羽毛生长不良，色素消失，贫血。叶酸在动植物界分布很广，特别是在植物的绿叶中含量很丰富，故名叶酸。酵母、肝脏及豆饼中含量最丰富，饲料中一般不缺乏。鸡肠道合成叶酸量都有限，长期饲喂磺胺类药物和抗生素易造成叶酸缺乏。

鸡对叶酸的需要量为：0～14 周龄蛋鸡 0.55 毫克/千克日粮，15～20 周龄产蛋鸡 0.4 毫克/千克日粮。种母鸡 0.5 毫克/千克日粮，肉仔鸡 0～4 周龄 1 毫克/千克日粮，5 周龄以上 0.55 毫克/千克日粮。

(9) 胆碱 胆碱不是代谢过程的催化剂。胆碱为卵磷脂组成成分，参与脂肪代谢，促进脂肪的吸收、转化，可防止脂肪在肝中沉积。胆碱不足时，引起脂肪代谢障碍，引起脂肪肝，蛋鸡产蛋下降，甚至停产。生长鸡胫骨短粗，滑腱症。

胆碱在日粮中的需要量与维生素 B_{12} 和叶酸的水平及饲粮中能量

浓度有关。高能饲粮会导致采食量降低而使胆碱摄入不足,故应提高胆碱的供应量。自然界存在的脂肪都含有胆碱,其中鱼粉、豆饼、酵母等饲料中胆碱较多。胆碱碱性较强,不宜与其他维生素混合,常单独添加。

鸡对胆碱的需要量为:种母鸡、蛋鸡 0.5 克/千克日粮,肉鸡、雏鸡 1.3 克/千克日粮。

(10) 维生素 C(抗坏血酸) 维生素 C 参与细胞间质的生成,参与叶酸转变为四氢叶酸的过程、酪氨酸代谢、肾上腺皮质激素的合成,促进铁的吸收,解毒,减轻维生素 A、维生素 E、硫胺素、核黄素、维生素 B_{12} 及泛酸等缺乏症。维生素 C 还具有抗应激和提高免疫力的作用。在热应激条件下补充维生素 C 能提高鸡育成率、产蛋率和蛋壳厚度,可促进肉仔鸡增重。

鸡能在肝脏、肾脏中利用单糖合成维生素 C,可满足正常生长发育需要,一般不会缺乏。但在高温、寒冷、防疫接种、患病、长途运输及转群等应激情况下,体内维生素 C 的合成能力降低,对维生素 C 的需要量提高,应补充维生素 C 以减轻应激反应。

日粮中不添加维生素 C。饲料中抗应激用量一般为 100~300 毫克/千克日粮。

(五) 水

水是鸡体的主要组成成分,雏鸡体内含水量为 85%,成年鸡为 55%,水是鸡生命活动过程不可缺少的成分。体内各种营养物质的消化、吸收、渗透压调节、体温调节、废物代谢和毒物的排除都必须有水,所需的水分 75% 靠饮水供给,6% 来自饲料,10% 来自代谢水。鸡每采食 1 千克饲料,需 2~3 千克的水。如果饮水不足,饲料消化率和鸡的生长速度就会下降,严重时影响健康甚至导致死亡。林地养鸡,必须供给充足、清洁的饮水。

三、鸡常用饲料原料

(一) 能量饲料

能量饲料是指富含碳水化合物和脂肪的饲料,在干物质中粗纤维含量低于 18%,粗蛋白含量低于 20% 的饲料属能量饲料。能量饲料的代谢能含量一般为 10.45～14.00 兆焦/千克。能量饲料包括禾谷子实类、糠麸类及块根块茎类饲料等,主要特点是富含碳水化合物,尤其是淀粉含量高,蛋白质含量低,且缺乏赖氨酸和蛋氨酸,含少量脂肪,缺乏维生素 A、维生素 D、维生素 E、维生素 K,某些 B 族维生素也不足。能量饲料是鸡配合饲料中的主要成分,占总量的 50%～70%。

1. 禾谷子实类饲料

禾谷子实类饲料是提供鸡能量最主要的饲料。碳水化合物含量高,占干物质的 70%～84%,粗纤维含量低,约 6%以下,营养物质消化率高。蛋白质含量低,一般为 6.7%～16.0%,品质差,必需氨基酸尤其是限制性氨基酸含量不足。脂肪含量一般 3%～5%。钙少磷多,钙为 0.1%,磷为 0.30%～0.45%,多为植酸磷。脂溶性维生素含量低,B 族维生素含量丰富。

(1) 玉米 玉米是鸡配合饲料中最主要的能量饲料,它的可利用能值高,玉米代谢能含量为 12.9～14.5 兆焦/千克,在所有谷食类饲料中含量最高。玉米中蛋白质含量低(7%～9%),品质差,缺乏赖氨酸、色氨酸。无氮浸出物含量高(74%～80%),主要是易消化的淀粉,消化率高达 90%。粗纤维含量少,约为 2%。玉米中钙的含量仅为 0.02%左右,磷含量 0.2%～0.3%,且一半以上为植酸磷。玉米中的脂肪含量高于其他禾谷子实类饲料,粗脂肪含量是小麦、大麦的 2 倍,为 3.5%～4.5%,其中主要是不饱和脂肪酸,玉米子实粉碎后,易于酸败变质,不宜久藏。

黄玉米中胡萝卜素较丰富,维生素 B_1 和维生素 E 也较多,而维生素 D、维生素 B_2、泛酸、烟酸等较少。据测定,每千克玉米含 1 毫克左右的胡萝卜素及 22 毫克叶黄素,有利于家禽蛋黄、脚和皮肤着色。

玉米是家禽配合日粮中的原料,在鸡日粮中玉米占 50%～70%。由于玉米缺乏赖氨酸、色氨酸及蛋氨酸等必需氨基酸,所以当玉米用量过大时,应适当补充必需氨基酸以保证日粮的氨基酸平衡。玉米应以整粒贮存,且含水量要控制在 14%以下,粉碎的玉米粉极易吸水结块、发热和被霉菌污染。饲料要现配现用,可在配料中使用防霉剂。

(2) 高粱 去皮高粱的碳水化合物和蛋白质含量与玉米相似。种皮中含有较多的单宁，苦涩，适口性差，可降低日粮能量和蛋白质等营养成分的吸收利用。单宁含量高的高粱其代谢能水平较低，鸡的代谢能为12.29兆焦/千克。蛋白质的含量因高粱品种不同而差别很大，低的为8%，高的达16%，平均为10%；精氨酸、赖氨酸、蛋氨酸的含量略低于玉米，色氨酸和苏氨酸的含量略高于玉米。使用高单宁高粱时应注意添加蛋氨酸、赖氨酸；高粱中钙多、磷少，B族维生素含量与玉米相似，烟酸含量较多但利用率低。高粱中胡萝卜素的含量也很少，饲喂过多时容易使鸡的皮肤颜色变浅，饲喂时应注意维生素A的补充。

使用时高粱要与玉米搭配使用，用量一般不超过20%。但深红色高粱，皮中含单宁较多，口味涩，鸡不爱吃，用量应低于10%。

(3) 小麦　小麦的代谢能约为12.89兆焦/千克，约为玉米的90%，粗蛋白含量高，约12%~15%，氨基酸比例比其他谷物饲料适当，但苏氨酸含量少，在配合日粮中要适量添加。B族维生素含量丰富，不含胡萝卜素和叶黄素，会影响鸡的皮肤颜色。小麦中β-葡聚糖和戊聚糖含量比玉米高，大量使用后会使鸡的粪便含水量和黏性增加，应在饲料中添加相应的酶制剂，以提高饲料转化率。

小麦的适口性好，易消化，如果价格允许，可以作为能量饲料，一般占日粮的10%~30%。多用小麦加工的副产品次粉、麦麸、碎麦作为鸡的饲料。

(4) 大麦　外面有壳，其粗纤维含量高，能值较低，约为玉米的75%，鸡的代谢能为11.29兆焦/千克。蛋白质含量较高，约10.8%，品质也较好，赖氨酸含量达0.40%，比玉米、高粱约高1倍。大麦中粗脂肪较低，仅1.6%，维生素含量较少，仅硫胺素、烟酸略高，胡萝卜素、维生素D、核黄素含量很低。适口性稍差于玉米和小麦但较高粱好。大麦中含有难消化的物质，效果较差，喂量过多易引起鸡肠道疾病。大麦作为鸡饲料时，应磨碎再用。

在雏鸡日粮中不宜超过3%，中雏和后备母鸡日粮中为15%~30%，蛋鸡日粮中为10%。

(5) 稻谷　外壳粗硬，粗纤维含量较高，约10%。粗蛋白含量8.3%左右。适口性较差，饲用价值不高，为玉米的80%~85%。雏鸡日粮一般不使用稻谷。林地饲养时中后期放养可在配合饲料中掺入

20%左右的稻谷。稻谷去壳后为糙大米,其营养价值比稻谷高,与玉米相似。糙大米由于价格问题,较少用于鸡饲料。

2. 糠麸类饲料

主要是小麦麸与大米糠,是制米的副产品。特点是饲料能量水平比谷食类低,粗纤维含量高,蛋白质含量比谷食类约高5%,钙多磷少,主要是植酸磷。B族维生素含量丰富。

(1) 小麦麸 小麦麸又称麸皮,是小麦磨面加工制粉后的副产品。麸皮的营养价值与面粉加工的等级有关,生产上等面粉时,出麸率较高,麸皮的营养价值也高,生产标准粉时,出麸率较低,麸皮的营养价值差些。粗纤维含量较高,为8.5%~12%。无氮浸出物约为58%,能值较低,代谢能为7.1~7.94兆焦/千克。粗蛋白含量较高,为12%~19%,质量高于麦粒。其中赖氨酸等必需氨基酸含量较高,蛋氨酸较缺乏。麸皮中的B族维生素含量丰富,其中维生素B_1、烟酸、胆碱和维生素E尤为丰富。麸皮中磷含量很高,为0.9%~1.3%,钙含量较少,为0.1%~0.2%,钙、磷比为1∶8,极不平衡,磷主要以植酸磷的形式存在。麸皮作为能量饲料,其饲养价值相当于玉米的65%。麸皮质轻,单位重量容积大,在日粮中配合后容积大,可以用来调节日粮的能量浓度。麸皮适口性好,吸水性强,大量干饲时易造成便秘。饲喂量不宜过大,一般雏鸡和产蛋鸡日粮中麸皮用量为5%~8%,生长鸡15%~25%。肉鸡日粮的能量浓度高,一般不用麸皮。

(2) 次粉 次粉(次等面粉)是面粉加工过程的副产品,代谢能10.45~12.1兆焦/千克,粗蛋白质13%~14%。次粉有黏合作用,全价配合饲料中含10%~20%次粉,有利于制粒。

(3) 米糠 米糠是糙米精加工时分离出的种皮、糊粉层和胚三种物质的混合物。一般稻谷出米糠率为6%~8%,其营养价值取决于大米精加工的程度,大米加工得越精,出糠率越高,米糠的营养价值也就越高。米糠中粗蛋白的含量较高,约为13%,高于大米、玉米和小麦。蛋白质的品质较高,赖氨酸和蛋氨酸近似于玉米的1倍。米糠能值高,鸡的代谢能为11.16兆焦/千克。米糠所含的粗脂肪中不饱和脂肪含量高,极易氧化,腐败变质,不宜贮藏。米糠的粗纤维含量略高,约为9.0%。米糠富含B族维生素和维生素E,维生素A和维生素 D 较少。矿物质中钙、磷比例极不平衡，为 1∶22，比麸皮中的相差更大。在生长鸡和产蛋鸡日粮中可搭配 5%～25%。在肉鸡日粮较少使用。

3. 块根块茎类饲料

这类饲料包括马铃薯、甘薯、南瓜、胡萝卜等。这类饲料的特点：新鲜饲料容积大，水分含量很高，为 70%～90%，干物质相对较少。单位重量的新鲜饲料所含的营养价值低，能值低，粗蛋白含量仅 1%～2%，且一半为非蛋白质含氮物，蛋白质品质较差。经过晾晒或烘干的块根块茎类饲料的能值较高，可作为鸡的能量饲料，代谢能为 9.20～11.29 兆焦/千克，近似于谷物类饲料。钙、磷含量很少，钾、氯丰富。维生素的含量因种类不同，差别很大。

块根块茎类饲料含水量高，能值低，但这类饲料产量高，易贮藏，饲养中后期林地放养时可以就地取材使用这类饲料。

马铃薯煮熟后饲喂可提高适口性和消化率。发芽或贮藏后变绿的马铃薯含有毒物质，应切除后饲喂。南瓜含维生素 A 和维生素 B_2 较多，鸡爱吃，可促进羽毛生长和增重，可煮熟饲喂，用量占到日粮的 10% 左右。也可切块生喂。

4. 油脂

油脂的能值很高，植物油鸡的代谢能为 36.8 兆焦/千克。动物性脂肪鸡的代谢能为 32.2 兆焦/千克，为了配制高能量饲料，常在饲料中加入油脂。植物油中可作为鸡饲料的有玉米油、花生油、葵花油、豆油、棕榈油等。动物性脂肪包括牛、羊、猪、禽脂肪，人类不宜食用或不喜欢食用的油或油渣也可在鸡饲料中使用，植物油优于动物脂肪。添加油脂可改善日粮品质和生产性能，提高适口性，有利于脂溶性维生素的吸收利用，减少饲料粉尘，促进颗粒饲料成型。

一般蛋鸡日粮中多不使用油脂，常在肉鸡饲料中使用，一般林地饲养肉鸡的日粮中可添加 1%～3% 油脂。脂肪易氧化酸败，酸败油脂不可使用。

（二）蛋白质饲料

干物质中粗蛋白含量在 20% 以上，粗纤维含量在 18% 以下的属蛋白质饲料。由于来源不同，分植物性蛋白质饲料和动物性蛋白质饲料。

1. 植物性蛋白质饲料

植物性蛋白质饲料包括饼粕类、豆科子实类及一些加工副产品。

（1）豆饼（粕）　大豆经压榨法榨油后的产品是豆饼。大豆用溶剂提取后的产品是豆粕。豆饼、豆粕是饼粕类饲料中最有营养的一种饲料，是主要的蛋白质饲料来源，约占饼粕类饲料的70%。通常蛋白质含量40%～48%（豆粕稍高为42%～48%，豆饼稍低为39%～43%）。豆饼（粕）蛋白质品质较好，赖氨酸含量高，约为2.5%。大豆饼粕的氨基酸组成接近动物性蛋白质饲料，但蛋氨酸、胱氨酸含量相对不足。以玉米豆粕为基础的日粮，通常需补充蛋氨酸。粗纤维含量较低，能量含量较高，鸡代谢能达10～10.87兆焦/千克，豆饼高于豆粕。大豆饼粕味道芳香，适口性好，鸡很爱吃，是所有饼粕中最优越的饲料，作为鸡最主要的蛋白质饲料原料，使用时一般不超过30%。

生大豆中含抗胰蛋白酶、尿素酶、皂角素苷等抗营养因子和有毒因子，抑制胰蛋白酶对蛋白质的作用，鸡食用后蛋白质的利用率降低，生长减慢，所以生大豆和未经加热的大豆，不能直接饲喂。一般正常加热的大豆饼粕外观呈黄色，加热不足时颜色较淡，有些灰白色，加热过度后则呈红褐色。

简单定性测定方法：现场将约50克粉碎的大豆饼粕装入密封瓶中，加入5克尿素后搅拌，再加入25毫升水搅匀，塞紧瓶塞后在20℃静置20分钟，打开瓶后如有浓重氨味，说明加热不充分，有胰蛋白酶的存在。

（2）棉仁（籽）饼粕　棉花籽脱油后的饼粕，因加工手段不同，是否含有棉籽壳或棉籽壳的含量，所含营养价值有很大差异。完全脱壳的棉仁所制成的饼粕叫棉仁饼粕。蛋白质可达41%～44%。代谢能可达10.04兆焦/千克，与大豆饼不相上下。不脱掉棉籽壳的棉籽制成的棉籽饼，蛋白质含量不超过22%，代谢能仅为6.28兆焦/千克。

棉仁饼粕蛋白质质量较差，赖氨酸含量较低（1.3%～1.5%），只有豆饼粕的1/2；蛋氨酸含量稍低（0.38%），只有菜籽饼粕的1/2；精氨酸过高（3.6%～3.8%），是菜籽饼的2倍，仅次于花生饼。在饲粮中使用棉仁饼粕，添加赖氨酸，并与含精氨酸少的饲料配伍。将棉仁饼粕与菜籽饼粕搭配使用，可减少蛋氨酸添加量，降低精氨酸与赖氨酸比例，弥补菜籽饼中的精氨酸含量不足。含钙偏低，钙磷比约为1∶6；B族维生素含量较丰富，胡萝卜素含量很低。棉籽饼粕中含有游离棉酚，对鸡有毒害作用。通常鸡日粮中占3%～7%。鸡采食过量会中毒，生长受阻，生产力下降，繁殖能力降低，不育，严重者导致死亡。产蛋鸡对棉酚敏感，蛋鸡饲料不超过20毫克/千克，肉鸡、生长鸡配合饲料中棉酚含量不超过100毫克/千克。林地饲养无公害鸡肉、鸡蛋产品在育雏阶段不添加棉籽饼粕。

（3）菜籽饼粕　菜籽饼粕是油菜籽榨浸油后所得。含粗蛋白33%～39%，粗纤维12%，鸡代谢能7.11～8.37兆焦/千克。有辛辣味，适口性较差。但其氨基酸组成中，必需氨基酸比例与组成不亚于豆饼粕，赖氨酸（含1.2%～1.4%）与棉籽饼粕相似，蛋氨酸（含0.6%～0.8%）比豆饼粕、棉籽饼粕高，精氨酸含量低，与赖氨酸大体相当，与其他饼粕类饲料中都是精氨酸高于赖氨酸不同，所以用菜籽饼粕与棉籽饼粕配伍，可改善氨基酸平衡。钙磷含量合适，B族维生素除泛酸外均高于豆饼。菜籽饼粕中含有硫葡萄糖苷、芥酸、单宁等有毒成分，用量不宜太大，一般应控制在5%左右。林地饲养无公害鸡肉、鸡蛋产品在育雏阶段不添加菜籽饼粕。

（4）花生饼粕　花生饼粕是花生去壳后的花生仁经榨浸油后的产品。蛋白质和能量都较高，营养价值仅次于豆饼。含粗蛋白38%～48%，粗纤维4%～7%。花生饼的粗脂肪含量4%～7%，花生粕0.5%～2.0%；代谢能12.54兆焦/千克。但花生饼粕的氨基酸组成较差，赖氨酸、蛋氨酸含量低，分别为1.35%、0.3%，氨基酸利用率比棉籽饼粕、菜籽饼粕高。使用时应与鱼粉或其他蛋白质饲料合理搭配。花生饼粕易感染黄曲霉菌，产生黄曲霉毒素，对肝脏损伤严重。雏鸡对黄曲霉毒素十分敏感，容易中毒。雏鸡最好不使用花生饼粕。使用时应先检查黄曲霉毒素的含量，尤其在高温高湿季节更要注意原料中黄曲霉毒素的含量，最高允许量为50微克/毫克。

（5）芝麻饼粕　芝麻饼粕是芝麻榨浸油后的副产品。含蛋白质40%～46%，赖氨酸含量低（0.9%），蛋氨酸含量高（0.9%），约比其他饲料高1倍，精氨酸、亮氨酸含量也较高。粗纤维含量为

6.9%，代谢能9.2兆焦/千克。芝麻饼中含较高植酸，影响对日粮钙、锌、镁的利用，易造成鸡软脚症，应注意用量。雏鸡日粮芝麻饼粕不超过10%，成年鸡日粮芝麻饼粕不超过20%。花生饼粕中不含任何毒素，不用担心中毒问题，是安全的饼粕类饲料。将芝麻饼粕、棉籽饼粕、花生饼粕混合使用，氨基酸可互补，效果好。

（6）其他加工副产品　一些谷物的加工副产品，包括玉米蛋白粉、糟渣类饲料。

① 玉米蛋白粉（玉米淀粉渣、玉米面筋粉）：是玉米淀粉与玉米油的同步产品，因生产工艺不同蛋白质含量为25%~60%。在良好工艺下生产的玉米蛋白粉含蛋白质高，营养成分全面，粗纤维含量很少。玉米蛋白粉中蛋氨酸含量高，与相同蛋白水平的鱼粉相同，但赖氨酸和色氨酸含量极少，不及相同蛋白水平鱼粉的1/4，精氨酸含量也高。玉米蛋白粉用量一般不超过日粮的10%。

② 糟渣类：豆腐渣和玉米淀粉渣中含有较多的能量和蛋白质，在日粮中使用，可代替部分能量和蛋白质饲料，促进鸡的生长，饲喂量可占日粮的5%~10%。

2. 动物性蛋白质饲料

动物性蛋白质饲料主要有鱼粉、肉粉、肉骨粉、血粉、羽毛粉、蚕蛹粉等。特点是可利用能量高，蛋白质含量高，为40%~80%，一般都在50%以上，品质好，赖氨酸含量丰富，矿物质含量多，钙磷含量高，比例适宜。B族维生素含量丰富。

（1）鱼粉　在蛋白质饲料中品质最优，使用效果最好，是高能量物质，全鱼粉代谢能可达11.70~12.55兆焦/千克，由于鱼粉原料与加工工艺不同，鱼粉中各种营养成分差异很大。国产优质鱼粉的蛋白质在50%~55%，代谢能10.25兆焦/千克。

进口鱼粉蛋白质达65%，代谢能12兆焦/千克。鱼粉的蛋白质品质好，赖氨酸、蛋氨酸含量都高，精氨酸含量较低，这与大多数饲料的氨基酸组成相反，所以在用鱼粉配制日粮时，氨基酸很容易平衡。鱼粉属高蛋白、高能量饲料原料，以鱼粉为原料很容易配制出高能量、高蛋白质饲料。鱼粉含钙磷较高，所有磷都是可利用磷，B族维生素含量高，锌硒含量较高，还有促生长的未知因子。用鱼粉喂鸡，生长快，产蛋多。使用国产鱼粉时，要考虑含盐量，先测定含盐量再决定使用比例。夏季使用时还要防止发霉变质。鱼粉价格高,使用量受到限制,在饲料中其用量通常在10%以下。

(2) 肉骨粉　肉骨粉是屠宰场的副产品,由碎肉、肉屑、内脏、残骨、皮等经加温、提油、干燥、粉碎而成。一般粗蛋白含量45%～60%,水分含量5%～10%,粗脂肪含量3%～10%,粗纤维含量2%～3%,钙、磷比例适宜,所含磷均为有效磷。蛋白质中赖氨酸含量较高,但蛋氨酸和色氨酸较少。缺乏维生素A、维生素D、核黄素、烟酸等,但维生素B_{12}较多。在日粮中肉骨粉的用量一般不超过5%。

(3) 血粉　血粉是屠宰畜禽时的新鲜血液经蒸汽加热、干燥、粉碎制成的。属于高蛋白质饲料产品,含粗蛋白80%以上,粗脂肪0.4%～2.0%,粗纤维0.5%～2.0%,粗灰分2%～6%,钙0.1%～1%,磷0.1%～0.4%,铁较多,约2.9克/千克。血粉中的氨基酸不平衡,表现为赖氨酸含量高,为6%～7%,比鱼粉还高,蛋氨酸、色氨酸等含量不足。由于血粉中氨基酸含量的不平衡,使得其蛋白质的生物学效价较低。血粉的消化利用率低,适口性较差,在日粮中不宜多用,否则易引起腹泻,一般可占日粮的1%～3%。

(4) 羽毛粉　是家禽羽毛经适当水解加工处理而制成的可利用蛋白质饲料。天然羽毛蛋白质很难被鸡消化利用,只有经过水解处理的羽毛蛋白质有一定的饲喂价值,其消化率不高,羽毛粉的适口性差,在日粮中必须控制使用,一般用量在1%～3%。林地养鸡生产无公害产品羽毛粉应慎用。

(5) 蚕蛹粉　蚕蛹干燥后粉碎制成蚕蛹粉。全脂蚕蛹粉含粗蛋白约54%,粗脂肪约22%,代谢能为11.7兆焦/千克;脱脂蚕蛹粉含粗蛋白约64%,粗脂肪约4%,代谢能为10兆焦/千克。蚕蛹粉蛋白质含量高,品质上乘,其中赖氨酸约3%,与优质鱼粉相同,蛋氨酸1.5%,色氨酸高达1.2%,比进口鱼粉还多1倍,且蚕蛹粉富含钙、磷及B族维生素,是优质的蛋白质饲料。但在饲料中使用蚕蛹粉后,可能使鸡蛋、鸡肉中带有不良气味,应严格控制用量,林地养鸡在鸡日粮中蚕蛹粉不超过2%。

(6) 蚯蚓粉　蚯蚓粉蛋白质含量可达50%～60%,必需氨基酸组成全面,脂肪和矿物质含量较高。加工优良的蚯蚓粉饲养效果与鱼粉相似。林地养鸡时在中后期用鲜蚯蚓喂鸡效果更佳。

(三) 矿物质饲料

植物性和动物性饲料中有鸡需要的各种矿物质元素，但这些矿物质的含量往往不能满足鸡的需要，必须要从饲料中补加。鸡缺乏的常量元素有钙、磷、钠、氯，一般以钙磷饲料和食盐补充，微量元素有铁、铜、锰、锌、硒、碘、钴，以预混料或添加剂补充。

1. 钙源饲料

钙源饲料包括贝壳粉、石灰石粉、蛋壳粉，是供给钙的饲料。

(1) 贝壳粉　贝壳粉是由牡蛎等贝壳经粉碎加工后的产品，主要成分为碳酸钙，含钙量 34% ～ 38%，贝壳粉中的钙容易被鸡吸收，是最好的钙质矿物质饲料。贝壳粉中最好有一部分碎块，帮助鸡消化饲料，也对产蛋鸡形成蛋壳有益。

(2) 石灰石粉　石灰石粉又称石粉，含钙量高，为 34% ～ 38%，价格便宜，但鸡吸收能力差，因其含镁，有苦味，饲料用石粉中镁的含量应低于 0.5%。使用时最好和贝壳粉共同使用作为鸡的钙源。

(3) 蛋壳粉　蛋壳粉是将各种蛋经水洗、煮沸和晒干后粉碎制成。含钙量 24% ～ 27%，蛋壳粉的吸收率也较好，但要防止疾病传播。

这三种钙磷饲料在配合饲料中的用量：育雏及育成阶段 1% ～ 2%，产蛋阶段 6% ～ 7%。

2. 磷源饲料

磷源饲料包括骨粉、磷酸钙、过磷酸钙、磷酸氢钙，含有大量的钙和磷，而且比例合适，是优良钙磷补充料，主要用于饲料中含磷量不足。

(1) 骨粉　骨粉是由动物骨骼经脱脂、脱胶、干燥、粉碎加工而成。因原料来源、加工方法不同，骨粉中磷的含量差异较大。优质骨粉含钙 36%，磷 16%；一般蒸制骨粉，含钙量可达 30%，磷 14.5%。加工骨粉工艺不合理或未经高温高压处理的骨粉，常带有大量病原菌，危害鸡的生长和健康，应慎重选用优质骨粉。林地饲养生产无公害鸡肉、鸡蛋，建议尽量不要使用骨粉作为磷源饲料。

(2) 磷酸氢钙　磷酸氢钙是白色或灰白色粉末，含钙量不低于 23%，磷含量不低于 18%，磷酸氢钙的磷、钙利用率高，是鸡主要的磷源饲料。使用时要注意磷酸氢钙的脱氟是否达标。

(3) 过磷酸钙和磷酸钙　过磷酸钙是白色结晶粉末，含钙量不低于15%，磷含量不低于22%。磷酸钙含钙32%，含磷18%。

3. 食盐

食盐学名氯化钠，主要用于补充鸡体内的钠和氯，保证机体正常代谢，还可以增进鸡的食欲，植物性饲料中含钠和氯少，在鸡的饲料中要补充食盐。用量可占日粮的0.25%～0.35%。饲料中若有鱼粉，则应将鱼粉中含盐量计算在内。

4. 沙砾

沙砾没有营养作用，但有助于鸡磨碎饲料，提高消化率。一般林地饲养鸡随时可以吃到沙粒，不必再额外添加。

(四) 青绿饲料和草粉

青绿饲料是指天然含水量为60%及60%以上的植物新鲜茎叶，如草地牧草、田间杂草、栽培牧草、水生植物、树叶嫩枝及青菜等。鸡能消化利用的青绿饲料有质地细嫩的青草、青菜、苜蓿和某些树叶等。

青绿饲料水分含量高，陆生作物水分含量75%～90%，水生作物水分含量95%左右。豆科青绿饲料蛋白质含量3.2%～4.2%，按干物质计算蛋白质含量可高达18%～24%；禾本科牧草、蔬菜类饲料蛋白质含量1.5%～3%，按干物质计算蛋白质含量可高达13%～15%。青绿饲料富含蛋白质、矿物质和多种维生素，胡萝卜素和B族维生素含量丰富。鸡采食一定量的青绿饲料能增加抗病力，对鸡的生长发育具有良好作用，并使鸡肉鲜美，鸡蛋风味独特。

鲜嫩的青绿饲料适口性好，鸡爱吃，但由于含水量大，鸡在白天采食了较多的青绿饲料后，晚上应饲喂配合饲料。

林地养鸡在乏青季节，可用干草粉或树叶粉代替青绿饲料喂鸡，由于草粉含粗纤维较多，在饲料中使用不宜过多，一般在5%以下，树叶粉占5%～8%为宜。苜蓿草粉是优质鸡饲料中常用的优质草粉，蛋白质含量为15%～20%，氨基酸组成比较平衡，矿物质中钙和有效磷含量较高，并富含丰富的维生素，特别是胡萝卜素和叶黄素含量丰富，有较好的着色效果，有助于皮肤着色。

(五) 微量元素矿物质饲料

鸡需要补充的微量元素有铁、锌、铜、碘、硒、钴等，微量元素在日粮中添加剂量很少，一般将需要的微量元素配制成添加剂或预混剂，按需要量加入到日粮中。

1. 硫酸亚铁

作为铁源化合物的有七水硫酸亚铁和一水硫酸亚铁，七水硫酸亚铁是天蓝色或绿色结晶，潮湿空气中易氧化、潮解。鸡的生物利用率为100%，国标七水硫酸亚铁应含铁最少19.68%。

2. 硫酸铜

多为五水硫酸铜，蓝色晶体，易潮解结块。使用前经烘干处理为粉状，防潮保存。国标五水硫酸铜含铜应不少于25%。五水硫酸铜有毒，使用时要避免与眼和皮肤接触及吸入体内。

3. 硫酸锰

多用一水硫酸锰，为白色或淡粉红色粉末状结晶，在高湿条件下贮藏易结块。

4. 硫酸锌

多用七水硫酸锌和氧化锌，七水硫酸锌为白色结晶粉末，国标规定含锌量不低于22.5%；氧化锌为白色至绿色或黑色粉末，国标规定含锌量在70%～80%。

5. 碘化钾、碘酸钙

碘化钾为白色结晶粉末，生物利用率高，但不稳定，易分解。碘酸钙较碘化钾稳定。纯碘酸钙含碘65.1%。碘化钾或碘酸钙在微量元素预混物中占的比例小，为混合均匀，应先将其稀释成一定浓度再用。

6. 亚硒酸钠

亚硒酸钠为无色结晶粉末。亚硒酸钠在微量元素预混物中占有比例很小，为混合均匀，常先加入一定量载体将亚硒酸钠稀释预混。国标亚硒酸钠含硒不应低于44.7%。亚硒酸钠为剧毒物质，使用中一定要注意安全。

(六) 维生素饲料

在鸡的日粮中主要提供各种维生素的饲料叫维生素饲料。维生素饲料可分为两类：一类是商品维生素添加剂，另一类是各种青绿饲料以及加工的产品如青贮料、干草粉（苜蓿草粉）、树叶粉（槐叶粉和松针粉）等。维生素饲料一般以预混剂的形式使用，多用复合维生素。

四、生态养鸡饲料开发

（一）植物性饲料

林地种植牧草苜蓿、三叶草等豆科优质牧草，起到固氮、改良土壤、保持水土、抗旱等作用，促进林果增产，使生态效益和经济效益结合。据测定，在北方温带低产果树间种苜蓿，两年后，草地果园与无草林地相比，土壤有机质增加76%，碳酸铵增加5.9倍，速效磷增加2.3倍，速效钾增加3倍。并且营养丰富，能为鸡提供优质饲料。适宜饲喂鸡的牧草品种有紫花苜蓿、白三叶、苦荬菜等。

1. 紫花苜蓿

紫花苜蓿别名苜蓿、紫苜蓿，是世界上分布最广、栽培历史最古老的豆科牧草，有"牧草之王"的美称。紫花苜蓿适口性好，抗逆性强，产量高，营养丰富，粗蛋白质占干物质的18%～26%，含有赖氨酸、天冬氨酸、苏氨酸、丝氨酸、谷氨酸、甘氨酸、丙氨酸、缬氨酸、亮氨酸、苯丙氨酸等多种必需氨基酸，且含量比较均衡。钙、磷等矿物质及铁、铜、锰、锌、钴和硒等微量元素含量丰富，其中，铁、锰含量较多。紫花苜蓿维生素含量丰富，每千克含胡萝卜素18.8～161毫克、维生素C 210毫克、维生素B 5～6毫克、维生素K 150～200毫克。苜蓿中还含叶蛋白、皂苷、黄酮类、苜蓿多糖、苜蓿色素、酚醛酸等生物活性成分。

紫花苜蓿是温带植物，生长发育的适宜温度为25℃左右，温带和寒温带各地都能生长。需水较多也抗旱，年降水量400～800毫米的地方，一般都能种植。地下水位高，土壤过于潮湿，易引起烂根。年降水量超过1000毫米的地方，一般不宜种植。紫花苜蓿喜光，在疏林中种植能获得较高产量。对土壤适应性强，应选择平坦和缓坡地，但以排水良好、水分充足、土质肥沃的沙土或土层深厚的黑土最为适宜。在华南、华中和西南地区要选择耐热、耐湿品种；在西北、华北和东北地区，要选择耐寒、抗旱品种。首次播种要接种根瘤菌，可增产。紫花苜蓿在北方可春播也可夏播，淮河以南地区以秋播为宜，在江苏以9月上中旬为宜。播种量，每公顷19.5~22.5千克。单种和混播都行，以条播为好。一般行距30厘米，适宜与黑麦草混播。紫花苜蓿的营养价值与生育时期关系极大，营养生长期蛋白质含量最高，随着生长期延长，蛋白质含量下降，粗纤维含量增加，故应适时刈割，以提高其营养价值和利用率。

紫花苜蓿的鲜草和干草都是畜禽的优质豆科牧草。紫花苜蓿草粉中叶黄素含量较高，约为240毫克/千克，是家禽饲料中叶黄素最丰富的来源之一。苜蓿草粉可提高肉鸡皮肤、胫着色，鸡蛋蛋黄色素颜色加深，提高鸡肉、鸡蛋的市场价值。在日粮中添加适量的苜蓿草粉，能够增加肉鸡的平均日采食量、耗料增重比。苜蓿草粉在蛋鸡日粮中的比例一般限制在2.5%~5%，既不会影响到生产性能，同时还可改善蛋品质。

2. 白三叶

白三叶为豆科三叶草属多年生豆科牧草。白三叶性喜温凉、湿润气候，较耐阴、耐湿、耐酸，可在果园种植。白三叶以秋播（9~10月）为最佳，也可在3~4月春播。单播，每亩播种量0.5~0.6千克，可撒播或条播。

白三叶每年每亩产鲜草2500~3500千克，可刈割4~5次，蛋白质含量高（干物质中粗蛋白含量高达30%左右），叶质嫩，适口性好，鸡喜食，是一种优质青饲料。白三叶可刈割，可放牧，最好与禾本科多年生牧草高羊茅、多年生黑麦草等混播，搭配饲喂，以防单食白三叶发生膨胀病。

3. 苦荬菜

饲料苦荬菜是菊科山莴苣属一年生高产优质饲料作物，植株高大，一般可达1.5~2.5米，最高可达3.6米。苦荬菜喜温暖湿润性气候，能耐热也较耐寒。北方于早春解冻即播种。播种量为0.5千克/亩。播种方法以条播为主，行距30厘米，平播或起垄播都可以。苦荬菜叶片宽且叶量大，茎叶内含有白色乳汁，脆嫩可口，各种畜禽都非常喜食。苦荬菜养分含量也很丰富。干物质中含粗蛋白质20%~25%，无氮浸出物30%~35%，粗纤维10%~14%，粗脂肪

9%～15%，还含有多种维生素，是畜禽优良饲料。苦荬菜不但营养丰富，而且还有促进畜禽食欲、帮助消化、祛火防病的作用。据试验报道，用苦荬菜喂鸡，可提高产蛋率、受精蛋孵化率等。饲料苦荬菜产量高，一般亩产鲜草可达 4000～5000 千克，而且再生性强，一年可收割 3～5 茬。新收割运回的饲料苦荬菜鲜草，在投喂之前一定要切短切碎，随用随取。

4. 聚合草

聚合草又名爱国草、友谊草、紫草等，在生产上又叫俄罗斯饲料菜，为紫草科聚合草属牧草。多年生草本，高 50～130 厘米，全株密被糙毛。聚合草耐寒、喜温暖湿润气候。聚合草鲜草产量高，一般亩产 5000～10000 千克，水肥充足时可达 20000 千克。北方可刈割 2～3 次，南方可刈割 5～6 次。聚合草含有丰富的蛋白质和各种维生素，营养期刈割干物质中含粗蛋白 23.42%～26.43%，粗纤维 8.43%～12.97%，粗灰分 18.39～21.80。每千克含胡萝卜素 200 毫克，核黄素 13.8 毫克。蛋白质中富含赖氨酸、精氨酸和蛋氨酸等家畜必需氨基酸。聚合草适口性好，消化率高，可青饲，也可制成干草粉。以青鲜状态饲喂最好，可打浆或打成草泥混拌入麦麸喂猪和家禽，在现蕾期将聚合草与玉米、大麦、燕麦等禾本科牧草混合青贮。但聚合草体内含有紫草碱，长期过多采食对畜禽肝脏有伤害作用，如果长期饲喂，聚合草鲜草在鸡日粮的比例不应超过 30%。

(二) 动物性饲料

林地生态养鸡可通过人工育虫、养殖蚯蚓、蝇蛆等为鸡提供动物性饲料。

1. 人工育虫

在林地育虫，直接让鸡啄食。常用的几种人工简易育虫方法如下。

(1) 稀粥育虫法 选林地不同地块轮流，在地上泼稀粥，用草等盖好，2 天后生小虫子，轮流让鸡去吃虫子。育虫地块要注意防雨淋、防水浸。

(2) 稻草育虫法 挖宽 0.6 米、深 0.3 米、长度适当的土坑，将稻草铡碎，加水煮沸 1～2 小时，埋入土坑内，盖上 6～7 厘米的污泥，外面用泥压实封好。每天浇水，保持湿润，8~10天便可生出虫蛆。翻开压盖物，让鸡自由觅食。虫蛆被吃完后，再盖上污泥继续育虫、喂鸡。

(3) 树叶、鲜草育虫法　用鲜草或树叶80％、米糠20％，混合后拌匀，加入少量水煮熟，倒入瓦缸或池内，经5~7天，便能育出大量虫蛆。

(4) 粪便育虫法　将鸡粪晒干、捣碎后混入少量米糠、麦麸，再与稀泥拌匀堆成堆后，用稻草或杂草盖严。每日浇污水1~2次，半个月左右便可出现大量小虫，然后驱鸡觅食。虫被吃完后，将堆堆好，几天后又能生虫喂鸡。如此循环，每堆能生虫多次。

(5) 豆腐渣育虫法　将豆腐渣1~1.5千克，倒入水缸中，加入淘米水或米饭水1桶，1~2天后再盖缸盖，经5~7天，便可育出虫蛆，把虫捞出洗净喂鸡。虫蛆被吃完后，再添些豆腐渣，继续育虫喂鸡。

(6) 酒糟育虫法　酒糟10千克加豆腐渣50千克混匀，堆成长方形，经2~3天可生虫，5~7天后可让鸡采食。

2. 养殖蝇蛆

(1) 蝇蛆营养价值　蝇蛆是家蝇的幼虫，含有丰富的蛋白质、脂肪酸、氨基酸、维生素、矿物质以及抗菌活性物质，是优良的动物蛋白饲料，被国际上列为昆虫蛋白资源之首。蝇蛆干粉含粗蛋白59％~65％，蝇蛆干粉的必需氨基酸总量为43.83％，超过了粮食与农业组织/世界性卫生组织建议的优良蛋白质必需氨基酸应占氨基酸总量40％的标准。蝇蛆及干粉中蛋白质含量与鱼粉、豆粕接近或略高，赖氨酸、蛋氨酸、胱氨酸、缬氨酸、酪氨酸、苯丙氨酸的含量均高于鱼粉，其中氨基酸含量是鱼粉的2.7倍，赖氨酸含量是鱼粉的2.6倍。

蝇蛆干粉中脂肪含量在12％左右，蝇蛆油脂中不饱和脂肪酸占68.2％，必需脂肪酸占36％（主要为亚油酸），蝇蛆所含必需脂肪酸均高于花生油和菜籽油。

蝇蛆中钾、钠、钙、磷等常量元素及铜、锌、铁、锰、硒等微量元素含量丰富。蝇蛆干粉中还含有丰富的维生素A、维生素D、维生素E和B族维生素，其中维生素B_1、维生素B_2和维生素B_{12}含量较高。此外，蝇蛆体内还含有抗菌肽、几丁质、凝集素等多种生物活性成分。用蝇蛆代替鱼粉，可降低养殖成本。食用蝇蛆后，鸡肉肉质细嫩，香味浓郁，补气补血，鸡蛋的蛋白质、氨基酸、微量元素含量高，尤其硒、碘、锌的含量高，是理想的营养滋补佳品。

（2）家蝇生物学特性　家蝇生命周期短、繁殖能力强，其生长发育过程包括卵、幼虫（即蝇蛆）、蛹、成虫4个阶段（即一个世代），每个世代需12~15天。人工饲养家蝇，自卵至成熟幼虫只需4~5天。蝇蛹在室温22~32℃，相对湿度60%~80%时，经过3天可羽化成蝇；成蝇白天活泼好动，夜间栖息不动，3天后性成熟，雌雄开始交尾产卵。6~10日龄为产卵高峰期，以后逐日下降，25日龄基本失去产卵能力；蝇卵经过12~24小时孵化成蛆，蝇蛆经过5~6天，3次蜕皮后变成蛹。温度及培养基质对蛆的生长发育有很大影响，一般室温22~32℃范围内，温度和培养基质养分越高，蛆生长发育越快。

家蝇的食性杂，几乎能在各种类型的有机腐殖物质中生存，如畜禽的粪便、农副产品的废弃物等，所以家蝇养殖的饲料来源广泛，价格低廉，生产成本极低，而且粪便处理后使其恶臭气味减低，对环境有利。

（3）蝇蛆的养殖过程　分种蝇饲养和蝇蛆饲养两个阶段。

① 种蝇饲养　是为了获得大批蝇卵，供繁殖蝇蛆。

a. 制蝇笼：种蝇有飞翔能力须笼养。采用木条或直径6.5毫米钢筋制成65厘米×80厘米×90厘米的长方形框架，在架外蒙上塑料窗纱或细眼铜丝网，并在笼网一侧安上纱布手套，以便喂食和操作。每个蝇笼中配备1个饲料盆和1个饮水器。1个笼可养成蝇4万~5万只。

b. 备饲料：种蝇用5%的糖浆和奶粉饲喂。或将鲜蛆磨碎，取95克蛆浆、5克啤酒酵母，加入155毫升冷开水，混匀后饲喂。初养时可用臭鸡蛋，放入白色的小瓷缸内喂养。饲料和水每天更换1次。

c. 种蝇的来源：可将蝇蛹洗净放入种蝇笼内，待其羽化到5%时开始投食和供水。种蝇开始交尾后3天放入产卵盘。盘内盛入2/3高度的引诱料。引诱料用麦麸、鸡饲料或猪饲料，加入适量稀氨水或碳酸铵水调制而成。每天接卵1~2次，将卵与引诱料一起倒入幼虫培养室培养。

d. 控温湿：种蝇室的温度要控制在 24～30℃，空气相对湿度控制在 50%～70%。

② 蝇蛆饲养

a. 饲养设备：小量饲养可以用缸、盆等，大规模饲养宜用池养。用砖在地面砌成 1.2 米×0.8 米×0.4 米的池，池壁用水泥抹面。池口用木制框架蒙上细眼铜丝或筛绢做盖。

b. 蝇蛆培养料：可用畜禽粪，也可用酒糟、糖糟、豆腐渣和屠宰场下脚料等配制。培养料含水量 65%～70%，pH 值 6.5～7。每平方米养殖池倒入培养料 35～40 千克，厚度 4～5 厘米，每平方米接种蝇卵 20 万～25 万粒，重 20～25 克。接种时可把蝇卵均匀撒在料面上。保持培养室黑暗，培养料温度控制在 25～35℃，培养几天后，培养料温度下降，体积缩小。此时应根据蝇蛆数量和生长情况补充新鲜料。

在 24～30℃温度下，经 4～5 个昼夜，蝇蛆个体重量可达 20～25 毫克。蝇蛆趋于老熟，除留作种用的让其化蛹外，其余蝇蛆可按以下方法分离采收。

③ 分离采收

a. 根据蝇蛆的生理特征，蝇蛆在长大成熟后就会爬出粪堆化蛹，蝇蛆爬出粪堆后被育蛆池的池墙挡住了就会沿着墙边往两边走，快到收蛆桶边的时候，顺着桶边的小坡往上爬，刚爬到收蛆桶边上时，就会掉进收蛆桶中，自动分离蝇蛆。

b. 鸡食分离。将蛆和剩余培养料撒入鸡圈内，让鸡采食鲜蛆后，再把培养料清除干净。

c. 强光照射分离。由于蝇蛆有怕强光特性，可采用强光照射，待其从培养料表面向下移动后，层层剥去表面培养料，底层可获得大量蝇蛆。反复多次，最后剩下少量粪料和少量蝇蛆。

d. 水分离法。将蛆和剩余的培养料一起倒入水缸中，经搅拌待蛆浮于水面，用筛捞出。

(4) 使用方法　分离出的蝇蛆洗涤后可以直接用来饲喂，也可在 200～250℃ 烘于 15～20 分钟，储存备用。

(5) 注意事项

① 修建蝇蛆养殖房舍时应结合当地的气候条件，根据苍蝇的生物学特性，应注意蝇房温度、湿度的调节，注意确保光照充足，还要有通风设施，种蝇房的面积不宜过大等，不要盲目修建，否则易造成房间不保温或调节温度的成本过高，只能在夏秋季节高温天气进行生产，利用率低。

② 应保证养殖房内的温度比较稳定，27℃左右时最适宜苍蝇生长，粪料温度低于27℃时，蝇蛆就很难吸收粪料中的养分，幼蛆易爬出粪堆。

③ 注意粪料的湿度，如湿度过低应及时洒水，过高则应加料调低湿度。室内采光和通风条件好。

④ 注意养殖房内卫生，适时清除笼内死蝇，消除异味，经常清理食料盘与海绵，海绵在15天左右更换1次，每天都要用新鲜的食物饲喂苍蝇。

⑤ 集卵物要现配现用，在养殖房内严禁吸烟，养殖员或参观者进入养殖房内要轻轻走动，严禁驱吓苍蝇。

⑥ 适时补充种蝇，以确保种蝇的数量；防止种蝇退化，从不同蝇笼中取出蝇蛆混合后生长成蛹，再分别投入到蝇笼中补充蝇种；种蝇喂养一段时间后应更换或重新驯化种蝇。保证充足的饲料和饮水，粪便发酵彻底，无异味，粪料内还应加入部分秸秆以保证其透气性。集卵物应新鲜，否则在苍蝇养殖过程中常发现种蝇总是停留在光线较强的地方，活动不频繁，不愿吃食，也不产卵或产卵极少。

⑦ 为确保蝇蛆进入收蛆桶，养殖房内的温度应在25℃以上。如果养殖房内温度过低，不利于蝇蛆生长、活动，而粪堆中温度高，蝇蛆爬出来马上感觉到外面的温度对化蛹会不利，只好在粪堆中化蛹。育蛆池内的粪便不宜堆积过多，并在育蛆四周给蝇蛆长大后爬出粪堆留下足够的活动空间，如有散落的粪料应及时清理。

⑧ 饲养蝇蛆只要严格按照操作规范进行，防止成蝇从饲养笼中飞出，就可以确保在蝇蛆养殖时看不到乱飞的苍蝇。

3. 养殖蚯蚓

(1) 基本特性　蚯蚓又称地龙，是一种低等动物，营养丰富。人工养殖的蚯蚓为陆栖蚯蚓，属腐食性动物，喜温暖、潮湿环境，怕光，昼伏夜出。蚯蚓生长的适宜温度为15～25℃，湿度为60%～

70%，pH为6.5～7.5。0～5℃进入休眠状态，0℃以下死亡，40℃以上死亡。蚯蚓属雌雄同体，但须异体交配才能繁殖，交配一次繁育终生，繁殖率高，寿命1～3年。蚯蚓卵经18～21天孵化后，生长60天左右性成熟，成虫交配5～8天开始产卵，之后每隔1天产一个卵。头3个卵每卵孵化1～3条蚯蚓，之后的卵每卵孵化4～7条蚯蚓。100天后蚯蚓生长减慢，90～100天时收获蚯蚓效益最高。蚯蚓食性很广，各种畜粪、腐烂水果、果皮、树叶、食品、农副产品下脚料等，经发酵腐烂后，都可做为蚯蚓的饲料。

(2) 营养特点　蚯蚓可药用，具有清热、平肝、止喘、通络功能。蚯蚓营养丰富，据测定，蚯蚓的蛋白质含量占干重的53.5%～65.1%（其中含多种人体及动物需要的各种必需氨基酸），蚯蚓体内还含有丰富的维生素D（占鲜体重的0.04%～0.073%），以及钙和磷（约占鲜体重的0.124%～0.188%）等矿物质元素。蚯蚓体内含有地龙素、地龙解毒素、黄嘌呤、抗组织胺和B族维生素等多种药用成分。蚯蚓粪含有丰富的氮、磷、钾、腐殖质、有机质及镁、硼、镍、锰等作物所需的微量元素，是一种很好的生物肥。

(3) 适合人工养殖品种　目前全世界已知的蚯蚓品种有2700多种，我国有160多种。适合人工养殖的有如下几种。

① 赤子爱胜蚓：俗称红蚯蚓。长60～130毫米，宽3～5毫米，成熟体重0.4～1.2克，全身80～110个环节，环节带位于第25～33节。背孔自第4、5节开始，背面及侧面橙红或栗红色，节间沟无色，外观有条纹愈明显，尾部两侧姜黄色，愈老愈深，体扁而尾略成鹰嘴钩，喜在厩肥、烂草堆、污泥、垃圾场生活，趋肥性强、繁殖率高、定居性好、肉质肥厚及营养价值高，可作为各种畜禽的蛋白饲料，适于人工养殖。我国从日本引进的"大平2号"蚯蚓和"北星2号"蚯蚓属赤子爱胜蚓。

② 威廉环毛蚓：一般长90～250毫米，宽5～10毫米，背面青黄、灰绿或灰青色，背中线青灰色，环带14～16节。目前在江苏、上海一带养殖较多，在自然界中常栖于树林草地较深土层和村庄周围肥土中。

③ 湖北环毛蚓：体细长，长70～220毫米，宽3～6毫米，体节110～138节，全身草绿色，背中线紫绿或深绿色，常见一红色的背

血管。腹面灰色，尾部体腔液中常有宝蓝色荧光。环带3节，乳黄或棕黄色，是繁殖率较高和适应性较广的品种，常栖于湿度较大的沟渠近水处和山沟阴湿处，较耐低温，秋后可在落水的绿肥田中放养。

④ 参环毛蚓：个体较大，长120～400毫米，宽6～12毫米，背面紫灰色，后部颜色较深，刚毛圈稍白，为中药材常用蚯蚓，分布于湖南、广东、广西、福建等地，较难定居，在优质土壤的草地和灌溉条件较好的果园及苗圃中养殖较好。

⑤ 白颈环毛蚓：长80～150毫米，宽2.5～5毫米，背色中灰色或栗色，后部淡绿色。环带3节（位于第14～16节），腹面无刚毛。分布于长江中下游一带，具有分布较广、定居性较好的特点，宜在菜地、红薯等作物地里养殖。

(4) 饲养管理技术

① 环境的管理：蚯蚓生长适宜温度20℃（15～30℃），湿度65%～70%，酸碱度pH为6～8，通气性能良好，环境无光或暗光。保持适宜的密度，蚯蚓的正常生长繁殖需要一定的种蚓密度，一般情况下，青蚓放养密度以1500条/平方米左右为宜，赤子爱蚯蚓个体小，以20000～30000条/平方米为佳。在此范围内，投种少、产量高。前期幼蚓养殖密度可稍大于每平方米3万条或每平方米2.5千克；后期幼蚓至成蚓养殖密度可逐渐降至每平方米2万条左右。

② 饲料配制

a. 普通饲料：按照牛粪、猪粪、鸡粪等占60%，各种秸秆、树叶、杂草等约占40%的比例搭配后（掺入西瓜皮、烂水果、橘子等效果好），拌匀，堆沤，发酵腐熟即可作为蚯蚓的饲料。配制时要保持饲料碎细，避免有大团块，以保证蚯蚓快速生长。

b. 微生物添加剂发酵饲料：将配置好的饲料混匀加入发酵水（100千克水中加1千克微生态制剂），经过发酵，摊开2天之后即可使用。发酵后的饲料适口性好、无臭味、营养丰富，饲料发酵的周期也大大缩短。

③ 养殖方法

a. 简易养殖：在容器、坑池中分层加入饲料和肥土，投放种蚯蚓。方法简便，但饲养量少。

b. 田间养殖法：选用地势比较平坦，排水、灌溉条件便利的林地、果园或饲料田，沿行间开沟槽，施入腐熟的蚯蚓饲料，上面覆土10～15厘米，放入蚯蚓进行养殖，保持土壤含水量在30%左右。冬天可在地面覆盖塑料薄膜保温，促进蚯蚓活动和繁殖。由于土壤疏松多孔，通透性能好，适宜林地养鸡时养殖。

林地养殖中，要注意在橘、松、枞、橡、杉、水杉、黑胡桃、桉树林下不宜放养蚯蚓，因为这些树的落叶不易腐烂，又多含有芳香油脂、单宁酸、树脂和树脂液，这些物质对蚯蚓有害，能引起蚯蚓逃逸。

④ 疾病防治

a. 饲料中毒症：蚯蚓急速瘫痪，背部排出黄色或草色体液，成堆死亡，原因是新添加的饲料中含有毒素或毒气。应尽快减薄料床，排除有毒饲料。

b. 胃酸超标症：蚯蚓环带红肿，身体变粗变短，全身分泌物增多，在养殖床转圈，最后全身变白死亡。这是因为饲料中含有大量淀粉、碳化水合物，盐分过多，经细菌作用引起酸化，使蚯蚓出现胃酸超标症。防治办法：掀开覆盖物，让养殖床通气，喷苏打水进行中和。

c. 水肿病：养殖床湿度太大，饲料的pH值过低或过高，则会使蚯蚓体水肿膨大，滞食而死。可开沟沥水，饲料中加过磷酸钙或醋酸进行中和后，过一段时间再用。

⑤ 采收方法：饲养过程中，种蚓不断产出蚓卵，孵出幼蚓。密度过大，蚯蚓就会外逃或死亡，必须适时分解饲养和收取成蚓。一般每投3次饲料提取蚯蚓1次，每次每平方米可提取鲜蚯蚓1千克以上。采收方法有自然光照采集法、甜食诱捕法、红光夜捕法等。

⑥ 注意事项：注意保持适宜湿度和温度，避免强光照射，饲料透气，滤水良好，环境要安定。冬季应加盖稻草或塑料薄膜保温，夏季注意遮阴，洒水降温，保持空气流通。在饲养过程中，种蚓不断产出蚓卵，孵出幼蚓，养殖密度会不断增大。密度过大时，蚯蚓就会外逃或死亡，必须适时分解饲养和收取成蚓。要预防黄鼠狼、青蛙、鸟、鸡、鸭、蛇、老鼠等生物的危害。

(5) 使用方法　蚯蚓是多种寄生虫的中间宿主和传播者，对鸡能传播绦虫、线虫等寄生虫病，使鸡体质衰退，生产力下降，故不能用鲜活的蚯蚓直接喂鸡。

① 煮沸饲喂：将收集到的鲜活蚯蚓，用清水漂洗干净以后，加热煮沸5～7分钟，即可有效杀死蚯蚓体内、体外的寄生虫。一般应将洗煮后的蚯蚓切成小段，添加到饲料中混合喂鸡。对食不完的蚯蚓，宜干制储存。

② 干喂：将洗净的蚯蚓放进烘干炉或红外线炉内，在60℃条件下烘干后放入粉碎机或研磨机，粉碎或研磨成蚯蚓粉。用蚯蚓粉喂鸡，增重快，肉质好，产蛋多，效果高于鱼粉。鸡群应定期驱除寄生虫。凡饲喂过蚯蚓的鸡或从来没有喂过蚯蚓的鸡，均应定期用左旋咪唑药剂，按每千克体重25毫克计算，给鸡拌料投服。正常情况下，每年可驱虫3～4次。

五、饲料添加剂

满足鸡的营养需要，完善日粮的全价性，以提高饲料利用率，促进鸡生长发育，防治某些疾病，减少饲料贮藏期间营养品质的损失或改进产品品质等，这类物质称为饲料添加剂。在放牧饲养过程中会经常使用一些饲料添加剂。为了保证产品的生态和绿色，所使用的添加剂应选择以天然绿色物质为主如中草药，禁用违禁药物和激素。其中纯天然饲料添加剂如中草药饲料添加剂、微生态制剂和酶制剂能够更好地满足绿色食品要求，具有广阔的发展前景。

（一）维生素添加剂

鸡日粮中需要添加的维生素有维生素A、维生素D、维生素E、维生素K四种脂溶性维生素和9种水溶性维生素，包括维生素B_1、维生素B_2、维生素B_6、维生素B_{12}、泛酸、叶酸、胆碱、生物素及烟酸。鸡配合饲料中的维生素添加剂是用化学和微生物学方法工业化生产的，性质和作用与自然界存在的维生素相同，按照特殊的药物制剂生产，应用效果优于天然维生素，贮存期的稳定性可以得到保证。这类添加剂可分为雏鸡维生素添加剂、育成鸡维生素添加剂、产蛋鸡维生素添加剂和种鸡维生素添加剂等多种，添加时按药品说明决定用量，饲料中原有的含量只作为安全含量，不予考虑。鸡处于应激环境时，如运输、转群、注射疫苗、断喙时对这类添加剂需要量加大。林地饲养，由于鸡在林地自由采食大量青绿饲料，一般不会缺乏维生素。

（二）氨基酸添加剂

天然饲料中氨基酸含量不平衡，虽然尽量根据氨基酸平衡的原则配料，一般不同饲料搭配，只能改善日粮中氨基酸之间的比例，还不能达到理想的氨基酸平衡。工业合成氨基酸添加剂可以提高配合饲料质量，降低配合成本。目前在配合饲料中广泛应用的氨基酸添加剂是蛋氨酸和赖氨酸。

以大豆饼为主要蛋白质来源的日粮，添加蛋氨酸可以节省动物性饲料用量。豆饼不足的日粮添加蛋氨酸和赖氨酸，可以强化饲料的蛋白质营养价值，在杂粮含量较高的日粮中添加氨基酸可以提高日粮消化利用率。

（三）中草药饲料添加剂

中草药中的主要有效活性成分为多糖、苷类、生物碱、挥发油类、有机酸类等，具有调节动物机体免疫功能的作用。有些中草药还含有一定数量的蛋白质、氨基酸、糖、脂肪、淀粉、维生素和矿物质、微量元素等营养成分，也在一定程度上提高了机体的生产性能。

中草药作为饲料添加剂，毒副作用小，不易在产品中残留，含有多种营养成分和生物活性物质，具有营养和防治疾病的双重作用，受到广泛重视。

中草药饲料添加剂具有天然、多能、营养等特点，可起到增强免疫作用、激素样作用、维生素样作用、抗应激作用、抗微生物作用等。在林地养鸡过程中使用中草药饲料添加剂，既能防病治病，又能保证鸡的品质和风味。也可以在林间人工种植一些中草药植物。

中草药饲料添加剂有 200 多个品种，在生产中的应用，主要有以下几方面。

1. 免疫作用

中草药中的多糖类、有机酸类、生物碱类、苷类、挥发油类等有增强免疫作用，且可避免西药类免疫预防剂对机体组织的交叉反应及副作用等缺点。如刺五加、商陆、菜豆、甜瓜蒂、水牛角、羊角等。

2. 激素样作用

中草药本身不是激素，但可以起到与激素相似的作用，并能减轻、消除外激素的毒副作用。如何首乌、穿山龙、肉桂、石蒜、秦艽、甘草等。

3. 抗应激作用

一些中草药有提高机体防御能力和调节缓和应激的作用。如人参、黄芪、党参、柴胡、延胡索等。

4. 抗微生物作用

一些中草药能够杀灭或抑制病原微生物，增进动物健康。如金银花、连翘、蒲公英、大蒜等。

5. 驱虫

一些中草药可增强机体抗寄生虫侵害和驱除体内寄生虫的作用。如使君子、南瓜子、石榴皮、青蒿等。

6. 增食增质

一些中草药可改善饲料适口性，增强动物食欲，提高饲料消化率和利用率及产品质量。如甜叶菊、五味子、马齿苋、松针等。

7. 催肥增重

一些中草药具有促进肥育和增重作用。如山楂、石菖蒲等。

8. 促生殖增蛋

一些中草药能促进动物卵子生成和排出，提高繁殖率和产蛋率。如淫羊藿、水牛角、七石斛等。

（四）酶制剂

酶制剂是动植物机体合成、具有特殊功能的蛋白质。酶制剂作为外源酶，能够弥补鸡体内内源酶的不足，提高营养物质的消化率。在鸡饲料中添加的酶主要是消化性酶类，应用比较广泛的有淀粉酶、蛋白酶、纤维素酶、植酸酶和复合酶制剂等。

（五）微生态制剂

微生态制剂是由动物体内的有益微生物及其代谢产物经人工筛选和严格培育，生产的用于动物营养保健的活菌制剂。

微生态制剂的种类包括芽孢杆菌类、乳酸菌类、真菌、酵母菌类等单一菌种制剂和由多种有益菌组成的复合制剂。微生态制剂具有维持机体肠道菌群平衡，抑制肠道内病原微生物繁殖，提高机体免疫力等作用，通过饲料或饮水使用后能降低鸡的死亡率，提高鸡的生产性能,并且提高鸡肉、鸡蛋等畜产品品质。由于微生态制剂不含任何化学成分,没有使用饲用抗生素后导致鸡体内菌群失调,产生耐药性和药物残留等药物安全问题,是一种绿色、安全的饲料添加剂,符合生产优质、安全的生态畜产品的要求。

应用微生态制剂应注意的问题:微生态制剂是活菌制剂,应注意避光、在干燥、低温环境保存,包装打开后应尽快用完。不要与抗生素或抗球虫药品配伍,应提前或停药后24小时以上应用。

(六) 驱虫保健剂

主要指一些抗球虫药物。

(七) 防霉剂和抗氧化剂

在饲料贮存过程中,防止脂肪酸败降低饲料营养物质,需要向饲料中加入抗氧化剂。防止饲料发霉变质,产生有毒物质,需要向饲料中加入防霉(腐)剂。生产中常用的抗氧化剂有乙氧基喹啉、丁基化羟基甲苯等,防霉(腐)剂有丙酸钙、丙酸钠、克饲霉、霉敌等。

(八) 增色剂

为了改善畜产品外观品质,调高消费者的购买欲,提高其商业价值,在饲粮中添加一些增色剂。应选用天然色素,保证肉、蛋品质。最主要的是类胡萝卜素和叶黄素。鸡饲料天然色素主要来源于玉米、苜蓿、草粉等。

(九) 无公害生产中允许使用的饲料添加剂

进行无公害饲料配制,应严格遵守我国农业部《饲料添加剂品种目录(2008)》的有关规定。凡生产、经营和使用的营养性饲料添加剂及一般饲料添加剂均应属于《饲料添加剂品种目录(2008)》中规定的品种,饲料添加剂的生产企业应办理生产许可证和产品批准文号。表5-1是保护期内的新饲料和新饲料添加剂品种,仅允许所列申请单位或其授权的单位生产。禁止《饲料添加剂品种目录(2008)》外的物质作为饲料添加剂使用。

饲料添加剂品种目录(2008)见表5-1,保护期内的新饲料和新饲料添加剂品种目录见表5-2,生产A级绿色食品禁止使用的饲料添加剂见表5-3。

第五章 林地生态养鸡营养与饲料配合

表 5-1 饲料添加剂品种目录（2008）

类别	通 用 名 称	适用范围
氨基酸	L-赖氨酸、L-赖氨酸盐酸盐、L-赖氨酸硫酸盐及其发酵副产物（产自谷氨酸棒杆菌，L-赖氨酸含量不低于51%）、DL-蛋氨酸、L-苏氨酸、L-色氨酸、L-精氨酸、甘氨酸、L-酪氨酸、L-丙氨酸、天冬氨酸、L-亮氨酸、异亮氨酸、L-脯氨酸、苯丙氨酸、丝氨酸、L-半胱氨酸、L-组氨酸、缬氨酸、胱氨酸、牛磺酸	养殖动物
	蛋氨酸羟基类似物、蛋氨酸羟基类似物钙盐	猪、鸡和牛
	N-羟甲基蛋氨酸钙	反刍动物
维生素	维生素 A、维生素 A 乙酸酯、维生素 A 棕榈酸酯、β胡萝卜素、盐酸硫胺（维生素 B_1）、硝酸硫胺（维生素 B_1）、核黄素（维生素 B_2）、盐酸吡哆醇（维生素 B_6）、氰钴胺（维生素 B_{12}）、L-抗坏血酸（维生素 C）、L-抗坏血酸钙、L-抗坏血酸钠、L-抗坏血酸-2-磷酸酯、L-抗坏血酸-6-棕榈酸酯、维生素 D_2、维生素 D_3、α-生育酚（维生素 E）、α-生育酚乙酸酯、亚硫酸氢钠甲萘醌（维生素 K_3）、二甲基嘧啶醇亚硫酸甲萘醌、亚硫酸氢烟酰胺甲萘醌、烟酸、烟酰胺、D-泛醇、D-泛酸钙、DL-泛酸钙、叶酸、D-生物素、氯化胆碱、肌醇、L-肉碱、L-肉碱盐酸盐	养殖动物
矿物元素及其络(螯)合物②	氯化钠、硫酸钠、磷酸二氢钠、磷酸氢二钠、磷酸二氢钾、磷酸氢二钾、轻质碳酸钙、氯化钙、磷酸氢钙、磷酸二氢钙、磷酸三钙、乳酸钙、硫酸镁、氧化镁、氯化镁、柠檬酸亚铁、富马酸亚铁、乳酸亚铁、硫酸亚铁、氯化亚铁、氯化铁、碳酸亚铁、氯化铜、硫酸铜、氧化锌、氯化锌、碳酸锌、硫酸锌、乙酸锌、氯化锰、氧化锰、硫酸锰、碳酸锰、磷酸氢锰、碘化钾、碘化钠、碘酸钾、碘酸钙、氯化钴、乙酸钴、硫酸钴、亚硒酸钠、钼酸钠、蛋氨酸铜络(螯)合物、蛋氨酸铁络(螯)合物、蛋氨酸锰络(螯)合物、蛋氨酸锌络(螯)合物、赖氨酸铜络(螯)合物、赖氨酸锌络(螯)合物、甘氨酸铜络(螯)合物、甘氨酸铁络(螯)合物、酵母铜①、酵母铁①、酵母锰①、酵母硒①、蛋白铜①、蛋白铁①、蛋白锌①	养殖动物
	烟酸铬、酵母铬①、蛋氨酸铬①、吡啶甲酸铬	生长肥育猪
	丙酸铬①	猪
	丙酸锌①	猪、牛和家禽
	硫酸钾、三氧化二铁、碳酸钴、氧化铜	反刍动物
	稀土(铈和镧)壳糖胺螯合盐	畜禽、鱼和虾

续表

类别	通　用　名　称	适用范围
酶制剂③	淀粉酶(产自黑曲霉、解淀粉芽孢杆菌、地衣芽孢杆菌、枯草芽孢杆菌、长柄木霉①、米曲霉①)	青贮玉米、玉米、玉米蛋白粉、豆粕、小麦、次粉、大麦、高粱、燕麦、豌豆、木薯、小米、大米
	支链淀粉酶(产自酸解支链淀粉芽孢杆菌)	
	α-半乳糖苷酶(产自黑曲霉)	豆粕
	纤维素酶(产自长柄木霉)	玉米、大麦、小麦、麦麸、黑麦、高粱
	β-葡聚糖酶(产自黑曲霉、枯草芽孢杆菌、长柄木霉、绳状青霉①)	小麦、大麦、菜籽粕、小麦副产物、去壳燕麦、黑麦、黑小麦、高粱
	葡萄糖氧化酶(产自特异青霉)	葡萄糖
	脂肪酶(产自黑曲霉)	动物或植物源性油脂或脂肪
	麦芽糖酶(产自枯草芽孢杆菌)	麦芽糖
	甘露聚糖酶(产自迟缓芽孢杆菌)	玉米、豆粕、椰子粕
	果胶酶(产自黑曲霉)	玉米、小麦
	植酸酶(产自黑曲霉、米曲霉)	玉米、豆粕、葵花籽粕、玉米糁渣、木薯、植物副产物
	蛋白酶(产自黑曲霉、米曲霉、枯草芽孢杆菌、长柄木霉①)	植物和动物蛋白
	木聚糖酶(产自米曲霉、孤独腐质霉、长柄木霉、枯草芽孢杆菌、绳状青霉①)	玉米、大麦、黑麦、小麦、高粱、黑小麦、燕麦
微生物	地衣芽孢杆菌①、枯草芽孢杆菌、两歧双歧杆菌①、粪肠球菌、屎肠球菌、乳酸肠球菌、嗜酸乳杆菌、干酪乳杆菌、乳酸乳杆菌①、植物乳杆菌、乳酸片球菌、戊糖片球菌①、产朊假丝酵母、酿酒酵母、沼泽红假单胞菌	养殖动物
	保加利亚乳杆菌	猪、鸡和青贮饲料

第五章 林地生态养鸡营养与饲料配合

续表

类别	通用名称	适用范围
非蛋白氮	尿素、碳酸氢铵、硫酸铵、液氨、磷酸二氢铵、磷酸氢二铵、缩二脲、异丁基二脲、磷酸脲	反刍动物
抗氧化剂	乙氧基喹啉、丁基羟基茴香醚(BHA)、二丁基羟基甲苯(BHT)、没食子酸丙酯	养殖动物
防腐剂、防霉剂和酸度调节剂	甲酸、甲酸铵、甲酸钙、乙酸、双乙酸钠、丙酸、丙酸铵、丙酸钠、丙酸钙、丁酸、丁酸钠、乳酸、苯甲酸、苯甲酸钠、山梨酸、山梨酸钠、山梨酸钾、富马酸、柠檬酸、柠檬酸钾、柠檬酸钠、柠檬酸钙、酒石酸、苹果酸、磷酸、氢氧化钠、碳酸氢钠、氯化钾、碳酸钠	养殖动物
着色剂	β-胡萝卜素、辣椒红、β-阿朴-8′-胡萝卜素醛、β-阿朴-8′-胡萝卜素酸乙酯、β,β-胡萝卜素-4,4-二酮(斑蝥黄)、叶黄素、天然叶黄素(源自万寿菊)	家禽
	虾青素	水产动物
调味剂和香料	糖精钠、谷氨酸钠、5′-肌苷酸二钠、5′-鸟苷酸二钠、食品用香料[④]	养殖动物
黏结剂、抗结块剂和稳定剂	α-淀粉、三氧化二铝、可食脂肪酸钙盐、可食用脂肪酸单/双甘油酯、硅酸钙、硅铝酸钠、硫酸钙、硬脂酸钙、甘油脂肪酸酯、聚丙烯酸树脂Ⅱ、山梨醇酐单硬脂酸酯、聚氧乙烯(20)山梨醇酐单油酸酯、丙二醇、二氧化硅、卵磷脂、海藻酸钠、海藻酸钾、海藻酸铵、琼脂、瓜尔胶、阿拉伯树胶、黄原胶、甘露糖醇、木质素磺酸盐、羧甲基纤维素钠、聚丙烯酸钠[①]、山梨醇酐脂肪酸酯、蔗糖脂肪酸酯、焦磷酸二钠、单硬脂酸甘油酯	养殖动物
	丙三醇	猪、鸡和鱼
	硬脂酸[①]	猪、牛和家禽
多糖和寡糖	低聚木糖(木寡糖)	蛋鸡和水产养殖动物
	低聚壳聚糖	猪、鸡和水产养殖动物
	半乳甘露寡糖	猪、肉鸡、兔和水产养殖动物
	果寡糖、甘露寡糖	养殖动物

续表

类别	通 用 名 称	适用范围
其他	甜菜碱、甜菜碱盐酸盐、大蒜素、山梨糖醇、大豆磷脂、天然类固醇萨洒皂角苷（源自丝兰）、二十二碳六烯酸（DHA）、啤酒酵母培养物①、啤酒酵母提取物①、啤酒酵母细胞壁①	养殖动物
	糖萜素（源自山茶籽饼）、牛至香酚①	猪和家禽
	乙酰氧肟酸	反刍动物
	半胱胺盐酸盐（仅限于包被颗粒，包被主体材料为环状糊精，半胱胺盐酸盐含量27%）	畜禽
	α-丙氨酸	鸡

① 为已获得进口登记证的饲料添加剂，进口或在中国境内生产此饲料添加剂时，农业部需要对其安全性、有效性和稳定性进行技术评审。
② 所列物质包括无水和结晶水形态。
③ 酶制剂的适用范围为典型底物，仅作为推荐，并不包括所有可用底物。
④ 食品用香料见《食品添加剂使用卫生标准》（GB 2760—2007）中食品用香料名单。

表5-2 保护期内的新饲料和新饲料添加剂品种目录

序号	产品名称	申请单位	适用范围	批准时间
1	苜草素（有效成分为苜蓿多糖、苜蓿黄酮、苜蓿皂苷）	中国农业科学院畜牧研究所	仔猪、育肥猪、肉鸡	2003年12月
2	碱式氯化铜	长沙兴嘉生物工程有限公司	猪	2003年12月
3	碱式氯化铜	深圳绿环化工实业有限公司	仔猪、肉仔鸡	2004年04月
4	饲用凝结芽孢杆菌TQ33添加剂	天津新星兽药厂	肉用仔鸡、生长育肥猪	2004年05月
5	杜仲叶提取物（有效成分为绿原酸、杜仲多糖、杜仲黄酮）	张家界恒兴生物科技有限公司	生长育肥猪、鱼、虾	2004年06月
6	保得®微生态制剂（侧孢芽孢杆菌）	广东东莞宏远生物工程有限公司	肉鸡、肉鸭、猪、虾	2004年06月
7	L-赖氨酸硫酸盐（产自乳糖发酵短杆菌）	长春大成生化工程开发有限公司	生长育肥猪	2004年06月

第五章 林地生态养鸡营养与饲料配合

续表

序号	产品名称	申请单位	适用范围	批准时间
8	益绿素(有效成分为淫羊藿苷)	新疆天康畜牧生物技术有限公司	鸡、猪、绵羊、奶牛	2004年09月
9	壳寡糖	北京英惠尔生物技术有限公司	仔猪、肉鸡、肉鸭、虹鳟鱼	2004年11月
10	共轭亚油酸饲料添加剂	青岛澳海生物有限公司	仔猪、蛋鸡	2005年01月
11	二甲酸钾	北京挑战农业科技有限公司	猪	2005年03月
12	β-1,3-D-葡聚糖(源自酿酒酵母)	广东智威畜牧水产有限公司	水产动物	2005年05月
13	4,7-二羟基异黄酮(大豆黄酮)	中牧实业股份有限公司	猪、产蛋家禽	2005年06月
14	乳酸锌(α-羟基丙酸锌)	四川省畜科饲料有限公司	生长育肥猪、家禽	2005年06月
15	蒲公英、陈皮、山楂、甘草复合提取物(有效成分为黄酮)	河南省金鑫饲料工业有限公司	猪、鸡	2005年06月
16	液体L-赖氨酸(L-赖氨酸含量不低于50%)	四川川化味之素有限公司	猪	2005年10月
17	壳寡糖[寡聚β-(1-4)-2-氨基-2-脱氧-D-葡萄糖]	北京格莱克生物工程技术有限公司	猪、鸡	2006年05月
18	碱式氯化锌	长沙兴嘉生物工程有限公司	仔猪	2006年05月
19	N,O-羧甲基壳聚糖	北京紫冠碧螺喜科技发展公司	猪、鸡	2006年05月
20	地顶孢霉培养物	合肥迈可罗生物工程有限公司	猪、鸡	2006年07月
21	碱式氯化铜(α-晶型)	深圳东江华瑞科技有限公司	生长育肥猪	2007年02月
22	甘氨酸锌	浙江建德市维丰饲料有限公司	猪	2007年08月
23	紫苏子提取物粉剂(有效成分为α-亚油酸、亚麻酸、黄酮)	重庆市优胜科技发展有限公司	猪、肉鸡、鱼	2007年08月
24	植物甾醇(源于大豆油/菜籽油,有效成分为β谷甾醇、菜油甾醇、豆甾醇)	江苏春之谷生物制品有限公司	家禽、生长育肥猪	2008年01月

表 5-3 生产 A 级绿色食品禁止使用的饲料添加剂

种　　类	品　　种
调味剂香料	各种人工合成的调味剂和香料
着色剂	各种人工合成的着色剂
抗氧化剂	乙氧基喹啉、二丁基羟基甲苯(BHT)、丁基羟基茴香醚(BHA)
黏结剂、抗结剂、稳定剂	羟甲基纤维素钠、聚氧乙烯(20)山梨醇酐单油酸酯、聚丙烯酸树脂
防腐剂	苯甲酸、苯甲酸钠
非蛋白氮类	尿素、硫酸铵、液氨、磷酸氢二铵、磷酸二氢铵、缩二脲、异亚丁基二脲、磷酸脲、羟甲基脲
其它	禁止使用转基因方法生产的饲料原料；禁止使用工业合成的油脂(含重金属)；禁止使用任何药物性饲料添加剂；禁止使用激素类、安眠镇静类药品；禁止使用畜禽粪便(含有害微生物)

六、鸡饲养标准与饲料的配制

（一）鸡的饲养标准

饲养标准是指根据鸡的营养需要，结合生产经验，科学地规定在不同体重、不同生理状态和不同生产水平条件下，每只鸡每天应该给予的能量、蛋白质、必需氨基酸、维生素和矿物质等各种营养物质的数量。

目前国内养鸡多采用《中华人民共和国鸡的饲养标准》和美国《NRC 家禽营养标准》。另外，许多育种公司根据其培育的品种特点、生产性能、环境条件及饲料的变化等，制定了其培育品种的营养需要标准，按照饲养标准饲养，就可达到该培育品种的正常生产性能指标，在购买雏鸡时一定要注意索要饲养管理手册，并按要求的营养需要配制饲粮。

林地生态养鸡，鸡的品种繁多，饲养期和生产性能差异较大，且各地的气候条件、饲养方式、林地的环境状况、当地的饲料资源也不同，很难制定统一的放养鸡营养需要标准。

可根据饲养鸡的品种特性、饲养周期长短等因素，以国家公布的饲养标准、家禽育种公司的营养推荐标准和当地该品种的饲养标准等作为饲料配方的设计依据。

1. 地方品种肉用黄鸡的代谢能、粗蛋白质的需要量

地方品种肉用黄鸡的代谢能、粗蛋白质的需要量见表 5-4。

表 5-4 地方品种肉用黄鸡的代谢能、粗蛋白质的需要量

	0～5 周龄	6～11 周龄	12 周龄以上
代谢能/(兆焦/千克)	11.72	12.13	12.55
粗蛋白/%	20.0	18.0	16.0
能量蛋白比/(克/兆焦)	17	15	13

注：1. 其他营养指标参照生长期蛋用鸡和肉用仔鸡饲养标准折算。
2. 资料来源：王长康.优质鸡半放养技术.福州：福建科学技术出版社，2003.

2. 土鸡的营养需要量

台湾土鸡的营养需要量见表 5-5，台湾省畜牧学会（1993 年）建议的土鸡营养需要见表 5-6，土鸡生长期营养需要见表 5-7。

表 5-5 台湾土鸡的营养需要量/%

项　目	育雏期 0～4 周龄		生长期 5～8 周龄			9 周龄到上市	
	A	B	A	B	C	A	B
代谢能/(兆焦/千克)	13.39	12.97	12.56	11.72	12.97	2.56	12.97
粗蛋白	23	22	19	17	20	17	18
钙	0.79	0.85	0.79	0.75	0.7	0.75	0.80
有效磷	0.46	0.40	0.32	0.30	0.40	0.20	0.25
含硫氨基酸	0.94	0.91	0.72	0.66	0.72	0.56	0.55
赖氨酸	1.08	—	—	—	—	—	—
色氨酸	0.21	—	—	—	—	—	—

表 5-6 台湾省畜牧学会（1993 年）建议的土鸡营养需要/%

营养成分	0～4 周龄	5～10 周龄	11～14 周龄
粗蛋白	20	18	16
代谢能/(兆焦/千克)	12.55	12.55	12.55
赖氨酸	1.0	0.9	0.85
蛋氨酸＋胱氨酸	0.84	0.74	0.68
色氨酸	0.2	0.18	0.16
钙	1.0	0.8	0.8
有效磷	0.45	0.35	0.30

注：资料来源：王长康.优质鸡半放养技术.福州：福建科学技术出版社，2003.

表 5-7 土鸡生长期营养需要

项　目	0～6 周龄	6～14 周龄	14 周龄以上
代谢能/(兆焦/千克)	11.93	11.92	11.72
粗蛋白/%	19.0	16.00	12.00
蛋白能量比/(克/兆焦)	1.59	1.34	1.02
亚麻油/%	1.00	1.00	0.80

3. 河北柴鸡的营养推荐量

河北柴鸡的营养推荐量见表 5-8

表 5-8 河北柴鸡的营养推荐量/%

营养指标	育雏期 0～6 周龄	生长期 7～12 周龄	育成期 13～20 周龄	开产期	产蛋高峰期	其他产蛋期
代谢能/(兆焦/千克)	11.92	12.35	12.35	12.08	12.30	12.30
粗蛋白质	18.0	15.0	12.0	16.0	17.0	16.0
钙	0.9	0.7	0.7	2.4	3.0	2.8
有效磷	0.42	0.38	0.38	0.44	0.46	0.44
赖氨酸	1.05	0.71	0.56	0.73	0.75	0.73
蛋氨酸+胱氨酸	0.77	0.65	0.52	0.59	0.62	0.59

(二) 饲料的配制

1. 鸡饲料的种类

在天然饲料中，单一饲料不能满足鸡需要的营养物质。玉米、麸皮等单一饲料本身营养不全面，鸡需要多种营养物质，每一种原料有它的营养特点，按照现代营养科学，把各种饲料原粮搭配起来饲喂。规模散养的鸡，如果用单一的饲料，鸡的生长发育往往不好，体重长得慢，抗病能力弱，容易得病，甚至影响了成活率。实际生产中，往往发现 4 月龄的鸡，体重可能只有两三月龄那么大。所以只用简单的原粮去喂，好像是省饲料、省钱，但实际它的成本高，鸡长得慢，生产性能低，是不合算的。林地生态养鸡必须要饲喂全价配合饲料，根据鸡的营养标准，把多种饲粮如玉米、豆粕和麸皮等按照一定的比例科学配合，并补充足够的氨基酸、矿物质、维生素和微量元素，才能满足鸡在生长发育过程中对各种营养的需求，鸡才能长得健康，品质也才有保障，才能获得好的经济效益。

鸡的配合饲料可以分为三大类：全价配合饲料、浓缩饲料、添加剂预混合饲料。浓缩饲料和添加剂预混饲料是半成品，不能直接作饲粮。全价配合饲料是最终产品，是鸡全价营养饲粮。

（1）全价配合饲料　全价配合饲料是根据鸡的营养标准和饲料原料的营养成分，充分利用饲料资源和饲料的营养价值，计算后制定营养完善、价格便宜的最佳配方，经过加工配制后充分混合、可以直接饲喂的饲料。

（2）浓缩饲料　在全价配合饲料中，除去能量饲料即为浓缩饲料，又称精料。浓缩饲料由三部分组成，即蛋白质饲料、常量矿物质饲料（钙、磷、食盐）、添加剂预混饲料，是饲料加工厂生产的半成品，其突出特点是除能量指标外，其余营养成分浓度很高。使用浓缩饲料时，只需按说明书加一定量的能量饲料，既可配成全价饲料。鸡的浓缩饲料一般占全价饲料的 30%～40%。5%～10% 的浓缩饲料，使用时还需添加一定量的豆粕和能量饲料才能配制出全价饲料。

（3）添加剂预混饲料　添加剂预混饲料简称预混料，是几种或多种微量组分与稀释剂或载体均匀混合构成的中间配合饲料产品。预混料包括单一型和复合型两种。单一型预混料是同种类物质组成的预混料，如多种维生素预混料、复合微量元素预混料等。复合型预混料是除蛋白质饲料之外多种原料组成的产品，3%～4% 的预混料包括各种维生素、微量元素、常量元素和非营养性添加剂等。0.4%～1.0% 的预混料不包括常量元素，即不提供钙、磷、食盐。

2. 配合饲料

（1）饲料配合的原则

① 选择恰当的饲养标准，科学配制日粮。不同品种、不同生长阶段、不同生产性能的鸡有不同的饲养标准。科学配制日粮必须根据上述情况选择适宜的饲养标准。同时还应根据饲养管理条件、饲养方式、当地饲料资源情况、饲养季节对鸡饲养期的需求等做适宜调整，灵活掌握，才能保证鸡群健康，很好地发挥生产性能，降低饲养成本，获得较好的经济效益。

② 优先满足能量需要，各养分之间的比例协调。配合日粮时，

要计算能量含量，先满足能量需要，再考虑其他养分需要。而对于氨基酸、矿物质、维生素等其他养分不足，可用各类添加剂加以补充。饲料中营养物质之间保持适宜的比例，有利于养分吸收。尤其要注意能量蛋白质的比例。

林地养鸡要发挥高的生产性能，饲粮中能量和蛋白质的供给非常关键，尤其在育成期必须使鸡获得充分营养，鸡才能保持良好的发育。

鸡具有依能而食的能力，当日粮能量浓度发生变化时，鸡能调节采食量而最终使采食的代谢能总量不变。因此能量和蛋白质等其他营养元素比例应符合饲养标准需要。台湾徐阿里（1997年）关于土鸡营养需要量的研究表明，能量蛋白比率随着土鸡日粮的提高而提高。

在设计饲料配方时，可根据原料来源和生产要求，确定一个经济的能量水平，按饲养标准中的比例关系来调节蛋白质、氨基酸及其他营养元素的含量。当日粮中的能量低时，蛋白质含量也应相应降低，使用高能低蛋白饲料或低能高蛋白饲料都会造成浪费。

③ 饲料多样化。单一饲料所含的营养不能满足鸡对各种营养的需要，多种饲料按照一定比例合理搭配，能使各营养成分之间互补，提高饲料利用率。同时要灵活掌握不同原料的用量。如能量饲料主要有玉米、高粱、次粉和麸皮，由于高粱含有的单宁较多，用量应适当限制。

④ 安全、经济。配制日粮时所用饲料应质量良好，不使用发霉变质的饲料或含有毒素的饲料原料，如菜籽饼粕、棉籽饼粕，应在脱毒后使用。尽量选择当地资源丰富、物美价廉的饲料，在满足营养需要的前提下，降低饲料成本，提高饲养效益。饲料、添加剂应考虑适口性、对鸡屠体品质的影响等因素。如使用油脂最好选择无毒、无不良气味的植物性油脂，不应选用羊油、牛油等有膻味的油脂，以免将不良气味带到产品中去，降低产品品质。

（2）饲料配合方法　规模化鸡场或饲料厂目前多使用计算机软件进行配方设计，快捷、准确。小规模饲养场也可用试差法进行配方设计。饲料配制前要根据土鸡的营养需要，了解所用的大体比例，再用不同方法设计饲料配方。

放养土鸡期饲料配制不同原料的大致比例见表5-9，供参考。

第五章 林地生态养鸡营养与饲料配合

表 5-9 放养土鸡饲料配制不同原料的大致比例/%

项目	育雏期	育成期	开产期	产蛋高峰期	其他产蛋期
能量饲料	69~71	70~72	68~70	64~66	65~68
植物性蛋白质饲料	23~25	12~13	18~20	19~21	17~19
动物性蛋白质饲料	1~2	0~2	2~3	3~5	2~3
矿物质饲料	2.5~3.0	2~3	5~7	9~10	8~9
植物油	0~1	0~1	0~1	2~3	1~2
限制性氨基酸	0.1~0.2	0~0.1	0.1~0.25	0.2~0.3	0.15~0.25
食盐	0.3	0.3	0.3	0.3	0.3
营养性添加剂	适量	适量	适量	适量	适量

(三) 参考配方

1. 蛋用土鸡的饲料配方

(1) 育雏期饲料配方

① 配方：玉米 44.0%，大豆饼 15.0%，石粉 1.50%，磷酸氢钙 1.10%，蛋氨酸 0.05%，赖氨酸 0.05%，预混料 0.50%，鱼粉（进口）1.50%，高粱 10.0%，次粉 10.0%，花生仁饼 8.0%，小麦麸 8.0%。

② 主要营养含量：禽代谢能 11.72 兆焦/千克，粗蛋白 18.16%，钙 0.95%，有效磷 0.40%，赖氨酸 0.81%，蛋氨酸＋胱氨酸 0.61%。

(2) 育成期饲料配方

① 配方：玉米 70.0%，小麦麸 9.70%，大豆饼 12.0%，磷酸氢钙 1.2%，石粉 1.20%，预混料 0.50%，食盐 0.30%，次粉 2.6%，花生仁饼 2.5%。

② 主要营养含量：禽代谢能 12.05 兆焦/千克，粗蛋白 14.03%，钙 0.78%，有效磷 0.36%，赖氨酸 0.56%，蛋氨酸＋胱氨酸 0.48%。

(3) 产蛋期饲料配方

① 开产期：玉米 72.00%，大豆粕 10.0%，花生仁饼 8.0%，鱼粉（国产）2.20%，磷酸氢钙 1.30%，石粉 5.52%，蛋氨酸

0.10%，赖氨酸 0.11%，植物油 1.0%，添加剂 0.50%，食盐 0.30%。

主要营养含量：禽代谢能 12.05 兆焦/千克，粗蛋白 16.00%，钙 2.4%，有效磷 0.43%，赖氨酸 0.74%，蛋氨酸 0.35%，蛋氨酸+胱氨酸 0.62%。

②产蛋高峰期：玉米 55.7%，次粉 8.0%，大豆粕 11.5%，花生仁饼 8.0%，鱼粉（国产）4.0%，磷酸氢钙 1.2%，石粉 7.7%，蛋氨酸 0.10%，植物油 3.0%，添加剂 0.50%，食盐 0.30%。

主要营养含量：禽代谢能 12.18 兆焦/千克，粗蛋白 17.00%，钙 3.2%，有效磷 0.45%，赖氨酸 0.75%，蛋氨酸 0.38%，蛋氨酸+胱氨酸 0.65%。

③其他产蛋期：玉米 67.70%，大豆粕 8.0%，棉子饼 2.0%，花生仁饼 8.0%，鱼粉（国产）3.0%，磷酸氢钙 1.20%，石粉 7.2%，蛋氨酸 0.10%，赖氨酸 0.05%，植物油 2.0%，添加剂 0.50%，食盐 0.30%。

主要营养含量：禽代谢能 12.20 兆焦/千克，粗蛋白 16.10%，钙 3.0%，有效磷 0.43%，赖氨酸 0.71%，蛋氨酸 0.36%，蛋氨酸+胱氨酸 0.62%。

2. 优质肉用鸡饲料配方

（1）0～(4～5) 周龄饲料配方

①配方：玉米 48.0%，次粉 18.3%，豆粕 24.0%，国产鱼粉 6.0%，贝壳粉 1.2%，磷酸氢钙 1.2%，添加剂 1.0%，食盐 0.3%。

②主要营养含量：代谢能 12.03 兆焦/千克，粗蛋白 20.28%，蛋白能量比 16.9 克/兆焦，粗纤维 3.15%，钙 0.99%，有效磷 0.41%，赖氨酸 1.02%，蛋氨酸 0.32%，蛋氨酸+胱氨酸 0.65%，食盐 0.35%。

（2）(4～5)～(10～11) 周龄饲料配方

①配方：玉米 34.83%，次粉 10.0%，碎米 20.0%，细糠 10.0%，豆粕 13.0%，菜籽粕 5.0%，国产鱼粉 4.0%，石粉 0.8%，磷酸氢钙 1.0%，添加剂 1.0%，食盐 0.37%。

②主要营养含量：代谢能 12.01 兆焦/千克，粗蛋白 17.04%，蛋白能量比 14.1 克/兆焦，粗纤维 3.70%，钙 0.84%，有效磷

0.41%，赖氨酸0.81%，蛋氨酸0.30%，蛋氨酸+胱氨酸0.58%，食盐0.39%。

(3) 10~11周龄以上饲料配方

① 配方：玉米25.43%，次粉10.0%，碎米30.0%，细糠10.0%，豆粕7.0%，花生粕10.0%，苜蓿草粉3.0%，石粉1.4%，磷酸氢钙0.8%，添加剂1.0%，食盐0.37%。

② 主要营养含量：代谢能12.25兆焦/千克，粗蛋白16.23%，蛋白能量比13.2克/兆焦，粗纤维4.06%，钙0.82%，有效磷0.35%，赖氨酸0.66%，蛋氨酸0.24%，蛋氨酸+胱氨酸0.51%，食盐0.37%。

注：添加剂根据优质鸡的不同周龄及基础日粮成分而定。添加剂中含5~15克禽用复合多维、50~70克氯化胆碱、50克禽用微量元素预混料、20~50克蛋氨酸及适量抗氧化剂、防霉剂等。

第六章 林地生态养鸡饲养管理技术

一、雏鸡的饲养管理

雏鸡出壳后羽毛未长全，需在舍内饲养，人为供温，这一阶段为育雏期。一般为0～6周龄，有的也可延长到7～8周龄。

雏鸡对环境适应能力差，机体抵抗力弱，育雏阶段的饲养管理工作应该细致、认真、科学、合理。雏鸡饲养管理是否科学、得当直接影响鸡的生长发育、成活率、饲料利用率及健康状况。育雏期是林地生态养鸡过程中比较关键、技术要求较高、工作细致的重要阶段，育雏过程是否科学，决定整个饲养能否成功。

为了养好雏鸡，必须了解雏鸡的生理特点以制定育雏期的饲养管理措施。

(一) 雏鸡的特点

1. 体温调节能力弱

刚出壳的雏鸡绒毛稀短，体小娇嫩，皮下脂肪少，缺乏体温调节能力，难以适应外界较大的温差变化。幼雏体温 [$(40.1+0.2)$℃] 较成年鸡体温低3℃左右，10日龄左右才达成年鸡体温，体温调节机能要在21日龄左右才逐渐趋于完善，42日龄后才具有适应外界环境温度变化的能力。所以维持的适宜温度，对雏鸡的健康和正常发育至关重要。育雏阶段需要较高的舍内环境温度。一般第1周35～33℃，以后每周降低2～3℃，逐渐降低到室温。平时的管理过程中要根据雏鸡对温度的反应情况和环境气候状况进行看鸡施温。

2. 生长发育快，新陈代谢旺盛，对饲料营养要求高

雏鸡的生长发育非常迅速，雏鸡2周龄时体重约为初生重的3倍左右，至6周龄时约为初生重的11倍，前期生长非常快，以后随日龄增加而逐渐减慢。所以育雏期间在饲养上对饲料营养要求高，尤其对日粮中的蛋白质，特别是含硫氨基酸水平要求更高，应饲喂高质量

的全价配合饲料,保证雏鸡健康和正常生长发育所需的营养。管理上既要保温,又要注意鸡舍空气新鲜。如果雏鸡阶段,发育不好,雏鸡体质差,以后的生长发育和繁殖机能都受到影响。

3. 胃容积小,消化能力弱

刚出壳的雏鸡发育不健全,胃肠等消化器官处于发育阶段,容积小,进食量和消化量有限,缺乏消化酶,消化能力差。配制雏鸡饲料时,须选用质量好、容易消化的原料,配制高营养水平的全价饲料。在饲养管理上应做到精心、细心,少喂勤添,不断水。

4. 抗病力差,容易生病

雏鸡的免疫机能还未发育完善,对外界的适应力差,对疾病的抵抗力弱,容易受到各种病原微生物的侵袭而感染各种疾病,如鸡白痢、呼吸道疾病和新城疫等。育雏期除给鸡提供适宜的温度、湿度、空气新鲜等良好的环境外,还应注意环境的突然变化,尤其应加强夜间的温度保持,防止温度忽高忽低,使鸡患病。

5. 群居性强,胆小易惊

雏鸡胆小,喜欢群居,比较神经质,对外界的刺激敏感,易引起惊群,影响生长发育。育雏环境需要安静,防止异常声响、噪声,防止鼠、雀、害兽的突然骚扰。

6. 敏感性强

雏鸡对饲料中营养物质的缺乏或有毒药物过量,突然的环境应激等都反应敏感。

(二)育雏前的准备

1. 制订育雏计划

包括育雏总数、批数、每批数量、时间、饲料、疫苗、药品、垫料、器具、育雏期操作、光照计划等。

2. 饲养人员安排

育雏是养鸡过程中最繁杂、细致、艰苦的工作,要求育雏人员责任心强、吃苦耐劳、细心,育雏过程技术性强,饲养员最好有一定技术性和养鸡经验。

3. 育雏鸡舍的准备及要求

(1)育雏鸡舍要求 育雏鸡舍与其他鸡舍至少间隔100米,以防传播疾病。育雏鸡舍四周要有围墙隔离,围墙出入门口应有消毒池,车辆和人员进出经过时起到消毒作用。育雏鸡舍门口设消毒池,放入2%火碱或5%~10%石灰水,饲养人员进出时起到对脚底消毒的作用。

(2) 面积　地面平养每平方米15只左右,网上平养18只左右,立体笼养(重叠式笼养)育雏笼占地约50%,四层笼养在育雏结束时每平方米可饲养雏鸡45只。

(3) 鸡舍小气候条件　育雏鸡舍要求保温好,室温要求20~25℃。通风换气方便,鸡舍设天窗,冬季不能有贼风。有条件的鸡场最好安装风机,以防暑降温。

(4) 卫生要求

① 鸡舍检修。全面检查鸡舍能否有良好的保温性能和通风换气能力,采光性能能否达到要求,灯具的完整性等。如发现问题应及时维修。

② 清扫、冲洗。新建的鸡舍应打扫卫生,对鸡舍和饲养工具进行除尘和清洗。旧鸡舍应在上一批鸡出栏或转出以后,空舍2周再进行使用。进鸡前应对鸡舍进行彻底清扫,将粪便、垫草清理出去。地面、墙壁、棚顶、用具表面的灰尘要打扫干净。笼具、围栏等金属制品用高压水龙头彻底冲洗,笼具上的尘土、粪垢彻底冲洗干净,用火焰喷枪灼烧后移回育雏鸡舍。同时对地面、墙壁、料盆、饮水器等用具进行全面冲洗。还应对鸡舍四周环境进行清扫,清除周围垃圾、杂草,对路面进行冲扫。

4. 育雏鸡舍的整理、消毒和试温

进雏前要对育雏鸡舍进行整理、消毒和试温。

(1) 整理　首先要将育雏鸡舍内的粪渣、灰尘等清理干净,地面用2%火碱喷洒。所有用具都应清洗干净,如料槽、水槽、鸡笼等,并将其摆放到位。检修水、电、通风设备,做到育雏舍干净、密闭、保温且能正常通风换气。

(2) 消毒　清扫、冲洗后,要彻底杀灭鸡舍内的病原微生物,必须进行消毒。可用2%的烧碱水溶液,或3%的来苏尔水溶液对鸡舍及用具进行喷洒消毒。进雏前1周对育雏鸡舍及设备进行熏蒸消毒。将鸡舍密闭,把饮水器、料桶等用具一起放入,准备好各种用具后,对鸡舍进行福尔马林和高锰酸钾熏蒸消毒。每立方米空间用42毫升福尔马林加 21 克高锰酸钾。熏蒸时,应把门窗关好,熏蒸 24 小时,以杀灭病原微生物。打开门窗通风,把室内的空气排出。熏蒸至少在进鸡前一天进行。

高锰酸钾、福尔马林熏蒸消毒注意事项如下。

① 雏鸡舍要求密闭。熏蒸消毒后产生的气体含量越高,消毒效果越好。熏蒸消毒前,必须检查鸡舍的密闭性,关好门窗,堵塞缝隙。

② 消毒容器尽量选用非金属材料,减少药物和金属容器发生反应,可以使用陶瓷类容器,容器体积要大些,以免发生反应时药物溅出。

③ 鸡舍内要保持一定温度和湿度。熏蒸消毒时,舍温在 18℃ 以上,相对湿度 65%~80%,消毒效果好。

也可以用三氯异氰尿酸制剂熏蒸消毒,与高锰酸钾、福尔马林熏蒸消毒作用相似,主要有二氯异氰尿酸、三氯异氰尿酸等,市场有很多制剂,用量、用法按产品说明书要求进行即可。

(3) 试温 应在进雏前 2~3 天提前给育雏鸡舍加温。注意检查是否漏烟。试温时要把育雏鸡舍温度加高到 32~35℃。育雏开始前应在门前消毒池放入药物。

5. 垫料、饲喂设备的准备

(1) 垫料 采用地面平养育雏,要在地面上铺设垫料。垫草要求清洁、干燥、松软、吸水性强。常用垫料有麦秸、稻草、锯末、刨花、稻壳等。垫料长度 5 厘米左右适宜,厚度 10~15 厘米。垫料铺设前最好做消毒处理,或在鸡舍内铺好后喷洒 1~2 次消毒药,再连同其他安放好的设备、用具一起熏蒸消毒。使用前应将垫料暴晒,不使用发霉垫草。

(2) 喂料、饮水设备 按雏鸡数量和饮、喂器具规格准备充足的喂料、饮水器具。金属制品的料槽、水槽拆卸后用水冲洗干净,不留污迹,然后用 0.1% 新洁尔灭洗刷晾干或用火焰喷枪灼烧。塑料制品的开食料盘、料桶、真空饮水器等先用水冲刷,洗净晒干后再用 0.1% 新洁尔灭刷洗消毒。这些设备在育雏鸡舍熏蒸前安装摆放好,再熏蒸消毒。雏鸡的喂料、饮水器具在育雏室、育雏笼内应分布均匀,饮水器、喂料器间隔放置。平面育雏开始几天,饮水与采食位置应离热源稍近些,便于雏鸡取暖和就近采食、饮水。

6. 饲料的准备

雏鸡料必须符合雏鸡饲养标准的饲养要求。可以自己配制或购买全价饲料，提前将饲料送到育雏鸡舍。自配饲料应注意选择无污染、不变质的原料，且要求搅拌均匀、颗粒大小合适、适口性好。饲料要新鲜，防止霉变。贮存时间不宜过长，准备1周左右的用量即可。

7. 疫苗、药物的准备

按照免疫程序及雏鸡数量备齐育雏期间所需的各类疫苗，妥善保存于冰箱中。制订合理的用药计划，准备好常用的抗生素类药品、防治球虫类药品等。此外，雏鸡初饮时需加入饮水中的葡萄糖、多种维生素、电解质等也应准备好。

柴鸡育雏期所用疫苗主要有新城疫疫苗、传染性法氏囊病疫苗、传染性支气管炎疫苗和鸡痘疫苗等。所用疫苗应根据本地疾病的流行情况制定的免疫程序而定。

育雏期常用的消毒药品有新洁尔灭、百毒杀等，防治药品如庆大霉素、氟哌酸、土霉素纯粉、电解多维、葡萄糖等。

8. 其他物品

温、湿度计，备用照明灯泡，台秤，喷雾器，连续注射器，推粪车，断喙器，刺种针，开食用报纸、塑料布，水槽，料槽，水桶，清扫用具等。采用热风炉、暖气、烟道、煤炉等方式供温的，要提前备足燃料。

9. 育雏鸡舍的预温

育雏鸡舍要提前2～3天预温，使温度达到33～35℃，并且鸡舍内温度要均衡。

10. 饮水

进雏鸡前半天应准备好加糖和维生素的饮水，使水温接近室温。

（三）雏鸡的选购和要求

鸡苗质量决定养鸡成功与否。

1. 雏鸡品种

确定饲养品种时应考虑市场需求、产品销售情况、价格高低等，了解周围饲养者对所选品种的评价和实际的饲养效果、经济效益等，考察鸡品种是否受当地消费市场的欢迎。需仔细调查，做到心中有数,谨慎选择。

2. 来源

选择从有种鸡生产经营许可证、种鸡引进与商品鸡销售手续齐全的种鸡场订购雏鸡,正式种鸡场的雏鸡品种特征明显,生产性能也比较稳定、可靠,鸡苗质量有保障。

购买雏鸡前,可先考察种鸡场种鸡及种蛋情况,以河北柴鸡为例,每只种母鸡体重一般应为1.25~1.5千克,羽色为花色、血色、黑色三种,所产蛋重为42~48克/枚,蛋壳颜色为浅粉色,产蛋率平均保持在50%~60%。种公鸡每只体重2~2.5千克,羽色应为暗红间黄。也要考察种鸡场信誉程度如何,比如雏鸡质量、鸡群马立克病发病情况及产蛋率等情况。预订雏鸡时签订定鸡合同,确定进鸡日期、数量、价格,以及对雏鸡的质量保证等。不要贪图价格便宜,随意选择不了解的种鸡场,盲目购进雏鸡后往往鸡苗质量没有保障。

购进雏鸡时,一定要向种鸡场索要相关的品种特征资料和防疫情况资料。如种鸡的免疫情况、商品鸡的推荐防疫程序、推荐的饲料配方、饲养管理手册、商品鸡生产性能介绍等。只有掌握了相关情况,才能根据这些内容做好饲养管理和防疫,做到心中有数。同时不要到正发生疫病如禽流感、鸡痘、鸡瘟、球虫等传染病或寄生虫病等的地区购进雏鸡。事先要向当地养殖户、养殖企业询问,或是向疫病防治控制机构进行咨询,了解清楚后再做决定。雏鸡最好选择就近购买,如需远距离购进,最好是让孵化场或种鸡场运送雏鸡,因这些人员比较有经验,运营证件齐全,有比较专业的运输用具和车辆,能够满足雏鸡运输所需要的特定条件,运输过程中可避免或减少损伤雏鸡。

3. 雏鸡的选择

健康雏鸡的特征如下。

(1) 活泼好动,反应灵敏,叫声响亮;绒毛光亮,整齐。

(2) 脐部干燥,愈合良好,无脐血,无毛区较少。

(3) 腹部柔软平坦,卵黄吸收良好,羽毛覆盖整个腹部,肛门周围无污物附着。

(4) 喙、眼、腿、翅等无畸形。

(5) 手握时感到饱满有劲,挣扎有力。

(6) 大小均匀,体重符合品种标准。

以下特征的雏鸡为弱雏，应予以淘汰：站立不稳或不能站立，精神迟钝，绒毛不整，头部及背部粘有蛋壳，脐口闭锁不良，有残留物，腹部坚硬，蛋黄吸收不良。

需购者可根据以上特征，通过看、听、摸、问等方法进行实际操作。

① 看：是用手轻敲贮雏盘（箱），观察雏鸡的精神状态。健雏活泼好动，眼亮有神，羽毛整洁光亮，腹部收缩良好。弱雏低头闭眼，卧地不动，羽毛蓬松不洁，腹部松弛，脐部愈合不好，有血迹、发红、发黑、丝脐等。

② 摸：是用手轻握小鸡，触摸雏鸡体温，用食指和中指抚摸小鸡的腹部大小及松软程度。随机抽取不同箱子里的一些雏鸡，握于手中，感到温暖，体态均匀，腹部柔软平坦，挣扎有力的是健雏。如感到鸡身较凉，瘦小，体轻，挣扎无力，腹大或脐部愈合不良的是弱雏。

③ 听：主要是听小鸡的叫声。健雏叫声洪亮清脆，弱雏叫声微弱无力，嘶哑，或鸣叫不止。

④ 问：询问种蛋来源、孵化情况及马立克疫苗注射情况等。来源于高产健康适龄种鸡群的种蛋，孵化过程正常，出雏多且齐的雏鸡一般质量较好。

如果进雏量较大，时间上不允许逐个检查，应注意以下问题。

① 大体检查：拍打雏鸡，观察雏鸡反应，健康敏感，立即站立不动，并安静下来，向发出声响的方向观看，这样的雏鸡健康状况良好。反应迟钝、精神委顿的雏鸡容易被发现，可以挑出。

② 抽查：每箱中抽出若干只鸡进行检查，以便判断弱雏的比例。还可以同时对几个雏鸡箱进行数量抽查。

4. 雏鸡的运输

雏鸡出壳后，在孵化室经过绒毛干燥、挑选、查数、雌雄鉴别、注射马立克疫苗等一系列工作后即可以运输。运雏的时间要求越早越好，在雏鸡出壳后24小时前这段时间运输为佳，最好不要超过48小时，以保证雏鸡按时开食、饮水。夏季运输宜在日出前或傍晚凉快时进行，尽量避开白天高温时间。冬天和早春运雏最好选中午前后气温较高时为好。

(1) 运雏工具的选择　包括交通工具、运雏箱及防雨保温用品等。运输工具的选择可根据距离远近、数量多少、天气情况等进行选择。运输过程要求做到稳而快。

装雏用具要使用专用的运雏箱，箱内分4格，每格放25只雏鸡，每盒装100只。运输过程中须保证运雏箱通风保温，箱底平整、不滑，箱体不变形。夏季要带遮阳防雨用品，冬天和早春要带棉被和毛毯等用品。

长途运雏最好选择带有通风装置或冷暖空调的车辆，以保证运输过程中空气新鲜、温度适宜。

(2) 运雏前的准备工作　运雏所用的车辆、包装盒、工具以及运雏需要的服装、鞋帽等进行认真清洗和消毒。装车前要认真清点雏鸡数量、检查雏鸡质量，雏鸡箱与车厢体之间、每箱之间留空隙通风。重叠高度不要过高。

(3) 途中管理　运输过程中尽量使雏鸡处于黑暗状态，可减少途中雏鸡活动量，降低因相互挤压等造成的损伤。车辆运行要平稳，避免颠簸、急刹车、急转弯。运输途中应尽量避免剧烈震动。避免长时间停车。运输途中要经常检查雏鸡情况，每隔半小时到1小时检查一次。观察雏鸡表现、鸡箱内温度和通风状况。雏鸡张嘴抬头，羽毛潮湿说明温度太高，要掀盖通风，降低温度。如见雏鸡堆集在一起，吱吱鸣叫，说明温度太低，要加强保温。冬天雏鸡箱上覆盖保暖用品。

(4) 到达目的地的工作　雏鸡到达目的地后，卸车速度要快，动作尽量轻、稳，还要注意防风和防寒。先将雏鸡箱码放在鸡舍地上，静置一会儿，让雏鸡缓和一下，适应鸡舍温度后再分群装笼。最好把弱雏与健雏分开，单独放在离热源较近的地方，单独饲养，加强护理，恢复后并入大群。

(四) 育雏方式

在育雏期间可以采取地面平养、立体笼养、网上平养三种形式。每种饲养方式都各有特点，饲养方式的选择要根据养鸡的现有条件、经济实力、饲养鸡的品种等灵活掌握。

1. 饲养方式

(1) 地面平养　在鸡舍地面上铺设垫料 (麦秸、稻草、锯末等)

来育雏鸡的方法称为平面育雏。一般在育雏舍地面上铺设5~6厘米厚的垫料，使雏鸡自由在上面活动、采食、饮水；2周后增加垫料到15~20厘米。垫料要保持松软干燥，在育雏结束时一次性清除垫料。垫料要选择吸水性好、没有霉变的原料，如麦秸、稻草、锯木屑等，在使用前1周要在太阳下晾晒2~3天。地面平养投资少，管理灵活，适合不同条件和类型的鸡舍。缺点是鸡与粪便接触易患病，房舍空间利用率低。

使用垫料育雏有常换法和厚垫料法两种。

① 常换法。将育雏鸡舍地面清扫干净、消毒后，在地面铺设3~5厘米厚垫料，垫料潮湿、污浊后经常更换。

② 厚垫料法。在地面铺5~6厘米厚的垫料，过一段时间在原来的垫料上再铺加一些新垫料，直至厚度达到15~20厘米为止。育雏期间不更换垫料，直至育雏结束后一次清除。

垫料可用短秸秆、刨花或木屑等，要求质地良好，清洁、干燥，禁用发霉、潮湿的垫料，厚垫料育雏时垫料内微生物发酵、产热，可产生维生素B_{12}，厚垫料育雏时雏鸡不会缺乏维生素B_{12}。缺点是鸡粪积存时间长，氨气浓度高，鸡接触病菌后患病率较高。尤其是当垫料潮湿时，容易感染球虫。

(2) 网上育雏 即雏鸡离开地面养在铁丝网、塑料网上。一般使用角铁、竹木等搭设80~100厘米高的架子，在架子上铺设金属网或硬塑料网，并用网栏将网分隔成宽1~1.2米的小栏以便于管理。3日龄前，网底可用单棉纱布铺垫。优点是不用铺设垫料，雏鸡不与粪便接触，可减少病原感染的机会，尤其可以大大减少鸡球虫病暴发的危险，同时由于饲养在网上，提高了饲养密度，可减少鸡舍建筑面积。但鸡不能直接与地面、垫料接触，不能自己觅食微量元素，要求鸡日粮中微量元素全面，含量高，对鸡舍的通风换气要求也较高。

(3) 立体育雏（笼养） 用分层育雏笼育雏，多采用3~5层叠层式排列，一般底层离地40厘米左右，每层高度约33厘米，两层笼具间设承粪板。每层笼子四周用铁丝、竹竿或木条制成栅栏。饲槽和饮水器排列在栅栏外。笼底多用铁丝网或竹条，鸡粪可由空隙掉到下面的承粪板上，定期清除。

分层育雏可以更有效地利用育雏室的空间，增加育雏数量，同时因为热空气上升，高处温度较底层温度高，能更有效地利用热源。只是设备投资费用较多，对管理技术要求也较高。

2. 供暖方式

根据热源不同，供暖方式有火墙、烟道、煤炉、电热伞、红外线灯等。

(1) 火墙育雏　把育雏室的隔墙砌作火墙，内设烟道，炉口设在室外走廊里，雏鸡靠火墙壁上散发出来的温度取暖。这种育雏方式的升温速度较快，室温比较稳定，热效率高，费用较低，育雏管理较方便。

(2) 烟道育雏　可分为地上烟道和地下烟道两种。地上烟道，用砖或土坯砌成烟道，几条烟道最后汇合到一起，并设有集烟柜和烟囱通出室外。一般在烟道上加罩子，雏鸡养在罩下，称为火笼育雏。地下烟道，室内可利用面积较大，温度均匀平稳，地面干燥，便于管理。一般地下烟道比地上烟道要好。缺点是燃料消耗量大，烧火较不方便。

(3) 煤炉育雏　是最常用的加温设备，结构与冬季居民家中取暖用的火炉相同，以煤为燃料。火炉上设铁皮制成的平面盖或伞形罩，留出气孔，和通风管道连接，排烟管伸出通往室外。煤炉下部有一进气口，通过调节管口大小来控制进风量，控制炉火温度。保温良好的鸡舍，每 20～30 平方米设置一个煤炉即可。煤炉育雏保温性能较好，经济实用，但温度控制不便。用煤炉时要注意预防煤气中毒及火灾。

(4) 电热伞育雏　伞面是用铁皮、铝皮、防火纤维板等制成一个伞形育雏器，伞内用电热丝供热，并有控温调节装置，可按雏鸡日龄所需的温度调节、控制温度。伞四周用护板或围栏圈起来，随着日龄增加逐渐扩大面积。每个育雏伞可育雏 250～300 只。电热育雏伞适合平面育雏使用。优点是温度稳定，容易调节，管理方便，室内清洁，育雏效果良好。电热伞育雏时伞下温度较高，周围余热少，鸡舍需另设火炉以升高室温。

(5) 红外线灯育雏　在育雏舍内安装一定数量的红外线灯，靠红外线灯发出的热量来育雏。灯泡规格常为 250 瓦，一般悬挂高度 30～50 厘米。优点是温度相对稳定，室内清洁，但灯泡容易损坏，耗电量多，成本高。红外线灯的保温与雏鸡的数量与室温有关。用红外线灯供暖在舍温较高时效果好，冬季须与火炉或地下烟道供温方法结合使用。远红外线灯供热育雏,热效率高,比红外线育雏省电。红外线灯(250瓦)育雏数见表6-1。

表6-1 红外线灯(250瓦)育雏数

室温/℃	30	24	18	12	6
育雏数/只	110	100	90	80	70

(五)雏鸡的饲养和管理

1. 饲养密度

每平方米面积饲养的鸡数为饲养密度。饲养密度小,不利于保温,也不经济。饲养密度过大,鸡群拥挤,采食不均匀,造成鸡群发育不良,容易造成啄癖。饲养密度应随雏鸡的品种、育雏方式、季节、日龄等因素加以调整。地面平养时密度要小些,网上平养、立体笼养比地面平养饲养密度可大些。冬季可适当增加饲养密度,夏季则应适当减小。通风条件好的鸡舍密度也可适当加大。饲养密度适当时,雏鸡分布均匀,无明显集堆,行动自在,睡态伸展舒适。饲养密度过大时,鸡群拥挤,相互抢食,体重发育不均,生长速度慢。饲养密度小的鸡舍利用率低,不利于保温。应随着日龄的增大,调整相应的饲养密度。育雏鸡0~6周龄适宜的饲养密度见表6-2。

表6-2 育雏鸡0~6周龄的饲养密度/(只/平方米)

周龄	立体笼养	平面育雏
0~2	60~75	25~30
3~4	40~50	25~30
5~6	27~38	12~20

在大批量育雏时,可在大育雏舍内分成若干个育雏栏,以防止因雏鸡抢食集堆压死。把雏弱、小雏单独围成小圈,放在育雏室内温度较高的地方饲养。

2. 饮水

(1)饮水作用 雏鸡体内含水量高,达85%左右。雏鸡出壳后体内水分消耗很大,出壳24小时后体内水分消耗8%,48小时后消耗15%。加上育雏舍内温度高,很容易脱水,雏鸡进入鸡舍后应先及时给水再开食，以及时补充雏鸡生理需要的水分。出壳后的雏鸡卵黄没完全吸收，通过饮水可以促进肠道蠕动，加快卵黄的吸收，促进胎粪排出，增进食欲。

（2）初饮要求　雏鸡第一次饮水叫初饮。初饮越早越好，一般雏鸡出壳绒毛变干后3小时就可以进行初饮。运送距离较远时，也应在48小时内饮上水。雏鸡到鸡舍后，等鸡平静时尽早饮水。先初饮再开食。可在开饮饮水中加入0.01%的高锰酸钾，起到清理胃肠道、促进雏鸡胎粪排出的作用。

饮水时保证要让80%以上的雏鸡同时饮到第一口水，并注意观察鸡群，如果有些鸡没有饮到水，就要增加饮水器数量，并适当增加光照强度。对反应迟钝、蹲着不动或体弱的鸡，通过人工调教或拍手声刺激，促进饮水。

（3）饮水调教　让雏鸡尽快饮上水非常重要。可以通过人工调教教其饮水。方法：手心对着雏鸡背部，轻握雏鸡，拇指和中指轻扣颈部，食指轻按头部，将喙部按入水盘，注意别让鼻孔进水，迅速让鸡抬头，雏鸡就会吞咽进入嘴里的水。如此反复做三四次，雏鸡就学会自己喝水了。有几只雏鸡喝水后，其余的就会跟着迅速学会喝水。

（4）水质　要符合饮用水卫生标准。要求清澈、无色、无味及无沉淀物。供应充足清洁的饮水，确保全天24小时不断水。饮水温度，第1周用温开水，水温20~25℃，1周龄以后可使用自来水。为增强雏鸡体质，第1周可在饮水中加入添加剂或药物。如维生素C、5%~8%的红糖、葡萄糖及速溶多维或电解多维、口服补液盐等，可有效缓解运输等造成的应激，迅速补充水分与能量。同时可在饮水中加入一些抗菌药物，提高雏鸡成活率，预防疾病。

（5）饮水用具　第一次饮水，饮水设备一般采用塔式饮水器或真空饮水器。可按每100只雏鸡配2个4.5公升的饮水器，均匀分布于育雏室内，以方便雏鸡饮用。饮水器的大小及距地面的高度应随雏鸡日龄的增长而逐渐调整，其高度应始终比鸡背略高。饮水器应每天清洗或消毒一次，并保持饮水器四周垫料干燥。

将饮水器均匀放在育雏舍光线好、靠近料盘的地方。饮水器与饲喂器具应交错放置。饮水器和料盘的距离不要超过1米。笼养育雏时，4~5天后把饮水器和水槽或乳头式饮水器结合使用，7~10日龄后撤出饮水器，使用水槽或乳头式饮水器。

（6）饮水量　雏鸡的需水量与体重和环境温度有关。生长愈快、体重愈大、环境温度愈高，则需水量也愈大。鸡（来航鸡）的饮水量见表 6-3。

表 6-3　来航鸡的耗料和饮水量（常温下）/[（克/天·只）]

周龄	采食量		饮水量	
	公鸡	母鸡	公鸡	母鸡
1	10	13	23	24
2	15	17	37	39
3	23	26	50	56
4	30	33	75	80
5	40	43	80	85
6	42	45	92	96

（7）饮水注意事项　注意及时补充饮水，发现饮水器中无水应立即补充水，防止长时间不给饮水，雏鸡抢水和暴饮，使嗉囊水肿而造成水中毒。记录每天的饮水量，发现异常及时查找原因。雏鸡饮水量的突然变化，往往是鸡群出现问题的先兆。如鸡群的饮水量突然增加而采食量明显减少，可能是发生了某种疾病，如球虫病、传染性法氏囊病等。饮水免疫前后 2 天，饮水中不能含有消毒液，否则会降低免疫效果。

3. 开食、喂料

（1）开食时间　雏鸡首次吃食称为"开食"。雏鸡饮水后 2~3 小时，大部分鸡表现强烈食欲时即可开食（如果雏鸡出壳到雏鸡舍的时间较长，饮水后 1 小时左右可开食）。将所用的开食用具放在雏鸡当中，给料，让每只雏鸡都能吃到食。开食不宜过早，雏鸡体内的部分卵黄未被吸收，饲喂太早不利于卵黄的完全吸收，但也不宜太晚，超过 48 小时，影响雏鸡的增重。开食不宜喂得太饱，对不吃料的弱雏，单独进行补饲。

（2）开食方法　将浅平料盘或报纸放在光线明亮的地方，将料撒在上面，雏鸡见到饲料就会去啄食。只要有几只雏鸡啄食，其他的雏鸡就会跟着采食。

(3) 饲喂用具 通常雏鸡的开食饲喂用具使用料盘（塑料盘或镀锌铁皮料盘），也可使用塑料膜、牛皮纸、草纸或报纸等。开食用具要充足。雏鸡 7 日龄后，饲喂用具可采用料槽、料桶、链条式喂料机械等。用具充足，每只鸡需有 5 厘米食槽，每 100 只鸡至少 2~3 个料桶。

(4) 饲喂次数 每只雏鸡每日的采食量在一定生长阶段内相对稳定。头三天喂食次数要多些，一般 6~8 次。以后逐渐减少，10~28 日龄，每日喂 5 次。4 周龄后，每日喂 3~4 次。每次饲喂时，添料量不应多于料槽容量的 1/3，每只鸡应有 5~8 厘米的槽位（按料槽两侧计算）。

(5) 饲喂量 饲养蛋鸡雏鸡每次喂料量一般按照计划的每日喂料量除以喂料次数来饲喂，以每次喂料时料盘内的饲料基本吃完为好。如果每次喂料发现剩料较多，应调整给料量和饲喂次数，以较少饲料浪费和避免饲料长时间在高温环境中质量变差或发霉变质。

饲养肉鸡雏鸡，应自由采食，饲喂料量不加限量，添料量要随日龄增加逐日增加，一般饲料吃光后 0.5 小时再添下一次料，以刺激肉用仔鸡采食。自由采食直至整个育雏期结束。并要加强夜间饲喂，防止雏鸡料槽长时间缺料。

(6) 饲喂方法 喂食时可给予一定的信号，让鸡形成条件反射。5~7 天后可逐渐用食槽取代。食槽要安放在灯光下，使雏鸡能看到饲料。食槽要分布均匀，和饮水器间隔放开，相距不宜超过 1 米。头几天放到离热源较近的地方，便于雏鸡取暖和采食、饮水。食槽每只 5 厘米，安置数量必须足够，以保证同一群雏鸡饮食均匀，达到生长发育均匀一致。

(7) 饲料形态要求 鸡育雏期用雏鸡料，开食饲料使用全价颗粒饲料或粉料，要求颗粒大小适中，饲料新鲜，营养丰富，易消化，适口性好。如果雏鸡个体小，饲料颗粒大，要适当压碎，使雏鸡能够啄食。

(8) 注意事项 喂料时要注意喂料量，以当次吃完为准，最好保持料槽里不剩料，以免饲料变质发霉。为保证营养需要，可添加适量的熟鸡蛋、鱼肝油和复合维生素 B 溶液等。如果雏鸡的采食量突然下降，应及时查明原因，并采取相应的措施。固定喂料时间和饲喂人员,饲喂人员每次饲喂应穿着固定的鞋、帽、工作服,鞋、帽、工作服等要经常刷洗,保持干净卫生。不宜经常变换衣服颜色,以免引起鸡群的应激反应(惊群)。

4. 雏鸡的补饲

林地生态养鸡的育雏期饲养管理和常规鸡舍养鸡育雏方法相同,鸡的饲喂量与营养需要量和饲喂方法也相同,需全天全额饲喂,不存在补饲的问题。但考虑到林地饲养后,鸡白天要采食大量青绿饲料和昆虫,鸡采食的饲料种类发生很大变化,应在育雏后期有目的性地向饲料中加入青菜和青草,还可添加虫体饲料(蚯蚓、蝇蛆、黄粉虫等),使鸡有一个过渡并逐渐适应的过程。青绿饲料的添加量应逐步增加,不应一次性采食过多,以免发生腹泻。在接近林地饲养前,饲料中可添加50%的青绿饲料(按鲜重计算)。

5. 雏鸡断喙

断喙的目的是为了防止鸡群发生啄癖,减少饲料浪费。育雏过程中,如果鸡饲料营养不均衡,如饲料中粗蛋白含量低,或蛋氨酸和色氨酸不足,矿物质中钙、磷、锌、锰等缺乏;维生素A、维生素D、维生素B_1、维生素B_2、叶酸及生物素不足等;或鸡舍光线过强,饲养密度过大、通风换气不足或不同日龄鸡混养等因素,会造成鸡的啄癖(啄羽、啄趾、啄肛等)。啄癖会造成鸡的死亡,也会影响鸡的生长速度和长大后的外观,降低售价,对生产造成巨大影响。鸡上喙喙尖有一弯钩,采食时有用脚趾扒刨饲料、用喙挑剔食物的习性,并将不喜欢的饲料剔除到饲槽外,尤其采食粉料时更会把饲料撒在地上,造成饲料的浪费。

林地放养鸡在断喙时还要考虑到鸡在林地饲养时,喙能完全恢复,保证能正常啄食林地里的青草、昆虫,并且在出栏销售时不至于因外观影响售价。所以断喙方法与常规舍内笼养有所不同。在林地生态养鸡,如果饲养量少、密度小时最好不断喙。但饲养规模较大、密度也较大时要适当断喙。

(1)断喙时间 以7~10日龄为宜,体型较小的品种,可适当延后1~2天。断喙过早,对鸡应激大,效果不理想;过晚断喙,对止血不利。断喙的程度应适当浅断,以免影响鸡的啄食,上喙切去1/2,下喙切去1/3,等到育成结束后,鸡喙基本长齐。

(2) 工具、方法 断喙使用专用断喙器或 200 瓦电烙铁,通过高温将喙的一部分切烙下来。以单手握住雏鸡,拇指放在鸡头顶上,食指放在咽下并稍微用力,使雏鸡缩舌,持鸡时使鸡的身体后部要稍高于头部,以使上喙切除部分多下喙切除部分少。一般将上喙距喙尖 2 毫米处切烙掉,下喙仅尖部被烙一下。切后要在刀片上烧烙 2~3 秒。个别出血鸡,应再次烧烙止血。

(3) 注意事项 断喙的鸡应健康无病,雏鸡在疫苗接种前后两天不进行断喙。断喙前后 2 天应在饲料中按每千克料添加 2~4 毫克维生素 K_3,起到止血作用,并且在饲料或饮水中添加维生素 C,起到抗应激的作用。为方便鸡啄食饲料可比平时多加一些。刀片温度 600~800℃,外观呈暗红色但不发亮,刀片中间一小部分为樱桃红色时适宜。

6. 环境控制

(1) 温度控制 温度是育雏成败的关键,提供适宜的温度能有效提高雏鸡成活率,必须认真、科学对待。温度控制包括育雏鸡舍温度和育雏器内的温度两个方面。

育雏鸡舍温度比育雏器内的温度低 5~8℃。育雏器内的温度靠近热源处高。采用鸡舍整体加温如火炉和火炕取暖时,鸡舍温度应达到育雏器要求的温度。

雏鸡个体小,绒毛稀疏,体温调节能力差,雏鸡体温比成年鸡体温低 3℃,10 日龄时才达到成鸡体温,同时雏鸡采食量少,所产生的热量也少,所以必须通过供温才能达到雏鸡所需要的温度。温度过低,雏鸡容易挤堆、着凉,温度过高,容易引起食欲下降或患呼吸道疾病。应该参照温度标准,随时调节温度,维持雏鸡正常生长发育所需的温度。

供温的原则是:初期高,后期低;小群高,大群低;弱雏高,健雏低;夜间高,白天低。并且温差不超过 2℃,不可以太高或者太低。同时要做到整个育雏空间的温度分布比较均匀,不可以悬殊过大。

育雏 1 日龄温度 32~35℃;随着雏鸡日龄的增加,育雏温度也要逐渐下降,一般以每周下降 2~3℃为宜,直到 20℃时,可脱温。育雏期的适宜温度及高低极限值见表 6-4。

表 6-4　育雏期的适宜温度及高低极限值/℃

周龄	0	1	2	3	4	5	6
适宜温度	35～33	33～30	30～29	28～27	26～24	23～21	20～18
极限高温	38.5	37	34.5	33	31	30	29.5
极限低温	27.5	21	18	14.5	12	10	8.5

温度的测量：使用水银或酒精温度计，悬挂在雏鸡活动的地点，温度计的感温部分与鸡头部平行，离开供温的热源。

温度是否合适，除了通过温度计来观测，还要结合观察鸡群的精神状态和活动规律来判断。雏鸡活泼好动，食欲旺盛，睡眠安静，睡姿伸展舒适，分散均匀，发育正常，表明温度适宜。如果雏鸡行动迟缓，颈羽收缩、直立，夜间睡眠不安，常发出"叽叽"叫声，向热源靠拢，扎堆，说明温度过低，时间稍长会造成压死现象。雏鸡张嘴喘气，远离热源分布，精神懒散，食欲减退，大量饮水，是温度过高的表现。所以育雏时要密切观察鸡只活动、表现，随时根据观察到的情况来调整鸡舍的温度。

供温到一定时候要适时脱温。脱温时间根据育雏季节、雏鸡体质强弱等而定。一般在室温 20℃以上，雏鸡不表现畏冷蜷缩，采食及活动正常时脱温为宜。脱温必须逐渐降温或先白天脱温、夜间给温，经过几天过渡后完全脱温，撤离热源。

(2) 湿度控制　湿度是衡量鸡舍空气的潮湿程度，一般用相对湿度（空气中实际水汽压和同温度下饱和水汽压的百分比）表示。雏鸡舍的相对湿度保持在 60%～70%为宜。一般育雏前期湿度要高一些，后期可低些，达到 50%～60%即可。一般情况下，只要鸡舍温度适宜，湿度的高低对鸡的影响不大，所以鸡舍对适度的要求不像温度那么严格。但当鸡舍温度过高和过低时，湿度对鸡的生长发育、健康状况会产生影响。湿度过大，雏鸡的抗病力下降，发病率高，高温高湿会给细菌和某些寄生虫提供有利的繁殖条件，易患球虫和其他疾病；也容易使饲料、垫草发生霉变，雏鸡采食发霉饲料会发生曲霉菌中毒。夏季高温高湿，会造成鸡中暑，尤其是南方地区要求尽量保持育雏舍地面干燥。舍内湿度过低，容易造成雏鸡脱水、消瘦，影响食欲，或使鸡舍内灰尘飞扬，引起雏鸡呼吸道疾病，尤其在北方使用火炕育雏方式时应注意采取增加湿度的措施。鸡舍过于干燥，还可造成鸡的羽毛生长不良。

鸡舍中可以使用干湿球温度表，测定鸡舍湿度。

鸡舍湿度的测量：使用干湿球温度计（可以直接到市场买到），干球温度表示的是鸡舍空气的实际温度，潮湿的纱布包裹的温度计所显示的是湿球温度。通过干湿球温度的差值，可以直接在干湿球温度表的附表上查到空气的相对湿度。使用时应挂在舍内空气流通处，注意将湿球下部贮水槽加满水，保持纱布潮湿。

（3）光照　鸡对光照很敏感，要求也比较严格。实行科学正确的光照，能促进雏鸡骨骼发育，适时达到性成熟。光照时间、光照强度和光的颜色都会对鸡的生长发育、性成熟和健康产生影响。

① 光照强度。初生雏鸡视力弱，为了让雏鸡尽快熟悉环境，学习饮水采食，初期应该用较强的灯光，光照强度20～30勒克斯，3日龄之后光照稍暗些，光照强度10～15勒克斯，在过强的光照下，鸡烦躁不安，活动量大，易出现互啄的恶癖。

② 光照时间。光照时间的长短直接影响雏鸡的采食时间和采食量，雏鸡胃肠容积小，需要的采食时间长，要有较长时间的光照。通常前两天每天24小时光照，第3天23小时，3日龄以后，逐日减少光照时间。

③ 光源。鸡舍使用白炽灯作为人工照明光源。一般白炽灯大约有49％的光可以利用。鸡舍每0.37平方米的面积需1瓦灯泡或1平方米面积需3.7瓦灯泡，提供10.76勒克斯的光照强度。

④ 育雏光照原则。光照时间只能减少，不能增加，以避免性成熟过早。人工补充光照时间不能时长时短，以免造成刺激紊乱。黑暗时间避免漏光。

（4）通风　鸡舍通风换气的目的是排出鸡舍中的有害气体，保持空气新鲜。也可以排出鸡舍中多余的水汽，保持鸡舍干燥。同时排出鸡舍中的粉尘和病原微生物。

鸡的消化道较短，消化率低，一般情况下粪便中有20％～25％的营养物质未被吸收，这些物质在一定的温度和湿度条件下被微生物分解，产生大量氨气。浓度高时可达114～380毫克/立方米。雏鸡新陈代谢旺盛，呼出的二氧化碳多，造成鸡舍中空气质量下降，影响雏鸡的生长发育。另外，在饲养管理的过程中，鸡舍中会产生很多微粒、粉尘等，会携带病原微生物，传播疾病，并危害鸡的皮肤、眼结膜、呼吸道黏膜等，危害鸡的健康和生长。

鸡舍中，氨气是最容易产生，并对鸡有严重危害的有害气体，刺激鸡的眼睛，使其患结膜炎，严重时上下眼睑粘连在一起，甚至失明。并刺激呼吸道黏膜，引起咳嗽、呼吸道炎症等。鸡长期生活在低氨气浓度的环境中，采食量降低，生长减慢，对疾病抵抗力降低，对某些疾病特别敏感，易患新城疫病和呼吸道疾病等。

要保持空气新鲜，必须对鸡舍进行充分的通风换气。氨气浓度是判断鸡舍空气质量的重要指标，在通风换气良好的鸡舍氨气浓度不应超过 20 毫克/立方米。可以通过人的感受来判断氨气的浓度。进入鸡舍后，若能闻到氨气味且不刺眼、不刺鼻，浓度 7.6～11.4 毫克/立方米，当感觉到刺鼻流泪时，浓度大致为 19.0～26.6 毫克/立方米。当感觉呼吸困难，睁不开眼，流泪不止时，氨气浓度 34.2～49.4 毫克/立方米。

鸡舍通风方法有自然通风和机械通风。自然通风是通过鸡舍门窗的开启对鸡舍进行通风，是鸡舍的主要通风方法。正常情况下，要选择在天气好、中午气温高时增大通风量，但不要引起育雏舍内温度的剧烈变动。可以利用缓冲间换气等。机械通风一般在夏季高温时，通过鸡舍内安装的风机给鸡舍通风。

通风原则是在保证育雏舍内温度的情况下，尽量保持舍内空气新鲜。对通风量的要求通常以人进入舍内不感觉闷气以及不刺激鼻、眼为宜。

生产中雏鸡舍为了保温，经常门窗紧闭，不敢通风，造成鸡舍空气污浊，湿度过大，对雏鸡生长不利。应该在注意保温的同时，兼顾鸡舍通风。利用鸡舍天窗通风，注意晴天无风天气、中午前后适当通过开小门窗缝隙自然通风。

7. 日常管理

（1）注意观察　育雏期间，对雏鸡要精心看护，随时了解雏鸡的情况，对出现的问题及时查找原因，采取对策，提高雏鸡成活率。

经常检查料槽、饮水器的数量是否充足，放置位置是否得当，规格是否需要更换，保证鸡有良好的条件得到充足的饲料、饮水。每天喂料、换水时，注意雏鸡的精神状态、活动、食欲、粪便等情况。病弱雏鸡表现精神沉郁，闭眼缩颈，呆立一角，羽毛蓬乱，翅膀下垂，肛门附近沾污粪便，呼吸异常等，发现后要及时挑出，单独饲喂、治疗。

注意保持适宜的鸡舍温度。通过鸡的行为判断鸡舍温度是否合适，随时调整。晚上注意观察鸡的呼吸声音，有甩鼻、咳嗽、呼噜等异常表现，可能患有呼吸道疾病，及时采取措施。

每天清晨注意观察鸡的粪便颜色和形状，以判断鸡的健康。鸡粪是鸡的消化终产物，很多疾病在鸡粪的颜色、形状上都有特征性变化。饲养人员掌握鸡粪的正常和异常状态，就可以及时地观察到鸡群的异常，尽早采取措施，防治疾病。鸡的粪便在正常时有一定的形状，比较干燥，表面有一层较薄的白色尿酸盐。刚出壳尚未采食的雏鸡排出的胎粪为白色和深绿色稀薄液体，采食后排出的粪便为柱形或条状，棕绿色，粪便表面附有白色尿酸盐。可排出盲肠内容物，呈黄棕色糊状，是正常粪便。排出黄白、黄绿附有黏液等恶臭稀便，可能患有肠炎、腹泻、新城疫、霍乱等。如排出白色糊状、石灰浆样稀薄粪便，提示鸡可能患有鸡白痢、法氏囊、传染性支气管炎等。排棕红、褐色稀便或血便，可能患有鸡球虫病。粪便中残留饲料，可见到未消化的谷物颗粒等，提示鸡消化不良。

(2) 分群　育雏过程中，同一群雏鸡发育生长情况会有差异，出现强雏、弱雏或病雏。鸡群会出现以强欺弱、以大欺小现象，影响鸡群均匀度和生长发育。平时要随时注意将病、弱雏鸡挑出，加强饲喂，也便于管理。笼养育雏时，将雏鸡放置在温度较高的鸡笼上1～2层，随着日龄增加，再逐渐分群到下层鸡笼。要注意将壮雏和弱雏分笼饲养，选出的弱雏应放在顶上的笼层内。随着日龄增加，逐渐调整雏鸡笼格栅间隙大小、料槽位置，使鸡能方便采食到饲料，又不至于钻出笼外。发现钻出笼外的雏鸡要及时将其捉回鸡笼，防止地面冷凉、潮湿使雏鸡患病。

(3) 全进全出　同一鸡舍饲养同一日龄雏鸡，采用统一的饲料、统一的免疫程序和管理措施，同时转群，避免鸡场内不同日龄鸡群的交叉感染，保证鸡群安全生产。

(4) 保证雏鸡舍安静，防止噪声　突然的噪声能够引起雏鸡惊群，挤压，死亡。

(5) 记录　鸡健康状况、温度、湿度、光照、通风、采食量、饮水情况、粪便情况、用药情况、疫苗接种等都应如实记录。如有异常情况，及时查找原因。

(6) 消毒　一般每周1～2次带鸡消毒。可用喷雾消毒。育雏的用具也要定时清洗消毒。

二、生长、育成鸡林地放养技术

育雏结束后（5～6周龄）转入生长育成阶段，此时雏鸡脱温，抵抗力和适应性增强，可以进入林地放养。

(一) 林地饲养前的准备工作

1. 林地生态放养前的防疫处理

每批鸡饲养前，要对放养林地及鸡棚舍进行一次全面清理，清除林地及周边各种杂物及垃圾，再用安全的消毒液对林地及周边场地进行全面喷洒消毒，尽可能地杀灭和消除放养区的病原微生物。

2. 搭建棚舍

可以根据饲养目的，建造不同标准和形式的棚舍。如仅在夏秋季节为放养鸡提供遮阳、挡雨、避风和晚间休息的场所，可建成简易鸡舍（鸡棚）；如果要在放养地越冬或产蛋，一般要建成普通鸡舍。

为便于卫生管理和防疫消毒，舍内地面要比舍外地面高0.3～0.5米，在鸡舍50米范围内不要有积水坑。如果是普通鸡舍最好建成混凝土地面，简易鸡舍可在土地面上铺垫适当的沙土。有窗鸡舍在所有窗户和通风口要加装铁丝网，以防止野鸟和野兽进入鸡舍。一栋鸡舍面积不要太大，一般每栋养300～500只生长育成鸡或200～300只产蛋鸡。棚舍内设有栖架。根据周边植被生长情况决定放养舍的间距。注意放养舍的间距不可过近，以让周边植被有一个恢复期。

3. 确定林地放养的日龄

雏鸡脱温后，可以开始到林地放养。一般初始放养日龄30～50天。林地放养时间不宜过早，否则雏鸡抵抗力差，觅食能力和对野外饲料的消化利用率低，容易感染疾病，成活率下降，并影响后期鸡的生长发育。并且放养过早时，雏鸡对林地野外天敌的抵御能力差，容易受到伤害。

鸡的林地放养日龄要从雏鸡的发育情况、外界气候条件和雏鸡的饲养密度等情况综合考虑，最关键的是外界环境温度。

4. 鸡的适应性锻炼

鸡从雏鸡舍到林地饲养，环境条件变化大，为让鸡能尽快适应环境的变化，防止对鸡产生大的应激反应，到林地放养前要给予适应性锻炼，这是林地生态养鸡很重要的技术环节。

(1) 温度的锻炼　在育雏后期，应逐渐降低育雏室的温度，延长自然通风时间，使鸡舍内环境逐渐接近舍外的气候条件，直到停止人工供温。适当进行变温和低温锻炼可提高林地饲养初期鸡的成活率。育雏脱温结束后，林地饲养前7～10天，训练鸡适应野外温度。方法是：每天上午10点到下午3点将鸡舍南北开窗，逐渐提早到每天早上天亮至天黑全日开窗，让鸡适应外界温度。

(2) 对饲料的适应性锻炼　在林地饲养前1～3周，在育雏料中添加一定量的青草或青菜，每天逐步加大投喂量，在放牧前，青饲料的添加量可占到雏鸡饲喂量的一半左右，有条件时还可以适当喂给人工饲养的蝇蛆、蚯蚓等，鸡在放养后能适应采食野生嫩草和昆虫类饲料。

(3) 体质活动量锻炼　在育雏后期，应逐渐扩大雏鸡的运动量和活动范围，增强其体质，以适应放养环境。

(4) 应激的预防　放牧前和放牧的最初几天，在饲料或饮水中适量添加维生素C或电解多维等药物，可以减少应激和疾病的发生。

(5) 管理方面　注意训练、调教鸡群，喂料时给予响声，使鸡在放养前形成条件反射，以利于在林地环境中的管理。在育雏后期，为了适应野外生活条件，饲喂次数、饮水方式和管理形式等日常管理可以逐渐接近林地生态放养鸡的饲养管理。

(二) 林地放养的管理技术

1. 分群

从育雏鸡舍转移到林地鸡舍时要进行分群饲养，分群饲养是林地生态饲养过程中很关键的环节。要根据品种、日龄、性别、体重、林地的植被情况、季节等因素综合考虑分群和群体的大小。

(1) 公鸡、母鸡分群饲养　公鸡、母鸡的生长速度和饲料转化率、脂肪沉积速度、羽毛生长速度等都不同。公鸡没有母鸡脂肪沉积能力强，羽毛也比母鸡长得慢，但比母鸡吃得多，长得快，公母分群饲养后，鸡群个体差异较小，均匀度好。公母混群饲养时，公母体重相差达300～500克，分群饲养一般只差125～250克。另外，公鸡好斗，抢食，容易造成鸡只互斗和啄癖。分群饲养可以各自在适当的日龄上市，也便于饲养管理，提高饲料效率和整齐度。不能在出雏时鉴别雌雄的地方鸡品种，如果鸡种性成熟早，4～5周龄可从外观特点分出公母鸡，大多数鸡也可在50～60日龄时区分出来，进行公母分群饲养。

(2) 体重、发育差异较大的鸡分群饲养　发育良好、体重均匀的鸡分在大群，把发育较慢、病弱的鸡分开以便单独加强管理和补给营养，利于病弱的鸡恢复。体重相差较大的鸡对营养的需要有差异，混在一起饲养无法满足鸡的营养需求，会影响鸡的生长发育。

(3) 日龄不同的鸡要分开饲养　日龄低的鸡只容易感染传染病，大小混养会相互传染，造成鸡群传染病暴发。根据林地鸡舍能饲养的鸡只数量，同一育雏鸡舍的鸡只最好分在同一个育成鸡舍。

(4) 群体大小　根据林地面积大小和饲养规模，一般一个群体300～500只育成鸡比较合适，一般不超过1000只。本地土鸡，适应性强，饲养密度和群体可大些；放养开始鸡体重小，采食少，饲养密度和群体可大些；植被状况好，饲养密度和群体可以大些。早春和初冬，林地青绿饲料少，密度要小一些，夏秋季节，植被茂盛，昆虫繁殖快，饲养密度和群体可大些。但群体太大，会造成鸡多草虫少的现象，会造成植被被很快抢食，引起过牧，并且植被生态链破坏后恢复困难，鸡因觅食不到足够的营养影响生长发育，同时又要被迫增加人工补喂饲料的次数和数量，使鸡产生依赖性，更不愿意到远处运动找食，从而形成恶性循环，打乱林地放养的初衷和模式。一定林地面积饲养鸡数量多后鸡采食、饮水也容易不均，会使鸡的体重、整齐度比较差，大的大、小的小，并出现很多较弱小的鸡。群体、密度过大容易造成炸群，鸡遇到惊吓时很容易炸群，出现互相挤压、踩踏现象，还会使鸡的发病率增加，也容易发生啄癖，所以规模一定要适度。有的林地养鸡就是因为群体规模和饲养密度安排不当，最终养殖失败。

2. 转群

经过脱温和放养前的训练后雏鸡才可以进行放牧饲养。从育雏鸡舍转群到林地放养，鸡的生活环境、饲料供给方式及种类等都发生剧烈变化，对鸡造成很大应激，必须通过科学的饲养管理才能帮助鸡平稳适应新的环境，不至造成大的影响。

由舍内饲养到林地饲养的最初 1~2 周是饲养的关键时期。如果初始期管理适当，鸡能很好地适应林地饲养环境，保持良好的生长发育状况，为整个饲养获得好的效益打下良好基础。

(1) 林地饲养鸡转移时间的选择　从鸡舍转移到林地，要在天气晴暖、无风的夜间进行。因为晚上鸡对外界的反应和行动能力下降，此时抓鸡对其造成的应激减小。根据分群计划，转到林地前一天傍晚在鸡舍较暗的情况下，一次性把雏鸡转入林地鸡舍。

放养当天早晨天亮后不要过早放鸡，等到上午 9~10 点阳光充足时再放到林地。饲槽放在离鸡舍较近的地方，让鸡自由觅食。同时准备好饮水器，让鸡能随时饮到水，预防放养初期的应激反应，并在水中加入适量维生素 C 或电解多维，减少应激反应。在林地饲养的最初几天要设围栏限制其活动范围，把鸡群控制在离鸡舍比较近的地方，不要让鸡远离鸡舍，以免丢失。开始几天每天放养时间要短，每天 2~4 小时，以后逐步延长放养时间。

(2) 饲喂方法　开始放养的第 1 周在林地养鸡区域内放好料盆，让鸡既能觅食到野生的饲料资源，又可以吃到配合饲料，使鸡消化系统逐渐适应。随着放养时间的延长，根据鸡的生长情况使鸡群的活动区域逐渐扩大，直到鸡能自由充分采食青草、菜叶、虫蚁等自然食料。

放养的前 5 天仍使用雏鸡后期料，按原饲喂量给料，日喂 3 次。6~10 天后饲料配方和饲喂量都要进行调整，开始限制饲喂，逐步减少饲料喂量，促使鸡逐步适应，自由运动、自己觅食。生产中要注意饲料的逐渐过渡，防止变换过快，鸡的胃肠道不能适应，引起消化不良，甚至腹泻。前 10 天可以在饲料中添加维生素 C 或复合维生素，提高鸡的抵抗力，预防应激。

10 天后根据林地天然饲料资源的供应情况，喂料量与舍饲相比减少一半，只喂给各生长阶段舍饲日粮的 30%~50%；饲喂的次数不宜过多，一般日喂1~2次，否则鸡会产生依赖性而不去自由采食天然饲料。

3. 调教

调教是指在特定环境下，在对鸡进行饲养和管理的过程中，同时给予鸡特殊指令或信号，使鸡逐渐形成条件反射、产生习惯性行为。对鸡实行调教从小鸡阶段开始较容易，调教内容包括饲喂、饮水、远牧、归巢、上栖架和紧急避险等。

在林地放养是鸡的群体行为，必须有一定的秩序和规律，否则任凭鸡只自由行动，难以管理。

(1) 饮食和饮水调教　在育雏阶段，应有意识地给予信号进行喂料和饮水调教，在放养期得以强化，使鸡形成条件反射。

在调教前，让鸡群有饥饿感，开始给料前，给予信号（如吹口哨），喂料的动作尽量使鸡看得到，以便产生听觉和视觉双重感应，加速条件反射的形成。每次喂料都反复同一信号，一般3~5天即可建立条件反射。

生产中多用吹口哨和敲击金属物品产生的特定声音，引导鸡形成条件反射。面积较小的林地、果园等，鸡的活动范围较小，补饲时容易让鸡听到饲喂信号而归巢。面积较大的林地、山地等，鸡的活动范围大，要注意使用的信号必须让较远处的鸡都能听到。也有报道，山地养鸡时可以通过喇叭播放音乐，鸡只经过调教，听见音乐会自动返回采食、归巢。

(2) 远牧调教　放牧时调教更为重要，可以促使鸡到较远的地方觅食，避免有的鸡活动范围窄，不愿远行自主觅食。

调教的方法是：一个人在前面慢步引导，一边撒扬少量的食物作为诱饵，一边按照一定的节奏发出语言口令（如不停地叫：走、走、走），后面另一个人手拿一定的驱赶工具，一边发出驱赶的语言口令，一边缓慢舞动驱赶工具前行，一直到达牧草丰富的草地为止。这样连续调教几天后，鸡群便逐渐习惯往远处采食了。

(3) 归巢调教　鸡具有晨出暮归的习性。但是有的鸡不能按时归巢，或由于外出过远，迷失了方向，也有的个别鸡在外面找到了适合自己夜宿的场所。所以应在傍晚之前进行查看，是否有仍在采食的鸡，并用信号引导其往鸡舍方向返回。如果发现个别鸡在舍外夜宿，应将其抓回鸡舍圈起来,并把营造的窝破坏掉,第二天早晨晚些时间再放出采食。次日傍晚,再进行仔细检查。如此反复几天后,鸡群就可以按时归巢了。

(4) 上栖架的调教　鸡有在架上栖息的生理习性。在树下和鸡舍内设栖木,既满足了鸡的生理需求,符合动物福利的要求,充分利用了鸡舍空间,又可以避免鸡直接在地面过夜,减少与病原微生物尤其是寄生虫的接触机会,降低疾病的发生率。

方法是用细竹竿或细木棍搭建一些架子,一般按每只鸡需要栖架位置17~20厘米提供栖架长度,栖木宽度应该在4厘米以上,以3~4层为宜,每层之间至少应该间隔30厘米。

如果鸡舍面积小,栖架位置不够用,有的鸡可能不在栖架上过夜。调教鸡上栖架应于夜间进行,先将小部分卧地鸡捉上栖架,捉鸡时不开电灯,用手电筒照住已捉上栖架的鸡并排好。连续几天的调教,鸡群可自动上架。经过放养调教后即可采用早出晚归的饲养方式。

4. 补饲

林地养鸡,仅靠野外自由觅食天然饲料不能满足生长发育和产蛋需要。即使是外界虫草丰盛的季节(5~10月份),也要适当进行补饲。在虫草条件较差的季节(12月到翌年3月),补饲量几乎等于鸡的营养需要量。无论育成期,还是产蛋期,都必须补充饲料。

(1) 补料次数　补饲方法应综合考虑鸡的日龄、鸡群生长和生产情况、林地虫草资源、天气情况等因素科学制定。放养的第1周早晚在舍内喂饲,中午在休息棚内补饲一次。第2周起中午免喂,早上喂饲量由放养初期的足量减少至7成,6周龄以上的大鸡还可以降至6成甚至更低些,晚上一定要让其吃饱。逐渐过渡到每天傍晚补饲一次。

可以在鸡舍内或鸡舍门口补饲,让鸡群补饲后进入鸡舍休息。每天补料次数建议为一次。补料次数越多,放养的效果就越差。因为每天多次补料使鸡养成懒惰恶习,等着补喂饲料,不愿意到远处采食,而越是在鸡舍周围的鸡,尽管它获得的补充饲料数量较多,但生长发育慢,疾病发生率也高。凡是不依赖喂食的鸡,生长反而更快,抗病力更强。

状况良好的林地,补料的次数以每天1次为宜,在特殊情况下(如下雨、刮风、冰雹等不良天气),可临时增加补料次数。天气好转,应立即恢复到每天1次。

补饲时要定时定量,一般不要随意改动,以增加鸡的条件反射,养成良好的采食习惯。

(2)补料量 补料量应根据鸡的品种、日龄、鸡群生长发育状况、林地虫草条件、放养季节、天气情况等综合考虑。夏秋季节虫草较多,可适当少补,春季和冬季可多补一些。每次补料量的确定应根据鸡采食情况而定。在每次撒料时,不要一次撒完,要分几次撒,看多数鸡已经满足,采食不及时,记录补料量,作为下次补料量的参考依据。一般是次日较前日稍微增加补料量。也可以定期测定鸡的生长速度,即每周的周末,随机抽测一定数量的鸡的体重,与标准体重进行比较。如果低于标准体重,应该逐渐增加补料量。华北柴鸡的日补料量和体重参考表见表6-5。

表6-5 华北柴鸡的日补料量和体重参考表/克

周龄	每只鸡日补料量	周末平均体重
0~5	自由采食	228
6~7	20~25	410
8~11	30~35	675
12~16	40~45	1100
17~20	45~50	1500

(3)补料形态 饲料形态可分为粉料、粒料(原粮)和颗粒料。粉料是经过加工破碎的原粮。所有的鸡都能均匀采食,但鸡采食的速度慢,适口性差,浪费多,特别在有风的情况下浪费严重,并且必需配合相应食具;粒料是未经破碎的谷物,如玉米、小麦、高粱等,容易饲喂,鸡喜欢采食,适于傍晚投喂。最大缺点是营养不完善,鸡的生长发育差,体重长得慢,抗病能力弱,所以不宜单独饲喂。颗粒饲料是将配合的粉料经颗粒饲料机压制后形成的颗粒饲料。适口性好,鸡采食快,保证了饲料的全价性。但加工成本高,且在制粒过程中维生素的效价受到一定程度的破坏。具体选用什么形式的补饲料,应根

据各鸡场的具体情况决定。

(4) 补料时间　傍晚补料效果最好。早上补饲会影响鸡的自主觅食性。傍晚鸡食欲旺盛，可在较短的时间内将补充的饲料迅速采食干净，防止撒落在地面的饲料被污染或浪费。鸡在傍晚补料后便上栖架休息，经过一夜的静卧休息，肠道对饲料的利用率高。也可以在补料前先观察鸡白天的采食情况，根据嗉囊饱满程度及食欲大小，确定合适的补料量，以免鸡吃不饱或喂料过多，造成饲料浪费。另外，在傍晚补饲时还可以配合调教信号，诱导鸡只按时归巢，减少鸡夜间在舍外留宿的机会。

5. 饮水

鸡在林地饲养，供给充足的饮水是鸡保持健康、正常生长发育的重要保障。尤其鸡在野外活动，风吹日晒，保证清洁、充足的饮水显得非常重要。

在鸡活动的范围内要放置一定数量的饮水器（槽）。可以使用5~10升的饮水器，每个饮水器可以供50只鸡使用。饮水器（槽）之间的距离为30米左右，饮水器（槽）位置要固定，以便让鸡在固定的位置找到水喝，尽量避免阳光直射。舍外饮水器（槽）不能断水，以免在炎热的夏季鸡喝不上水造成损失。在鸡活动较多的位置可多放置几个，林地内较边远的地方可少放几个。鸡舍内也要设有饮水器，供鸡使用。

在林地饲养，夏秋季雨水比较多，为减少鸡喝到污染的雨水造成消化道疾病，在每次下雨后要及时把舍外被雨水污染的水槽清洗干净，重新换上新鲜的水供鸡饮用。

根据林地条件，可以使用水井或自来水作为水源。要保证饮水充足、清洁卫生。为保持水的卫生，应化验饮用的地下水微生物指标和矿物质及氟的含量，各项指标应达到畜禽饮用水的标准。没有固定水源的林地，需要到外面拉水，可设临时贮水的水窖。

6. 实行围网、轮牧饲养

林地养鸡，鸡在野外林地自由活动，通常要在林地放养区围网。

(1) 围网目的

① 作为林地、果园和外界的区界，通常使用围网或设栏的方法，将林地环境和外界分隔，防止外来人员和动物的进入，也防止鸡走出

林地造成丢失。

② 放养场地确定后，通过围网给鸡划出一定的活动范围，防止在放养过程中跑丢，或做防疫的时候找不着鸡，疫苗接种不全面，也能避免产蛋鸡随地产蛋。雏鸡刚开始放牧时，鸡需要的活动区域较小，也不熟悉林地环境，为防止鸡在林地迷路，要通过围网限制鸡的活动区域。随着鸡的生长，逐步放宽围网范围，直到自由活动。

③ 用围网分群饲养。鸡群体较大时，鸡容易集群活动，都集中在相对固定的一个区域，饲养密度大，造成抢食，过牧鸡也容易患病，通过围网将较大的鸡群分成几个小区，对鸡的生长和健康都有利。围网后，林地、果园、荒坡、丘陵地养鸡实行轮牧饲养，防止出现过牧现象。

④ 果园喷施农药期间，施药区域停止放养，用网将鸡隔离在没有喷施农药的安全区域。

(2) 建围网方法　放养区围网筑栏可用高 1.5～2 米的尼龙网或铁丝网围成封闭围栏，中间每隔数米设一根稳固深入地下的木桩、水泥柱或金属管柱以固定围网，使鸡在栏内自由采食。围栏尽量采用正方形，以节省网的用量。放养鸡舍前活动场周围设网，可与鸡舍形成一个连通的区域，用于傍晚补料，也利于夜间对鸡加强防护。经过一段时间的饲养，鸡群就会习惯有围网的林地生活。

山地饲养，可利用自然山丘作屏障，不用围栏。草场放养地开阔，可不设围网，使用移动鸡舍，分区轮牧饲养。

7. 诱虫

林地养鸡的管理中，在生产中常用诱虫法引诱昆虫供鸡捕食。常用的诱虫法有灯光诱虫法和性激素诱虫法。

(1) 灯光诱虫法　通过灯光诱杀，使林地和果园中趋光性虫源被大量集中消灭，迫使夜行性害虫避光而去，影响部分夜行害虫的正常活动，减轻害虫危害，大大减少化学农药的使用次数，延缓害虫抗药性的产生。保护天敌，优化了生态环境，利于可持续发展。

昆虫飞向光源，碰到灯即撞昏落入安装在灯下面的虫体收集袋内，第 2 天进行收集喂鸡。诱得的昆虫，可以为鸡提供一定数量的动物性蛋白饲料，生长发育快，降低饲料成本，提高养鸡效益，同时天然动物性蛋白饲料不仅含有丰富的蛋白质和各种必需氨基酸，还有抗菌肽及未知生长因子，采食后可提高鸡肉和鸡蛋的质量。如鸡采食一定数量的虫体，可以对特定的病原如鸡马立克病产生一定的抵抗力。

灯光诱虫投入低，操作简便易行。利用黑光灯诱虫是生产中最常见的做法。黑光灯主要由黑光灯灯管及附件（整流器、继电器和开关）、防雨罩、挡虫板、收虫器、灯架等组成。

目前有5类黑光灯：普通黑光管灯（20瓦）、频振管灯（30瓦）、节能黑光灯（13～40瓦）、双光汞灯（125瓦）和纳米汞灯（125瓦）。20瓦的黑光管灯和30瓦的频振管灯，在黑暗环境下有效诱集半径为100米。13～40瓦节能黑光灯的有效诱距半径为50～120米，125瓦双光汞灯的有效诱距半径为100～150米，125瓦的纳米汞灯的有效诱距半径约200米。纳米汞灯，能发出一种人眼看不见而昆虫能明亮看见和敏感的电磁波，呈暗弱紫色，能把200米以外的夜行昆虫诱来，捕诱害虫种类多，可达1000多种。

使用时要注意安全用电，可将黑光灯吊在离地面1.5～2米高的地方，安装牢固。一般每隔200米设置一盏。昆虫扑灯时间集中，多数昆虫一夜仅有1个扑灯高峰，多数出现在下半夜。天黑后开灯，在晚上8～12点开灯，诱虫效果最好。遇风雨天气，可不开灯。

（2）性激素诱虫法　利用人工方法制成的雌性昆虫性激素信息剂，诱使雄性成虫交配，在雄性成虫飞来后掉入盛水的诱杀盆而被淹死。

一般每亩放置1～2个性激素诱虫盒，30～40天更换1次。性激素诱虫效果受性激素信息剂的专一性、昆虫田间密度、昆虫可嗅到性诱剂的距离、诱虫当时的风速、温度等环境因素的影响。

8. 防止意外伤害

林地放养时，鸡的个体小，没有自卫和防御能力，鸡群会经常受到老鼠、老鹰、黄鼠狼和蛇等天敌的伤害，防御和消除天敌是林地养鸡管理中的一项重要工作，应特别注意加强防范。提前了解林地放养区域及其附近常见的野生动物类型和数量，采取针对性措施。

（1）老鼠　老鼠是林地养鸡时最常出现的主要天敌。老鼠经常偷食粮食饲料，损坏物品，咬伤鸡只，偷吃鸡蛋。还可通过其粪尿及皮毛污染或携带蚤、螨等体外寄生虫，造成很多人畜共患病的传播，给林地养鸡造成严重损失。消灭林地鸡场鼠害必须进行全面防治。场内保持卫生，及时清理垃圾、杂物，物品放置有序，并保持整洁，使鼠类无处躲藏。堵塞老鼠洞口及场内下水道、通风口等管道周围的空隙，防止鼠类通过各种通道进入场内、房舍、仓库。下水道出口要安上防鼠板，阻止鼠类通过。

鼠类食性杂，凡鼠能吃的一切东西都应严格藏好管好，让老鼠没有食粮可吃。平时要把饲料、粮食等藏管好，袋装饲料要堆放整齐，离墙要有10～15厘米距离，离地面要50厘米以上。把散落在仓库和鸡舍地面的饲料及时扫净，不给鼠偷食机会，以控制其生存、繁殖。不要随便丢弃雏鸡的尸体，要深埋在老鼠不能到的地方，以防它们吃惯了死雏以后会捕食雏鸡。

灭鼠方法包括以下几种。

① 灌水法。在靠近水源的地方，挖开鼠洞用水灌，使鼠不能忍受溺水窒息的痛苦，而被迫逃出洞外，然后捕杀。

② 挖洞法。主要用于野外洞穴比较简单的鼠种。判断洞里是否有鼠，挖洞前应先堵住周围的洞口，从一个洞口挖进。可用树枝、铁丝等探索洞道走向，但不宜用手探洞，以防被鼠洞内的虫、蛇等咬伤。挖洞时要仔细分辨被鼠临时堵塞的洞道，发现有鼠，立即用铁锹等工具捕捉。

③ 烟熏法。挖开洞道，在洞口点火，将烟吹进洞内，鼢鼠被烟熏后即死在洞中或熏出洞外而被捕杀。烟熏时，在燃料中加入一些干辣椒或硫黄粉，效果会更好。

④ 洞外守候法。将判定有鼠的洞口切开，把洞道上面的土铲去一部分，留下薄薄的一层，在洞口守候，待其堵洞时，迅速捕捉。

⑤ 灯光捕捉法。对夜间活动的鼠类，可利用灯光捕捉。两个人一边慢慢行走，一边用灯光照射那些灌木丛、沟渠、道旁的各个角落，可以惊动很多跳鼠和沙鼠。有些鼠类被灯光照射之后，眼睛睁不开，一时呆若木鸡，可乘机用长柄扫网捕捉或用长竿横扫，打断其肢体而捕获。

⑥ 跌涧法。对防治棕色田鼠和黄鼠类效果较好。寻找林地、田间新排出的沙土堆，挖去松土，找到洞口后，用手指（戴手套）将洞口泥土清理干净。在洞口旁垂直向下挖直径约20厘米、深约60厘米、洞壁光滑的圆形深坑，将坑底压实，在洞口盖上草皮。每隔

15~30分钟检查一次,发现鼠跌于坑内即行捕杀。此坑可连续使用几次。

⑦ 竹笪围捕法。竹笪围捕法是南方地区捕杀农田褐家鼠、小家鼠、黄毛鼠和板齿鼠等的一种方法。用50厘米高的竹笪,长几十米至数百米,黎明前或黄昏前围在田边,每隔30米开一出口,出口外埋口水缸,缸口与地齐平,缸内装七成水,水中滴些煤油并覆盖上谷壳。鼠通过笪门时,就会跌入缸内而溺死。草原上用的挖沟埋筒法与此法大同小异,同样可以消灭害鼠。

⑧ 专用器械捕杀法。在放养前1周,在林地放置器材捕杀,如捕鼠夹类(钢弓夹、铁丝夹、踏板夹、环形夹等);套具类(绳套捕鼠法、竿套捕鼠类);笼具类(捕鼠笼等)。还可以使用电子器械灭鼠法(超声波驱鼠器、电子捕鼠器等)。傍晚放置,第2天早晨查看。注意一定要在晚上鸡只到鸡舍休息后投放,第2天放养前将捕鼠工具收回。

⑨ 药物灭鼠。提前观察、摸清鼠类数量及其活动路线,对准鼠路、鼠洞,施放毒饵。通常鼠类多栖息在舍外较隐蔽的地点或屋顶,少数在舍内打洞做窝。在摸清鼠的分布和鼠路、鼠洞后,放养前2周,在鸡舍内外、生活区、林地都同时投放毒饵。每天检查并及时捡回毒死的老鼠。连续投放1周后,将剩余毒饵全部取走,继续观察1周后,将死鼠全部清除,并打扫消毒。

⑩ 生物方法驱鼠、避鼠。具有水陆两栖性,警觉性强,对鼠具攻击性,易于调教,可在林地养鹅护鸡。

(2) 鹰 鹰类活动规律一般为初春、秋季多,盛夏、冬季相对较少;早晨、下午多,中午少;晴天多,大风天少;山区和草原较多,平原较少。鼠类活动盛期,鹰类出现的次数和频率也高。但在林地养鸡时,无论山区还是平原,无论春夏秋冬,都有一定数量的老鹰活动,对鸡群造成伤害。

鹰是猛野禽,不仅捕食雏鸡,也捕食中鸡和大鸡。但由于鹰是益鸟,不能猎杀,可想办法进行驱避。

① 防鸟网。在果园设防鸟网,防鸟伤害果实,也能防鹰。山地可在离地面3米处用网罩围栏,网下养鸡,若遇鹰害,鹰爪会被渔网缠绕而不能逃脱或受惊而逃。在山区的果园最好采用黄色的防鸟网,

平原地区采用红色的防鸟网,这是山区、平原的鸟最害怕的两种颜色。但防鸟网单位面积成本较大,而且烈日暴晒和大风容易使其老化破裂,使用寿命短,比较费工。

②鸣枪放炮法。鸡在林地、山地、果园、荒坡地等放养时,饲养员应经常注意天空,观察老鹰的行踪。发现老鹰袭来,立即向老鹰方向的空中鸣枪,或向空中放鞭炮,使老鹰受到惊吓逃跑。连续几次之后,老鹰不敢再接近放牧地。

③使用驱鸟器。智能语音驱鸟器,可播放高保真鸟类天敌猛禽类声音,可持续、有效实现果园、农田驱鸟。

④稻草人法。在放牧鸡里,布置几个稻草人,尽量将稻草人扎得高一些,上部捆一些彩色布条,最上面安装1个可以旋转、带有声音的风向标,其声音和颜色及风吹的晃动,对老鹰产生威慑作用而不敢凑近。在树枝高处悬挂一些彩色布条能减少鹰等飞禽靠近。

⑤人工驱赶法。发现老鹰接近,即挥杆吆喝,高声驱赶,指挥牧犬,疾速追赶。

(3)蜈蚣、蛇 蛇可将雏鸡咬伤咬死。蜈蚣在受到鸡触动时就反转头来咬鸡,使其中毒而死。蛇可用捕捉法和驱避法,蛇怕具有刺激性气味的物质,特别是化学药剂,如酒精、烟草、雄黄、硫黄等。蛇怕火、怕烟。

①凤仙花驱避法。凤仙花又称花梗,是观赏、药用和食用多用途植物。在民间常被用来治疗毒蛇咬伤。蛇对此花有忌讳,不愿靠近。在放养的地边种植一些凤仙花,可有效预防蛇的进入。

②蛇灭门驱避法。蛇灭门又俗称望江南、野决明、野扁豆、金豆子、狗屎豆、头晕草、胃痛菜、金花豹子、凤凰草,属一年生豆科草本植物。蛇灭门是治疗蛇伤、无名肿痛、胃病、高血压的常用中草药,尤对各种毒蛇咬伤有独特的药用功能。若在屋前屋后栽植,蛇则远避。

③雄黄驱蛇

a.取雄黄100克,蟑螂8只,用白酒250克浸泡36小时,分4次将药撒在林地四周,每半月左右撒一次,驱蛇效果较好。

b.将雄黄、大蒜、天南星及粽子各等量,捣成药锭,阴干后可驱蛇。

c. 用雄黄、干白芷混合后烟烧也可驱蛇。

直接将雄黄粉撒在池塘的附近或四周,也可收到驱蛇的效果。据资料介绍,将硫黄粉撒在四周,蛇就不敢进入,等硫黄粉失效后可再重复一次。也可用亚胺硫磷(果树农药)0.5千克加水拌匀喷洒在鸡场放牧地周围,蛇类嗅到药味便会逃之夭夭,以后极少在此间出没活动,效果非常显著。

(4)黄鼠狼、野猫等　多在夜间危害鸡群,可在窗户上安上铁丝网,养狗可防止黄鼠狼、野猫等侵害。

9. 日常管理

(1)林地和鸡舍卫生消毒　在林地门口、鸡舍门口设消毒池或消毒用具,保持充足的消毒液,及时检查添加消毒药物。饲养人员进入鸡舍前更换专用洁净的衣服、鞋帽。鸡舍和场地每天清扫、消毒。

(2)细心观察,做好记录　每天注意观察鸡的精神状态,采食和饮水情况,注意采食量和饮水量有没有突然增加或减少。

观察鸡的粪便颜色和形状,正常鸡的粪便软硬适中,成堆或条状,上覆盖有少量白色尿酸盐沉淀。颜色与采食饲料有关,一般呈黄褐色或灰绿色。粪便过于干硬,说明饮水不足或饲料不当;粪便过稀,说明饮水过多或消化不良。白色下痢可能是鸡患白痢或法氏囊病初期。一般鲜艳绿色下痢,鸡可能患新城疫等,平时一定要注意观察,一旦出现异常粪便,及时诊治。每天鸡入舍前清点鸡数,发现鸡数减少,查找原因,注意林地放养时由近到远逐步扩大范围,以防鸡走失。鸡入舍后可关灯静听鸡是否有甩鼻、咳嗽、呼噜等呼吸道症状;观察鸡群有没有啄趾、啄羽等啄癖现象;发现异常现象,查清原因,及时采取措施。

观察群体大小、体重及均匀度。群体过大,林地植被很快被鸡吃光,造成鸡采食不足,影响生长,群体过大,遇寒冷天气,鸡易扎堆,常造成底下的鸡被踩压而死。

把大小鸡分开饲养。大小鸡混养时,大鸡抢食,易争斗,使小鸡处于劣势,时间长了,影响小鸡发育,使小鸡更小,抵抗力差,易生病。不符合体重标准的要分析原因。如果大群发育慢,调整饲料配方,提高营养水平;个别鸡生长慢,要加强补饲。注意把病弱瘦小的鸡只单独挑出来,分析原因,没有饲养、治疗价值的及时淘汰。

(3) 环境控制情况 注意观测、记录林地环境天气、鸡舍温度、湿度、通风等情况。保持料槽、饮水器等饲喂用具清洁，每天清洗消毒，保证饮水器 24 小时不断水。注意随着鸡的生长加高料槽高度，保持料槽与鸡的背部等高，减少饲料浪费。

(4) 按照免疫程序，按时接种疫苗，定期驱虫 必须制定科学的接种程序并严格执行，如鸡新城疫、法氏囊、鸡痘等都应科学接种。不要存在林地养鸡可以粗放管理，鸡抗病力强，不注射疫苗也没事的侥幸心理。不接种疫苗会造成鸡群传染病发生，造成严重的损失，有时甚至全群覆灭。

(5) 避免中毒 林地、果园喷洒农药前，利用分区轮换放养，避免鸡中毒；邻近农田喷药时，要注意风向，并应将鸡的活动场地与农田用网隔开。

(6) 注意天气情况 鸡刚到林地放养，鸡需要一个适应过程，春季外界温度变化较大，常会在温度逐渐升高的过程中突然降温。所以林地养鸡一定要时常关注天气情况，每天注意收听天气预报，如遇有大风、雨雪、降温等异常天气，提前做好准备，当天尽量不放鸡到林地，或提早让鸡回到鸡舍，避免鸡被雨淋、受凉，造成鸡感冒患病、死亡。遇打雷、闪电等强响声、光亮刺激，鸡会出现惊群，聚群拥挤，要及时发现，将鸡拨开。

(7) 预防性用药 林地养鸡时，鸡易患球虫、沙门菌、寄生虫等病，应加强环境管理，并注意药物预防。

三、产蛋鸡林地饲养技术

(一) 产蛋前和产蛋初期的管理

1. 体重和开产日龄的控制

在产蛋前可以通过分群、饲喂控制、补料数量、饲料营养水平、光照管理和异性刺激等方法，调整体重，将全群的体重调整为大致相同，结合所饲养品种的体重标准，让鸡群开产时基本达到本品种要求体重。一定要注意使开产前的鸡有相应的体重。

鸡群的开产日龄直接影响整个产蛋期的蛋重。母鸡开产日龄越大，产蛋初期和全期所产的蛋就越大。开产日龄与鸡的品种、饲养方式、营养水平和饲养管理技术有关。

一般发育正常的鸡群在20周龄左右进入产蛋期。林地养柴鸡如果管理不当,容易有开产日龄过早或过晚的现象,有的100多日龄见蛋,有的200多天还不开产。过早开产鸡蛋个小,也会使鸡产生早衰,后期产蛋性能降低;开产过晚影响产蛋率和经济效益,通常与品种选育、外界放养环境恶劣和长期营养供给不足有关。要通过体重调整,使鸡有合适的开产日龄。控制鸡在适宜日龄开产。

2. 体质储备与饲料配方调整

开产前的鸡体内要沉积体脂肪,一点脂肪贮备都没有的鸡是不会开产的。这时补饲饲料的配方,要根据鸡群的实际发育情况做出相应调整,增加饲料中钙的含量,必要时要增加能量与蛋白质的营养水平。

产蛋鸡对钙的需要量比生长鸡高3~4倍。生长期饲粮钙含量0.6%~0.9%,不超过1%。一般发育正常的鸡群多在20周龄左右进入产蛋期,从19周龄(或全群见到第一个鸡蛋)开始将补饲日粮中钙的水平提高到1.8%,21周龄调到2.5%,23周龄调到3%,以后根据产蛋率与蛋壳的质量,来决定补饲日粮中钙水平是维持还是调整。当鸡群见第一个蛋时,或开产前2周,在饲粮中可以加些贝壳或碳酸钙颗粒,也可以在料槽中放一些矿物质,任开产的鸡采食,直到鸡群产蛋率达5%时,将生长饲粮改为产蛋饲粮。

3. 准备好产蛋箱

在鸡舍和林地活动区需要设产蛋箱,让鸡在产蛋箱内产蛋,减少鸡蛋丢失,并保持蛋壳洁净。产蛋箱要能防雨雪,可用砖、混凝土等砌造,石棉瓦做箱顶,箱檐伸出30厘米以防雨、挡光。也可用木板、铁板或塑料等材料制作,尺寸可做成宽30厘米、深50厘米、高40厘米大小。鸡喜欢在隐蔽、光线暗的地方产蛋,林地中要把产蛋箱放在光线较暗的地方。鸡舍内产蛋箱可贴墙设置,放在光线较暗、太阳光照射少的位置,并安装牢固,能承重。

窝内铺垫干燥、保暖性好的垫草,可用铡短的麦秸、稻草,或锯末、稻壳、柔软的树叶等,并及时剔除潮湿、被粪便污染、结块的垫草,保持垫料干燥、洁净。

可在鸡群开产前1周在产蛋箱里提前放置假蛋或经过消毒的鸡

蛋，诱导鸡进入产蛋箱产蛋。早晨是鸡寻找产蛋地点的关键时间，饲养人员要注意观察母鸡就巢情况，如果鸡在较暗的墙角、产蛋箱下边等较暗的地方就巢做窝，应将母鸡放在产蛋箱内，使鸡熟悉、适应，几次干预以后鸡就会在产蛋箱内产蛋。

4. 产蛋鸡的光照

光照对蛋鸡产蛋有重要作用。光照时间和光照强度、光的颜色对鸡的产蛋都有影响。鸡是长日照动物，当春季白天时间变长时，刺激鸡的性腺活动和发育，从而促进其产卵。在白天逐渐缩短的秋季渐渐衰退。

因日照增长有促进性腺活动的作用，日照缩短则有抑制作用，所以在自然条件下，鸡的产蛋会出现淡旺季，一般春季逐渐增多，秋季逐渐减少，冬季基本停产。因而鸡的产蛋量很少。林地生态养鸡，要获得较高的生产效果，必须人工控制光照。

光照原则：育成期光照时间不能延长，产蛋期光照只能延长不能减少。产蛋鸡的适宜光照时间，一般认为要保持在 16 小时。产蛋期间光照时间应保持稳定，不能随意变化。增加光照 1 周后改换饲粮。

光照方法：首先了解当地的自然光照情况，了解不同季节当地每天的光照时间，除自然光照时数外，不足的部分通过人工补光的方法补充。一般多采取晚上补光，配合补料和诱虫同时进行，比较方便。对于产蛋高峰期的蛋鸡，结合补料也可以采用早晨和晚上两次补光的方法。

（二）蛋鸡的补饲

鸡的活动量大，要消耗更多的能量，同时自由采食较多的优质牧草和昆虫，能够提供较多的蛋白质，应该适当提高饲料中能量的含量（柴鸡能量可比笼养时相同阶段营养标准高 5% 左右），降低蛋白质的含量（柴鸡蛋白质可比笼养时相同阶段营养标准低 1% 左右），在林地觅食时还能获得较多的矿物质，饲料中钙的供给稍降低一些，有效磷保持相对一致。

1. 补料量

可根据鸡品种、产蛋阶段与产蛋量、林地植被状况等情况具体掌握。

(1) 品种　现代配套系品种鸡对环境适应力不强，在林地自主觅食的能力也较差，并且产蛋较高，补料量应多些。而土鸡觅食能力强，产蛋量较低，一般补料量和补料营养水平相对较低些。

(2) 产蛋阶段与产蛋量　产蛋高峰期需要的营养多，补料量应多些，其余产蛋期补料量少些。但是同是高峰期，同一鸡群中的产蛋率也不同，对不同鸡群的补饲要有差异。

(3) 林地植被状况　林地里可食牧草、昆虫较多，补料可少些，如果牧草和虫体少时，必须增加人工补料。

2. 补饲方法

(1) 根据鸡群食欲表现　观察鸡的食欲，每天傍晚喂鸡时，鸡表现食欲旺盛，争抢吃食，可以适当多补；如果鸡不急于聚拢，不争食，说明已觅食吃饱，应少补。

(2) 根据体重　根据鸡的体重情况确定补料，如果产蛋一段时间后，鸡的体重没有明显变化或变化不大，说明补料适宜；如果体重下降，应增加补料量或提高补料质量。

(3) 根据鸡群产蛋表现　看鸡蛋的蛋重变化、产蛋时间、产蛋量变化等情况，确定补料量。

如果鸡蛋蛋重达不到品种要求而过小，说明鸡的营养不足，应该增加补料。柴鸡初产鸡蛋小，35克左右，开产后蛋重不断增加，一般2个月后可达42~44克。

(4) 看集群产蛋分布　大多数鸡在中午12时以前产蛋，产蛋量占全天产蛋量的75%左右，如果产蛋时间分散，下午产蛋较多，说明补料不够。

(5) 看鸡群产蛋率　开产后一般70~80天达到产蛋高峰，说明鸡的营养需要能够满足，补料得当；如果产蛋后超过三个月还没有达到产蛋高峰，甚至有时候出现产蛋下降，可能补料不足或存在管理不当等问题。林地养鸡时柴鸡的产蛋高峰一般在60%以上，现代鸡产蛋率在65%以上，在判断产蛋高峰时应与常规笼养鸡不同。

(6) 观察鸡群健康　有没有啄羽、啄肛等啄癖现象，如果出现啄癖，说明饲料营养不均衡，或补料不足，应查清原因，及时治疗。

(7) 根据季节变化适当调整饲料配方和补饲量　植被的生长情况与季节变化有关，要根据季节变化适当调整饲料配方和补饲量。林地养的鸡蛋黄颜色深、胆固醇含量低、磷脂含量高。冬季鸡采食牧草、虫体少，为保证所产鸡蛋的品质，要适当给鸡补充青绿多汁饲料、增加各种维生素的添加量、加入5％左右的苜蓿草粉等。

总之，林地生态养鸡，掌握科学、合理的补料方法和补料量是一项关键的技术，与养鸡的效益密切相关，甚至对林地养鸡成功与否起着决定性作用，一定要多观察，多总结，避免盲目照搬别人方法，要根据自己鸡群的具体情况灵活掌握。

（三）鸡蛋的收集

林地养鸡，鸡产蛋时间集中在上午，9～12时产蛋量占一天产蛋量的85％左右，12点以后产蛋很少。鸡蛋的收集应尽早、及时，以上午为主，高峰期可在上午捡蛋2～3次，下午1～2次。

集蛋前用0.01％新洁尔灭洗手，消毒。将净蛋、脏蛋分开放置，将畸形蛋、软壳蛋、沙皮蛋等挑出单放。产蛋箱内有抱窝鸡要及时醒抱处理。

蛋壳洁净易于存放，外观好。脏污的蛋壳容易被细菌污染，存放过程中容易腐败变质，但鸡蛋用水冲洗后不耐存放，也不要用湿毛巾擦洗，可用干净细纱布将污物拭去，0.1％百毒杀消毒后存放。

要保持蛋壳干净，减少窝外蛋，保持垫草干燥、洁净，减少雨后鸡带泥水进产蛋箱等是有效的办法。

（四）淘汰低产鸡

林地养鸡时，鸡群的产蛋性能、健康状况和体型外貌都有很大差异，在饲养过程中要及早发现淘汰低产鸡、停产鸡及病残鸡等无经济价值的母鸡，以减少饲料消耗，提高鸡群的生产性能和经济效益。低产、停产鸡大多数在产蛋高峰期后这一阶段出现，饲养过程中应该经常观察，及时发现、淘汰。

产蛋鸡和停产鸡的区别如下：

① 产蛋鸡眼睛明亮有神，鸡冠、肉髯颜色红润，丰满，用手触摸感觉温暖，羽毛蓬松稀疏比较干燥，没有油性；低产鸡与停产鸡眼神呆滞，冠和肉髯小、皱缩，颜色苍白、淡红或暗红色，用手触摸没有温暖感，停产鸡身上羽毛光滑、油亮，覆盖丰满，身体过肥或过瘦。

② 高产鸡用手触摸肛门外侧宽大、湿润，腹部容积大，趾骨间距离可放下三指以上，到秋季，产蛋鸡肛门、喙、眼睑、耳叶、胫部、脚趾等部位黄色素已褪完；停产鸡肛门干燥、收缩无弹性，腹部容较小，趾骨间距离仅可放下一指，肛门、喙、眼睑、耳叶、胫部、脚趾等部位仍呈黄色。

③ 对鸡群进行日常管理时，必须随时观察、检查、淘汰低产鸡、停产鸡、病残鸡。在早晚观察鸡群时，应特别注意有鸡冠异常肥厚，脸面多皱痕，羽毛光洁丰满，体躯、胫、趾肥厚，黄色素沉着浓厚这些低产鸡的特征，及时淘汰。

④ 在夜间或清晨去鸡舍检查鸡的粪便，粪便多而松软湿润为正常产蛋鸡；而粪便干硬，呈细条状多数是停产的鸡。

应随时根据低产鸡的外貌特征，对怀疑停产鸡进行观察，不产蛋者即淘汰。

在管理过程中随时把发现的病鸡或可疑染病的鸡挑出，隔离治疗，对于卵黄性腹膜炎、马立克病、寄生虫病等引起的鸡冠萎缩、停止产蛋的鸡应立即淘汰。

(五) 抱性催醒

抱窝（就巢）是鸟类的生物学特性之一，属于母性行为，是生物的一种繁殖本能，也是一切卵生动物传宗接代的必须行为。人工饲养条件下鸡由人工孵化，就巢性多数退化。某些地方品种母鸡，就巢性还是很强，某些品种就巢性甚至高达 50%。往往产蛋高峰一过，如乌骨鸡的抱窝性较强，每产十几枚蛋即出现一次抱窝，停止产蛋 25 天左右。甚至连续抱窝，所以产蛋较少，每年 60 枚左右，严重制约着乌骨鸡生产能力的发挥，影响饲养效益。

抱窝行为与母鸡的内分泌有关。当脑垂体前叶的催乳素分泌增加时，鸡的卵巢萎缩，就会造成产蛋母鸡的抱窝现象。抱窝受环境因素的影响也较大，多数抱窝发生在温度逐渐上升的春末和夏季，鸡食欲大减，羽毛蓬松，鸡冠苍白，咯咯叫，停止产蛋，蹲在窝中不起。有时鸡蛋久在产蛋箱中而不取出，也能诱发母鸡抱窝，并且抱窝鸡咕咕的叫声和翅膀下垂到处找巢的行为也会在鸡群中"传染"，对其他鸡产生诱导做窝的作用。养鸡时必须注意发现抱窝鸡，及时将其从窝中提出，隔离，采取有效的办法催醒抱窝母鸡，以提高产蛋数量。

抱窝母鸡的特征是：恋巢，食欲下降，停止产蛋，喜静怕动，性情倔强。抱窝时间多在数日至两个月之间，严重影响产蛋量。

醒抱的基本原理就是拮抗催乳素的生理作用，降低体温，恢复抱窝母鸡的正常活动和产蛋。一旦发现抱窝鸡应马上从产蛋箱中取出，放入明亮而凉爽的舍内，多喂青饲料，多补充一些维生素。在长期的生产实践中，人们对鸡的抱窝催醒积累了丰富的经验，下列方法供参考。

(1) 每只鸡注射丙酸睾丸素 5~10 毫克，2~3 天醒抱，丙酸睾丸素可迅速拮抗催乳素的生理作用。

(2) 每只鸡注射 20% 硫酸铜溶液 1 毫升，可刺激垂体前叶的性激素分泌，使卵巢机能增强，使原抱窝时间降低为 1~2 天。

(3) 三合激素（丙酸睾丸素、黄体酮和苯甲酸雌二醇的油溶液），每只鸡肌注 1 毫升，一般 1~2 天后恢复产蛋。

(4) 口服异烟肼，抱窝母鸡每千克体重 0.08 克，第 2 天没有抱醒的鸡按每千克体重 0.05 克再口服一次，剩下未抱醒的母鸡再按第二次剂量口服，一般可完全消除抱窝现象。

(5) 用绳将鸡的双翅绑住，既可降低体温，又可约束鸡的行动，加速醒抱。

(6) 用较小的鸡翎穿透鼻隔，让鸡毛留在鼻孔上，母鸡受到刺激非常不安，便经常用爪去挠羽毛，可快速醒抱。

(7) 水浸法　把抱窝母鸡放在盆中用笼罩好，然后往里加水，水深至鸡胫骨处即可，人工造成使鸡只能站着，不能蹲下的限制条件，鸡很快就会醒抱。

(8) 电击法　用 20~25 伏的低电压，将一端放入鸡嘴内，另一端接触鸡冠，持续 10 秒或停 10 秒后再通电 10 秒。

(9) 喂去痛片法　在母鸡抱窝的第一晚上喂 1 片，第二晚上再喂 1 片，如醒抱即可停药。如继续抱窝可再喂 1 片，即可醒抱。

(10) 初发现的抱窝母鸡，分早、晚两次口服速效感冒胶囊，每次 1 粒，连续口服 2 天便可醒抱。醒抱后的母鸡最早 5 天、最迟 7 天就可产蛋。

(11) 喂仁丹　及时给鸡早、晚各喂仁丹 13 粒，连喂 3~5 天，即可醒抱。

（12）用冰片5克，乙烯雌酚2千克，咖啡因1.8克，大黄苏打10克，氨基比林2克，麻黄素0.05克，面粉5克、白酒适量，研碎混合搓成药丸20粒备用，每天1次，每次1粒，连服3天，一般用药3～5天可见效。

（13）磷酸氯喹片（每片0.25），1次/天，每次0.5片，连服2天，催醒效果在95%以上。用1～2粒盐酸喹宁丸也可醒抱。

（14）每次每只抱窝母鸡灌服1片盐酸麻黄素（每片25毫克）。如效果不好，第3天再喂一次，效果很好。

（15）灌醋　每日早晚各灌1汤匙食醋，连续3～5天。

无论用哪种方法都在鸡刚抱窝时就采取措施，醒抱效果才会理想。为了降低鸡的抱窝，在品种选育过程中必须逐代严格淘汰抱窝性强的种鸡，经过严格的驯化或选育，减低鸡的抱窝性，提高产蛋率。如经驯化、选育后，乌骨鸡的产蛋率可从50枚提高到150枚以上。

（六）强制换羽

人工强制换羽，可以缩短自然换羽的时间，延长产蛋鸡的利用年限，可以尽快提高产蛋率，改善蛋壳的质量。林地放养商品蛋鸡（土鸡）可依照产蛋时间和产蛋率的情况，在产蛋8～10个月后或在产蛋率下降至30%时，进行人工强制换羽。

1. 常规方法

通过控料、控水、改变光照等人为应激因素，强行使鸡体内激素分泌失去平衡，促使卵泡萎缩，引发停产与换羽。

（1）一般停水2天，停料7～12天。当大多数鸡只体重下降为27%～30%时，即开始恢复喂料，应逐渐过渡到自由采食，并且要饲喂高蛋白饲料，供给充足的蛋氨酸和胱氨酸，促其羽毛迅速再生，尽早恢复生产。

（2）同步光照控制，密闭式鸡舍断料期间把光照缩短到7～8小时，开放式鸡舍停止补充照明；恢复自由采食时，把光照增加到16小时。

2. 高锌换羽法

用含2%锌（氧化锌或硫酸锌）的高锌日粮，让鸡自由采食，不停水，不停料。加入氧化锌或硫酸锌后，蛋鸡的食欲、采食量、体重、产蛋率均下降，1周后产蛋率几乎为零，采食量大降，为正常采食量的20%以下,鸡的体重会降低25%左右。从第8天起饲喂普通的产蛋鸡日粮。1~5天(或7天)封闭式鸡舍光照从16小时/天降至8小时/天。开放式鸡舍停止补充光照,采用自然光照。

3. 强制换羽注意事项

(1) 先淘汰鸡群中的病、弱、残次鸡只,挑出已换羽或正在换羽鸡单独饲养。

(2) 准备换羽前1周,鸡群接种疫苗。

(3) 开始停料后,鸡不会立即停产,往往有软壳蛋或破壳蛋,应在食槽添加贝壳粉,每100只鸡添加2千克贝壳粉。

(4) 人工强制换羽初期要密切关注鸡体重的变化。如失重率不达25%以上便恢复供料,多半换羽不彻底,当失重率超过35%时,鸡群的死亡率会明显增加。通常认为,换羽期间的死亡率是换羽是否成功的标志。第1周鸡群死亡率不应超过1%,头10天不应高于1.5%。头5周不超过2.5%,整个换羽期8周不应超过3%。

四、优质鸡育肥期的饲养管理

10周龄到上市前的阶段,是育肥期,是生长的后期。育肥期的目的是促进鸡体内脂肪沉积,增加肉鸡肥度,改善肉质和羽毛的光泽度,适时上市。

鸡体的脂肪含量与分布是影响鸡的肉质风味的重要因素。优质鸡富含脂肪,鸡味浓郁,肉质嫩滑。鸡体的脂肪含量可通过测量肌间脂肪、皮下脂肪和腹脂做判断。一般来说,肌间脂肪宽度为0.5~1厘米,皮下脂肪厚度为0.3~0.5厘米,表明鸡的肥度适中;在该范围下限为偏瘦;在该范围上限为过肥。脂肪的沉积与鸡的品种、营养水平、日龄、性成熟期、管理条件、气候等因素有密切关系。优质鸡都具有较好的肥育性能,一般在上市前都需要进行适度的肥育,这是优质鸡上市的一个重要条件。

比较适宜在后期肥育的鸡种有惠阳胡须鸡、清远麻鸡、杏花鸡、石崎杂鸡、烟霞鸡,以及我国自己培育的配套杂交黄羽肉鸡中的优质型肉鸡。可在生长高峰期后、上市前15~20天开始肥育。

(一) 提高日粮能量水平

优质肉用鸡沉积适度的脂肪,可改善肉质,提高商品屠体外观质量。在饲料配合上,一般应提高日粮的代谢能,相对降低蛋白质含量。其营养要求达到代谢能 12~12.9 兆焦/千克,粗蛋白质在 15%左右。为了提高饲料的代谢能,促进鸡体内脂肪的沉积,增加羽毛的光泽度,饲养到 70 日粮以后可以在饲料中加入油脂 2%~5%。饲养地方品种,可供给富含淀粉的红薯、大米饭等饲料。

(二) 公鸡的去势肥育 (阉割)

地方品种的小公鸡性成熟相对较早,通过阉割去势可以避免公鸡性成熟过早,引起争斗、抢料。阉割后公鸡生长期变长,沉积脂肪能力增强,阉鸡的肌间脂肪和皮下脂肪增多,肌纤维细嫩,风味独特,售价较高。一般认为地方品种优质鸡体重 1 千克左右较为合适。去势前需停料半天,手术后每只肌注青霉素、链霉素 7 万~8 万单位,预防感染。公鸡在阉割 34 周龄后进行育肥。

(三) 限制放养

肥育的优质鸡应限制放养,适度肥育。肥育的鸡舍环境应阴凉干燥,光照强度低。提高饲料的适口性,炎热干燥气候应将饲料改为湿喂,使鸡只采食更多的饲料。

(四) 育肥饲料

育肥饲料应提高日粮脂肪含量,相对减少蛋白质含量,代谢能可达 12~12.9 兆焦/千克,粗蛋白质在 15%左右,在饲粮中添加 3%~5%的动物性脂肪。

后期饲料尽量不用蚕蛹粉粕、鱼粉、肉粉等动物性蛋白,以免影响肉质风味,菜籽饼粕、棉籽饼粕对肉质、肉色有不利影响,应限量或尽量不用。不用羊油、牛油等油脂,以免将不良异味带到产品中,影响适口性。不添加人工合成色素、化学合成非营养添加剂及药物。应尽量选择富含叶黄素的原料,如黄玉米、苜蓿草粉、玉米蛋白粉,并可加入适量橘皮粉、松针粉、茴香、桂皮、茶叶末及某些中药,改善肉色、肉质,增加鲜味。

(五) 疫病综合防治措施

及时接种疫苗,根据本地实际,重点做好鸡新城疫、马立克病、传染性法氏囊病等疫苗的免疫接种工作。合理使用药物预防细菌性疾病、驱虫。中后期要慎用药物,多用中草药及生物防治,尽量减少和控制药物残留而影响肉质。

(六) 适时出栏

随着日龄的增长,鸡的生长速度逐渐减弱,饲料转化率也逐渐降低,但是鸡的肉质风味又与饲养时间的长短和性成熟的程度有关。优质鸡的上市日龄应根据鸡的品种、饲养方式、日粮的营养水平、市场价格行情等情况决定适宜的上市日龄,一般在 120 日龄左右上市为宜。

出栏前需要抓鸡,抓鸡会对鸡群造成强烈应激,为了减轻抓鸡所带来的应激,抓鸡最好在天亮前进行,用手电照明,抓鸡要小心,最好抓住鸡的双腿,避免折断脚、翅,以免造成鸡的损伤而影响外观质量,降低销售价格。

五、不同林地生态养鸡技术

(一) 果园生态养鸡技术

1. 消毒池设置

在果园门口和鸡舍门口设消毒池,消毒池长度为进出车辆车轮 2 个周长,宽应保证车轮浸过消毒池,常用 2% 的氢氧化钠溶液,每周更换 3 次,也可用 10%~20% 的石灰水。

2. 围网

为防止各种敌害侵袭,要对果园进行必要的改造:果园四周要设置围墙或密集埋植篱笆,或用 1.5~2 米铁丝网或尼龙网围起,防止鸡到果园外面活动走丢,也防止动物或外来人员进入果园。也可配合栽种葫芦、扁豆、南瓜等秧蔓植物加以隔离阻挡;种植带刺的洋槐枝条、野酸枣树或花椒树,起到阻挡外来人员、兽类的效果。

3. 周期安排

一个果园最好在同一时期只养一批鸡,同日龄的鸡在管理和防疫时既方便又安全。如果果园面积较大,可考虑市场供应,错开上市,养两批鸡时,要用篱笆或网做分隔,并要有一定距离,以防鸡走混,减少互相影响。

鸡在果园放养时,鸡首先觅食各种昆虫,其次是嫩草、嫩叶,饲养密度合适时，鸡就不会破坏果实。安排好适宜的饲养规模和密度非常重要。注意鸡群规模和饲养密度不宜过大，以免果园青嫩植物、虫体等短时间就被鸡采食一空，使鸡的活动区地上寸草不生，造成过牧，植被不能短期恢复，鸡无食可吃，无法保证鸡的正常生长，靠人工饲喂，打乱果园养鸡计划，甚至造成果园养鸡失败。

放养鸡要错开果树花期及果实成熟期。对果实成熟期较早的果园，如油桃、樱桃、早熟桃等果园，一般中原地区在5月底就可成熟、采摘，可以在5月上旬把脱温后5周龄左右的鸡在果园放养，让其采食青绿饲料和昆虫，到鸡长大能飞到树上时，果实已采摘结束。

4. 分区轮牧

要根据果园面积大小将其分成若干小区，用尼龙网隔开，分区喷药，分区放养，分区轮牧也利于果园牧草生长和恢复，并且遇天气突变，也利于管理，减少鸡的丢失。

根据果园面积大小和养鸡的规模将果园分为几个区，通常每个区面积可按6670平方米（10亩）规划。第一区，在果园边建育雏舍，在果树行间育虫、养蚯蚓喂鸡，其余每区1年养1批，等育雏脱温后第一批放养于第二区，第二批放养于第三区，循环饲养，按放养时间推算，对尚未轮到养鸡的场区还可间种牧草、花生、黄豆、冬菜等，以补充供应鸡的饲料。这样安排，养鸡场地可以做到自然隔离，减少鸡只患病，鸡粪均匀分布在果园，利于果树生长。果树行间间作优质牧草，可为鸡提供部分精饲料。可用少部分果林间空地常年育虫喂鸡，可补充蛋白质饲料，使鸡肉品质得到显著改善。

5. 果实套袋

果实套袋可以改善商品外观，使果面光洁美丽，着色均匀，提高果品品质，增加果农的经济效益，同时果实套袋可以减少农药残留、机械损伤和病虫害危害。实行果实套袋的果园，也可保护果实免受鸡的啄食。

6. 防止农药中毒

果园因防治病虫害要经常喷施农药，喷施农药要选择对鸡没有毒性或毒性很低的药物。为避免鸡采食到沾染农药的草菜或虫体中毒，打过农药7天后再放养，雨天可停5天左右。果园养鸡应备有解磷定、阿托品等解毒药物。

果园提倡使用生物源农药、矿物源农药、昆虫生长调节剂等,禁止使用残效期长的农药。

(1) 生物源农药　白僵菌、农抗120、武夷菌素、BT乳剂、阿维菌素等。

(2) 矿物源农药　矿物源农药的优点是药效期长,使用方便,果树生产中使用最多。效果较好的有石硫合剂、硫悬浮剂、波尔多液、柴油乳剂、腐必清等。

(3) 昆虫生长调节剂　目前应用最广、效果最理想的是灭幼脲类农药,如灭幼脲3号,能有效防治食叶毛虫、食心虫,同时还能兼治红蜘蛛等害虫。此类农药药效期长,不伤害天敌,不污染环境。

(4) 低毒、低残留化学农药　吡虫啉、辛硫磷、敌百虫、代森锰锌类、甲基拖布津、多菌灵、粉锈宁、百菌清等。

7. 实行捕虫和诱虫结合

果园养鸡,树冠较高的果树,鸡对害虫的捕捉受一定影响,为减少虫害发生和减少喷施农药次数,在鸡自由捕食昆虫的同时,使用灯光诱虫。

应用频振杀虫灯,对多种鳞翅目、鞘翅目等多种害虫有诱杀作用。利用糖、醋液中加入诱杀剂诱杀夜蛾、食心虫、卷叶虫等。黑光灯架设地点最好选择在果园边缘且尽可能增大对果园的控制面积。灯诱生态果园害虫宜在晴好天气的上半夜19:00~24:00开灯,既能有效地诱杀害虫,又有利于节约用电和灯具的维护。在树干或主枝绑环状草把可诱杀多种害虫。

8. 果园行间种草

在果园行间种草增加地面覆盖度,保墒效果好。另外,生草还有提高土壤肥力、好管理、减少除草用工、提高果实品质等好处。人工草种可选用白三叶草、多花黑麦草等,最好是豆科草种和禾本科草种混种。春季抓紧种草,白三叶草草种小,可按种土比为1:30的比例混匀后开沟溜播,行距30厘米左右,切记不可覆土过深,出苗后要清除杂草,确保幼苗生长。

9. 果园慎用除草剂

果园地上嫩草是鸡的主要饲料来源,没有草生长鸡就失去绝大多数营养来源,果园养鸡不能使用除草剂。

10. 严防兽害

严防兽害，防止野生动物对鸡的伤害。

11. 出栏

鸡出栏后，对果园地里的鸡粪翻土20厘米以上，地面用10%～20%石灰水喷洒消毒，以备饲养下一批。

(二) 林地生态养鸡技术

我国各地有丰富的山林资源，林木比较高，下部枝杈少，林下空间多，虫草数量多，适合林地养鸡。林地养鸡，由于树上没有需保护的果实，所以对鸡的品种选择没有特殊要求。

1. 注意林木株行距

应根据树种的特性，合理确定株行距。防止林地树木过密，林下阴暗潮湿，不利于鸡的健康和生长。

2. 鸡舍建造

根据养鸡者的实际条件，可建造规范鸡舍，也可使用较简单的棚舍。

3. 饲料

除林下青草、昆虫，林地中还有丰富的野生中药材等，都是鸡良好的野生饲料资源。林地青绿饲料不足，还可以通过从附近刈割或收购一些青草、廉价蔬菜作为青绿饲料的补充。如果林地放养场地不缺沙土，可不用额外补充。也可在鸡舍附近林地放置一些沙粒，让鸡自由采食。

4. 防止潮湿

管理好林地排水设施，雨后及时把积水排出。鸡舍建在地势较高的地方，垫高鸡舍地面，鸡舍四周做好排水处理，雨天及时关闭门窗，防止鸡舍漏雨等。

5. 林间种草

青绿饲料中的各种维生素是鸡不可缺少的营养成分。由于鸡群的生长量不断加大，应适当种植牧草予以补充。尤其在林下植被不佳的地方，可人工种植优质牧草。

牧草品种苜蓿、黑麦、大麦、三叶草等，既可净化环境，又可补充饲料。牧草一般选择秋播，林木落叶后会增加光温，翌年气温升高后牧草生长迅速,又可控制杂草生长。林间牧草种植,要做好季节性安排,为提高成活率及产量,一般在每年的3~4月、8~9月2次播种。牧草品种以豆科牧草为主,可混播少量禾本科牧草。待牧草长至10厘米左右时方可进行放养。

6. 分区轮流放牧

在林地生态养鸡过程中,宜采用分区轮牧的形式,将连成片的林地围成几个饲养区,一般可用丝网隔离,每次只用1个饲养区。轮放周期为1个月左右。如此往复形成生态食物链,达到林鸡共生,相互促进,充分利用林地资源,形成良性循环。

7. 谢绝参观

外界对林地的干扰较少,但应注意严格限制外来人员随便进入生产区,尤其要注意养殖同行进入鸡的活动区参观。必要时,一定要对进入人员进行隔离、消毒,方能进入生产区。

8. 强化防疫意识

建立健全的防疫制度,防疫是林地养鸡健康发展的保障,林地养鸡专业户要主动做好禽流感、新城疫等重大动物疫病的防治工作。如果林地养鸡场没有建立健全的防疫制度,外来人员出入频繁,消毒措施不到位,给疫病的传入带来了一定的隐患。

9. 翻耕

对轮牧的板结的土壤进行翻耕,有利于青绿饲草的生长和利用,而且翻耕日晒可杀死病菌,防止疾病的传播,减少传染病的发生,从而提高成活率和经济效益。

(三) 山场养鸡技术

山区的沟坡上有树木或杂草生长,可用以养鸡。

1. 山场选择

植被状况良好、可食牧草丰富、坡度较小的山场,适合养鸡;而坡度较大、植被稀疏或退化、可食牧草较少的山场,鸡不能获得足够的营养,鸡为寻找食物会用爪刨食,对山场造成破坏,不适于养鸡。

2. 山场养鸡密度

每亩20只左右,不超过30只,鸡群数量500只以内较好。可根据山场面积划分成若干小区,实行小群体、大规模饲养。

3. 补料

补料要根据鸡每天的采食情况而定，防止出现过牧现象，以保护山地生态环境。

4. 防山洪

雨季一定要及时收听、收看相关部门天气预警、预报，并保持通信畅通。遇有大雨天气，做好防范山洪工作。对相关建筑按规范安装避雷设施。

六、不同季节林地养鸡饲养管理

林地养鸡，鸡大部分时间是在林地、果园等野外环境下生存、生活，林地的气候条件如温度、湿度、光照、风、雨雪等及野生动植物饲料状况对鸡群的活动和采食情况有较大影响。不同季节外界气候条件和野生饲料资源的类型和丰歉程度差异很大，林地养鸡一定要根据不同季节的气候特点和野生饲料特点，采用不同的管理措施，以保证鸡群的健康和较高的生产性能。

（一）春季

1. 放牧时间的确定

春季放牧的时间应根据当地气温、牧草的生长情况而定。春季育雏一般在4月中旬以后当气温较高而相对稳定时开始到林地放养。成年鸡则要根据林地牧草的生长情况确定合适的放牧时间。放牧不可过早，否则草还没有充分生长便被采食，草芽被鸡迅速一扫而光，造成草场的退化，牧草以后难以生长。

2. 注意天气变化

春季天气逐渐变暖，温度逐渐升高，光照时间也逐渐变长，是孵化和育雏的好时候，也是鸡产蛋旺季。但早春气候较寒冷多变，会出现倒春寒，影响鸡的生产性能，尤其低温对鸡的产蛋有较大影响。应时刻注意气温的变化，做好防寒保暖措施。如采用加厚垫料，及时清除、更换鸡舍内潮湿、霉变的垫料，保持干燥，加挂草帘，火炉取暖等方法加强保温，使棚舍温度最低维持在3～5℃之间。阴天气温低时，减少鸡的放养时间。

3. 保证营养

春天是蛋鸡产蛋上升较快的时段，早春又是乏青季节。为保证产蛋率的快速上升，要保证充足的能量，在保证补饲料量的前提下，可补充一定数量的青绿饲料。种鸡饲料中应补充一定数量的维生素和微量元素，以保证种蛋质量，提高产蛋率和孵化率。

4. 预防疾病

春季温度升高，是病原微生物繁衍的时机。鸡群在林地活动，接触病原体的机会多，感染的概率较大，较易发生沙门菌、球虫等疾病。因此，疫苗注射、药物预防和环境消毒各项措施都应引起高度重视。对鸡可饮水消毒，在饮水中加入一定比例的消毒剂，如百毒杀，每周1次。过夜鸡舍地面可用石灰粉消毒，用生石灰1千克，加水350毫升，制成消石灰粉末撒施。

（二）夏季

1. 注意防暑降温

夏季气温高，影响鸡的食欲、饲料的转化率、鸡的产蛋率、孵化率等生产性能，因此防暑降温是夏季的工作重点。尤其夏季中午场地地面温度高，如果不注意采取防暑措施，鸡会出现不适反应，如气温超过31℃，鸡张口喘气，活动减少，采食量下降，饮水增多。让鸡在有树荫的地方活动、休息，也可在散养地设置凉棚，为鸡提供防晒乘凉避雨的场所。

2. 防止潮湿

夏季多雨，容易造成饲养场地潮湿。林地排水设施完善，排水沟畅通，场内不能存在积水。雨后及时检查修复围栏。经常更换舍内垫料，以保持舍内相对干燥。舍内地面可铺草木灰，可以吸潮并有一定的消毒作用。

3. 供给充足、清凉的饮水

夏季天气炎热，鸡的饮水量增加。要给鸡提供充足的清凉、洁净的饮水。把饮水器放在树荫下，避免阳光直射，及时更换饮水，给鸡饮用凉水以减轻高温对鸡的影响。还可在饮水中添加碳酸氢钠、氯化铵等抗热应激制剂，减轻热应激的危害。

4. 调整日粮，改善饲喂措施

炎热环境导致鸡的采食量减少，生产性能下降，可适当调整日粮，以补偿因高温引起的营养摄入量的减少，满足鸡的营养需要。在放养地适当增加饮水器数量，运动场和鸡舍内保证有充足的饮水器和食槽，利用早晨和傍晚天气凉爽时补料，让鸡群尽可能多吃料，保证足够的营养摄入。

5. 防止饲料霉变

饲料应存放于干燥、通风处，不能长时间积压。自配饲料应注意添加防霉剂。

6. 搞好环境卫生

夏季蚊虫和微生物活动猖獗，雨水较多，粪便和饲料容易发酵，环境容易污染。应注意搞好环境卫生，每周带鸡消毒 2~3 次，控制蚊蝇滋生，定期驱除体内寄生虫，保证鸡体健康。

7. 加强饲养管理

在高温天气傍晚让鸡在鸡舍前场地活动乘凉，晚入鸡舍；降低饲养密度；夏季暴风雨较多，要在雷雨之前，将鸡赶回鸡舍或让其在遮雨棚下避雨。

(三) 秋季

1. 调整鸡群

将老弱鸡及时挑选出来，单独饲养，多喂高能量饲料，增加光照，每天保持 16 小时以上，促使增膘后上市出售。留下生产性能好、体质健康、产蛋正常的鸡继续饲养。

2. 提高饲料营养水平

秋季是鸡换羽的季节。要增加饲料中精料和微量元素的比例，保证鸡换旧羽、长新羽所需的热量，并使鸡及早恢复产蛋。

3. 及时补充光照

秋后日照时间渐短，应针对当地光照时数合理补充光照，使自然光照加补充光照时间达 16 小时。

4. 加强传染病预防

要加强疾病防治工作，保持鸡舍清洁卫生，及时清除粪便；勤洗水槽、食槽，定期对鸡舍及用具进行消毒；保持鸡舍干燥通风；秋季易患鸡痘、鸡新城疫、鸡霍乱和寄生虫病，应根据免疫程序接种疫苗，并做好药物预防。

5. 驱虫

经过一个夏季，鸡体内难免有进入消化道内的寄生虫，消耗鸡的营养，也影响鸡的健康，使鸡的抵抗力降低，感染其他疾病，故秋季需要驱虫。

6. 防寒、防潮

深秋气温低而不稳，有时秋雨连绵，要防止林地散养区积水，鸡舍内垫草容易潮湿发霉，要采取措施降低舍内湿度，保持垫草干燥、洁净。

（四）冬季

1. 圈养及保温防寒

冬季林地没有可采食的东西，应采取舍内圈养，并加强鸡舍保温。冬季要加强鸡舍保温，可在棚舍上加盖塑料布、草帘等覆盖物保温。注意堵塞鸡舍门窗漏洞，尤其是鸡舍北墙，避免贼风。

2. 增强营养供应

冬季天气寒冷，机体散热多，因此，要增加能量饲料的比例，饲料的补充量也应有所增加。条件允许可适当饲喂青菜或牧草，以弥补冬季不能放牧采食野生饲料的影响，提高鸡蛋品质。

3. 补充光照

蛋鸡产蛋期每天需要 16 个小时的光照，冬季昼短夜长，光照明显不足，要补充光照。

4. 预防呼吸道病

冬季鸡舍为了保温，相对封闭，饲养密度高，造成棚舍内空气污浊，有害气体浓度高，鸡容易患呼吸道病。应该注意在保温的前提下适当通风换气，保持棚舍内空气新鲜。

第七章 林地生态养鸡疾病防治技术

一、林地养鸡发病特点

（一）寄生虫病发病率高

林地、果园放养，鸡的粪便直接排放到环境中，在夏季多雨季节，运动场潮湿，粪便中的寄生虫卵有较适宜的发育、繁殖条件，鸡的寄生虫病多发。如球虫病、鸡蛔虫病、组织滴虫病等。

（二）细菌病较易发

在林地中养鸡，鸡直接接触地面，环境条件特殊，鸡接触病原的机会多，鸡的粪便容易污染饲料、饮水、地面，气温变化大、刮风下雨等环境应激因素较多，所以细菌病较多发，如鸡霍乱、感染或并发大肠杆菌病等。有些鸡场从非正规种鸡场购买雏鸡，一些种鸡场未作鸡白痢净化，放养鸡在育雏期沙门菌病较多发。

（三）呼吸道病发病率较低

林地生态养鸡是在果园、林间、山地放养，饲养密度小，空气新鲜，空气中的有害气体、灰尘、微生物含量少，呼吸道病发病率较低。

（四）维生素缺乏症发病率较低

林地生态养鸡，鸡的活动范围大，体质好，直接觅食新鲜的树叶、嫩草、植物子实及各种昆虫，能获得多种维生素、微量元素等营养物质，并且在室外林地自由活动，可接受充分的太阳光照射，抗病力强，利于维生素 D 的合成，增强钙磷代谢，减少佝偻病的发生。所以和舍内饲养相比，较少发生维生素缺乏症。但林地放养时，林地、果园中的植被、虫体持续被鸡啄食，如果鸡的饲养密度大或不实行轮牧放养，青草和虫越来越少，不能及时恢复，还是按照一开始的饲养方式进行，就会造成营养成分供给不足，鸡易出现啄癖、啄肛、掉毛等现象，影响鸡的健康和生产性能。

二、鸡病的传播途径

传染病的发生需要传染源、传播途径和易感动物三个环节，在防疫工作中，只要切断其中的一个环节，就可避免传染病的发生。

（一）传染源

感染某种传染病病原体的动物，都是传染源。包括正在发病或无症状但带菌（毒）、带虫的鸡。

1. 病鸡

病鸡和病死鸡是重要的传染源。在疾病前驱期和症状明显期的病鸡因能排出病原体且具有症状，特别是在急性过程或者病程加重阶段，鸡可从粪便或其他分泌物中排出大量致病力强大的病原体，传染源的作用最大。当有传染来源时，应该马上隔离消毒或淘汰病鸡，对病死鸡尸体进行无害化处理。

2. 带菌（毒）、带虫鸡

无症状的隐性感染带菌（毒）、带虫鸡因缺乏症状不易被发现，但也排出病原体，可成为十分重要的传染源，如果随鸡的运输散播到其他地区，造成鸡病暴发或流行。应根据它们的带菌性质，采取限制活动、隔离消毒和检疫淘汰等处理措施。尤其是对外表健康，但携带沙门菌、支原体等病原体的种鸡，可经种蛋进行垂直传播，对商品鸡的危害作用大，种鸡场应按规定对鸡群进行检疫、免疫，及时淘汰带菌鸡。

（二）传播途径

传染源排出病原体后，入侵鸡群，使鸡患病的途径为传播途径。

1. 空气传播

经呼吸道感染。病鸡的呼吸道有病原体存在，当喷嚏、咳嗽时产生飞沫小滴飘浮于空气中，飞沫小滴干燥后变成飞沫核，被其他鸡吸入而感染。鸡的呼吸道传染病主要是通过飞沫小滴和飞沫核传播，如鸡传染性喉气管炎、传染性支气管炎、传染性鼻炎等。发病鸡或带菌（毒）鸡排出的分泌物、排泄物，干燥后形成微粒可附着在灰尘上，带有病原体的尘埃在空气中被其他鸡群吸入而导致感染。当鸡群饲养密度大、鸡舍通风不良时可加剧这种传播。

2. 经污染的饲料和饮水传播

即消化道传播。发病鸡或带菌（毒）鸡的分泌物、排泄物和病鸡尸体等污染了牧草、饲料、水源，鸡采食、饮水时入口经消化道传播。许多传染病、寄生虫病如鸡新城疫、沙门菌病、鸡球虫等都可经消化道感染进行传播。防止饲料污染和注意饮水卫生对预防传染病有重要意义。

3. 经带菌鸡的羽毛、皮屑传播

鸡的马立克病毒可存在于病鸡的羽毛囊或皮屑中，对外界环境抵抗力强；如果对病鸡的羽毛处理不当，可成为该病传播的主要因素。

4. 孵化室传播

被病原体污染的种蛋及孵化室环境被污染，造成雏鸡出壳后被感染，如沙门菌病、金黄色葡萄球菌病、曲霉菌病等。

5. 种蛋传播

病原微生物通过种蛋传染而使鸡发病。种鸡感染某些传染病时，病菌（毒）侵入种蛋内部，感染雏鸡，如沙门菌病、霉形体病、大肠杆菌病等都可经种蛋传播。

6. 设备用具传播

由受污染的用具、运输车辆、饲料袋等传播疾病。饲养管理过程中鸡舍用具不混用，并注意消毒，避免因设备用具受污染而传播疾病。

7. 媒介传播

蚊蝇、虱、蚤、蜱、螨、鼠类、鸟类等动物及人都可作为传播媒介，造成鸡病的传播。兽医、接触过病死鸡或去过疫区的人员，是急性传染病传播的重要因素。对进入鸡场的人员进行淋浴、更衣、消毒是防止疾病传播的重要手段。

8. 交配传播

通过自然交配或人工受精，由公鸡传染给健康的母鸡，引起鸡病的传播。

（三）易感鸡

病原体经过一定的途径侵入鸡体内后，能否导致鸡发病，主要取决于鸡的易感性和抵抗力。鸡的易感性与下列因素有关。

1. 鸡群的免疫水平

搞好免疫接种是提高鸡群免疫力的关键因素。免疫接种效果与疫苗的种类及质量、免疫程序、免疫接种技术等有关。

2. 鸡群状态

鸡的抵抗力与品种、日龄有关。成年鸡比雏鸡抵抗力强，但初生雏鸡由于有母源抗体的保护，对某些传染病有一定抵抗力。选择抗病力强的品种进行饲养，也是降低鸡群发病率的措施之一。

3. 饲养管理

加强饲养管理、严格消毒、搞好环境卫生、合理的预防用药等都可以减少或控制疫病的发生和传播。

三、林地生态养鸡疫病综合防治

鸡场必须坚持"预防为主，养防结合，防重于治"的原则，建立并严格执行卫生防疫制度，预防疾病的发生，搞好鸡场的综合卫生防疫工作。

（一）保持林地鸡场的环境安全卫生

1. 鸡场做到隔离饲养

为防止传染病的发生，鸡场要做到严格隔离饲养，防止一切病原传到鸡场。要求鸡场建在地势较高、开阔平坦、排水方便、水质良好，远离市区、居民区，远离屠宰场、工厂、畜产品加工厂的地方。鸡场禁止外人参观，鸡场门口、生产区入口建消毒池，进场车辆要进行消毒。生产区门口建更衣消毒室和淋浴室，进入生产区的人员要淋浴、更衣、换鞋。不从疫区购买饲料，不使用发霉变质饲料，到正规、信誉好的种鸡场订购雏鸡，注意防鼠、防蚊蝇、防兽害，从根本上杜绝一切病原进入鸡场。

2. 搞好林地和鸡舍环境卫生

经常对鸡只活动场地进行清扫、消毒，饲养结束可对林地进行深翻。保持适宜的鸡舍温度、湿度、风速，减少鸡舍有害气体和病原微生物的含量，给鸡提供良好的环境，保证鸡只健康。定期对鸡舍进行带鸡消毒，降低舍内空气中的微粒和病原微生物的含量。鸡场内设净道和污道。不能乱扔死鸡，要进行深埋或焚烧。鸡舍清理的粪便要及时运走,进行发酵或烘干处理。

3. 加强饲养管理,提高鸡体体质,增强鸡群抵抗力

在饲养方面,满足鸡的营养需要,根据鸡的不同品种、不同生长发育阶段、不同季节对营养成分的不同要求,相应调整饲料的营养水平。对鸡进行断喙、转群、免疫时,鸡群会发生应激反应,可通过饮水或在饲料中添加维生素 K、维生素 A、维生素 C 等,减轻对鸡的影响。

4. 坚持做好消毒工作

消毒是防止传染病发生最重要的环节,也是做好各种疫病免疫的基础和前提。消毒工作一定要要制度化、经常化。

5. 做好免疫工作

免疫是防止传染病发生的重要手段,林地养鸡必须根据鸡场疫病的发生情况认真做好各项疫病免疫工作。

6. 有计划地用药物预防鸡病发生

要有计划地在一定日龄对鸡群进行预防性投药,减少或防止疾病的发生。一旦发生病情,要及时诊断和采取有效措施,控制和扑灭疫病。

(二) 林地鸡场消毒方法和措施

1. 消毒

消毒是鸡场防止传染病发生最重要的环节,也是做好各种疫病免疫的基础和前提。消毒的目的是消灭被病原微生物污染的场内环境、鸡体表面及设备器具上的病原体、切断传播途径,防止疾病的发生或蔓延。

(1) 经常性消毒 为预防疾病,对饲养员、饲养设施及用具以及工作衣、帽、靴进行消毒。在鸡场出入门口、鸡舍门口设消毒池,对经过的车辆或人员进行消毒。

(2) 定期消毒 对周围环境、圈舍、设备用具如食槽、水槽(饮水器)、笼具、断喙器、刺种针、注射器、针头进行定期消毒。鸡出栏后对林地场地环境、鸡舍全面清洗消毒,彻底消灭微生物,使环境保持清洁卫生。

(3) 突击性消毒 发生传染病时,为及时消灭病鸡排出的病原

体,对病鸡接触过的圈舍、设备、用具进行消毒,对病鸡分泌物、排泄物及尸体进行消毒。防治鸡病时使用过的器械也应做消毒处理。

2. 消毒方法

(1) 机械性清除　用清扫、铲刮、洗刷等方法清除灰尘、污物及沾染在场地、设备上的粪尿、残余饲料、废物、垃圾,减少环境中的病原微生物。可提高化学消毒法的消毒效果。

(2) 通风换气　通风可以使舍内空气中的微生物和微粒的数量减少,同时,通风能加快水分蒸发,使物体干燥,缺乏水分,致使许多微生物不能生存。

(3) 物理消毒法　如阳光照射。太阳辐射中紫外线具有杀菌作用,能杀死一般病毒和菌体。还可利用紫外线灯的照射消毒。

(4) 高温消毒　如烘箱内干热消毒、高压蒸汽湿热消毒、煮沸消毒等,主要用于衣物、注射器等的消毒。还有火焰喷射消毒,即从专用的火焰喷射消毒器中喷出的火焰具有很高的温度,能有效杀死病原微生物。常用于金属笼具、水泥地面、砖墙的消毒。

(5) 化学消毒法　利用化学消毒药使微生物的蛋白质产生凝结、沉淀或变形等,使细菌和病毒的繁殖发生障碍或死亡以达到消毒目的。

3. 化学消毒药的选择

(1) 福尔马林(甲醛溶液)　为无色带有刺激性和挥发性的液体,内含40%的甲醛,杀菌力强,1%～1.25%的福尔马林溶液在6～12小时能杀死细菌、芽孢及病毒,主要用于鸡舍、仓库、孵化室及设备消毒,还可用于雏鸡种蛋的消毒。

生产中多用福尔马林与高锰酸钾按一定比例混合进行熏蒸消毒。鸡舍、孵化室熏蒸消毒用药量:每立方米房舍空间需福尔马林15～45毫升、高锰酸钾7.5～22.5克。根据房舍污染程度和用途不同,使用不同的药量。用药时,福尔马林毫升数与高锰酸钾克数比例为2:1,以保证反应完全。鸡舍和设备在熏蒸消毒前要清洗干净,消毒时先密闭房舍,然后把福尔马林倒入容器内(容器的容量为福尔马林的10倍以上),再放入高锰酸钾,两种药品混合后马上反应而产生烟雾。消毒时间为12小时以上,消毒结束后打开门窗。

熏蒸消毒必须有较高的气温和湿度,一般室内温度不低于20℃,

相对湿度为60%～80%。

（2）氢氧化钠（火碱）　市售火碱含94%氢氧化钠。为白色固体，在空气中易潮解，有强烈腐蚀性。本品杀菌、杀病毒作用较强，常用于病毒性感染（如新城疫病）和细菌性感染（如禽霍乱）的消毒，对寄生虫有杀灭作用。2%～5%水溶液用于鸡舍、器具和运输车辆消毒。

（3）生石灰　为白色或灰色块状物，主要成分是氧化钙。加水后放出大量热，变成氢氧化钙，以氢氧根离子起杀菌作用，钙离子也能使细菌蛋白变质。生石灰加水制成10%～20%乳剂用于鸡舍墙壁、运动场地面消毒，生石灰可在鸡舍地面撒布消毒，消毒作用可持续6小时。

（4）漂白粉　5%的干粉或混悬液用于鸡舍地面、排泄物消毒，临用时配制，不能用于金属用具消毒。

（5）过氧乙酸溶液　为无色透明溶液，呈弱酸性，易挥发，有刺激性气味，并带有醋酸味。杀菌作用快而强，抗菌谱广，对细菌、病毒、霉菌和芽孢均有效。0.04%～0.2%水溶液用于耐酸用具的浸泡消毒；0.1%～0.5%溶液用于畜禽体、鸡舍地面、用具消毒，也可用于密闭鸡舍的熏蒸消毒，每立方米空间用20%过氧乙酸溶液5～15毫升，稀释成3%～5%溶液，加热熏蒸，密闭门窗1～2小时。

（6）季铵碘（碘伏）溶液　为碘制剂，无刺激性，1:900倍稀释，用于金属器具、车辆、环境、鸡喷雾等消毒。广泛用于细菌及病毒的消毒。

（7）次氯酸钠　为含氯制剂，用于舍内器具、食槽、水槽消毒，也用于饮水消毒及带鸡喷雾消毒。

（8）百毒杀　为双链季铵盐化合物，为暗棕色液体，可溶于水。对各种病毒、细菌具有较强的杀灭和抑制作用，可用于环境、鸡舍及用具、水槽、食槽以及饮水消毒、带鸡喷雾消毒。

（9）高锰酸钾　为暗紫色结晶，易溶于水。杀菌能力较强，能凝固蛋白质和破坏菌体的代谢过程。生产中常利用高锰酸钾的氧化性能来加速福尔马林蒸发而进行空气消毒。0.05%～0.1%溶液用于鸡饮水消毒；0.2%～0.5%水溶液用于种蛋浸泡消毒；2%～5%水溶液用于饲养用具的洗涤消毒。

(10) 酒精　70%酒精常用于注射部位、术部、皮肤的涂擦消毒和外科器械的浸泡消毒。

(11) 碘酊　为碘与酒精混合配制的溶液，常用的有3%和5%两种。杀菌力强，能杀死细菌、病毒、霉菌、芽孢等。常用于注射部位、术部、皮肤、器械的涂擦消毒。

4. 使用方法

(1) 喷雾法或泼洒法　将消毒药配制成一定浓度的溶液，用喷雾器对需要消毒的地方进行喷雾消毒，或直接将消毒药泼洒到需要消毒的地方。

(2) 擦拭法　用布块浸沾消毒药液，擦拭被消毒的物体。如对笼具的擦拭消毒。

(3) 浸泡法　主要用于消毒器械、用具、衣物等的消毒。一般将被消毒的物品洗涤干净后浸泡于消毒药液内，药液要浸过物品，浸泡时间较长为好。可在鸡舍门口设消毒槽，用浸泡药物的草垫对人员的靴、鞋等消毒。

(4) 熏蒸法　用于密闭鸡舍的消毒。常用福尔马林配合高锰酸钾对鸡舍进行熏蒸消毒。

(5) 生物消毒法　利用生物技术将病原微生物杀灭或清除的方法。如对粪便进行堆积发酵产生一定的高温可杀死粪便中的病原微生物。

5. 影响消毒效果的因素

(1) 消毒剂浓度　消毒剂必须按照要求的浓度配制和使用，浓度过高或过低都会影响消毒效果。

(2) 消毒剂温度　大部分消毒剂在较高温度下消毒效果好，如鸡舍熏蒸消毒时温度低于16℃则没有效果。个别消毒剂温度升高杀菌力下降，如氢氧化钠等。

(3) 时间　消毒剂与被消毒对象要有一定的接触时间才能发挥最佳消毒效果。

(4) 酸碱度　酸碱度的变化可影响某些消毒剂的作用。碘制剂、酸类、来苏尔等阴离子消毒剂在酸性环境中杀菌作用较强，而新洁尔灭、戊二醛等在碱性环境中杀菌作用较好。

(5) 病原微生物敏感性　病原微生物对不同的消毒剂的敏感性差

异较大。病毒对甲醛、碱的敏感性高于酚类。

(6) 化学拮抗物 排泄物、分泌物等妨碍消毒药物与病原微生物的接触,影响消毒效果。在消毒前,要将需消毒物先进行清洗、清扫,去除有机物质,以保证消毒效果。

6. 鸡场消毒制度

(1) 人员消毒 饲养人员进入生产区和鸡舍要经过洗澡、更衣、紫外线消毒。进入养殖场区的人员,必须在场门口更换靴鞋,并在消毒池内进行消毒。有条件的鸡场,可在生产区入口设置消毒室,在消毒室内洗澡、更换衣物,穿戴清洁消毒好的工作服、帽和靴经消毒后进入生产区。工作服、鞋、帽定期洗刷消毒。饲养人员在接触鸡群、饲料、种蛋等之前,必须洗手,并用1:1000的新洁尔灭溶液浸泡消毒3~5分钟。鸡场谢绝外来人员参观,必须进入生产区时,要洗澡,更换工作服和工作鞋,并遵守场内防疫制度。

(2) 环境消毒 鸡舍周围环境每1~2周用2%火碱消毒或撒消石灰1次,鸡场周围及场内污水池、排粪坑、下水道出口,每月用漂白粉消毒1次。在场门口、鸡舍入口设消毒池,使用2%火碱或5%来苏尔溶液,并注意定期更换消毒液。

(3) 鸡舍消毒 鸡舍每周常规消毒2次以上,也可以用消毒药带鸡喷雾消毒,防止细菌、病毒等的繁殖,防止呼吸道等各种疾病的发生。注意选用不同类型的消毒剂,交替使用。每批鸡出栏后,要彻底清扫干净,用高压水枪冲洗,然后进行喷雾消毒或熏蒸消毒。

(4) 用具消毒 对料槽、饮水器等进行消毒,一般先将用具冲洗干净后,可用0.1%新洁尔灭或0.2%~0.5%过氧乙酸消毒。

(5) 粪便消毒 患传染病和寄生虫病鸡粪便的消毒方法有多种,如焚烧法、药品消毒法、掩埋法和生物热消毒法等。

(6) 地面土壤消毒 被病鸡排泄物和分泌物污染的地面土壤,可用5%~10%漂白液、百毒杀或10%氢氧化钠溶液消毒。

(三) 林地生态养鸡的免疫接种

免疫是指用疫苗或菌苗对鸡群进行接种,使鸡群对某种疾病产生特异抵抗力。免疫接种是防止传染病发生的重要手段,林地生态养鸡必须认真做好各种疫病的免疫接种。

1. 免疫程序的制定

建立科学合理的免疫程序，有计划地对鸡群进行免疫接种是预防和控制鸡传染病的重要措施。免疫程序是指从雏鸡孵出开始到出售或淘汰为止，在整个生长过程中，对危害鸡的主要传染病的免疫接种制订计划。制定合理的免疫程序，根据当地疫病流行情况，结合母源抗体情况，选择合理的疫苗、接种方法、剂量，确定各种疫苗接种的时间、次数、间隔时间等，以达到最佳的免疫效果。免疫程序要根据本场实际情况制定，不要盲目照搬别的养鸡场（户）的程序。同时在执行过程中还要根据场内鸡群的变化和场周围疫病流行情况进行一定调整，增减免疫的种类或次数。

2. 免疫接种分类

根据免疫接种的时机不同，可分为预防接种和紧急接种两类。

（1）预防接种　预防接种是为了预防某些传染病的发生和流行，在平时有计划地使用疫苗、菌苗按免疫程序给健康鸡群进行的免疫接种。

① 预防接种方法。疫苗的接种方法有滴鼻点眼法、饮水法、肌内或皮下注射法、气雾法等。具体选用哪种接种方法应根据疫苗的种类、鸡的日龄及免疫目的确定，一般应以疫苗的说明书为准。

a. 滴鼻点眼法：是弱毒疫苗从黏膜或呼吸道进入体内的接种方法，可避免疫苗病毒被母源抗体中和。由于是逐只鸡免疫，免疫效果确切。此法适合雏鸡的鸡新城疫Ⅱ、Ⅲ、Ⅵ系疫苗和传支、喉气管炎等弱毒疫苗的接种。

接种前将疫苗按稀释于灭菌生理盐水中，充分摇匀。滴鼻点眼时可用滴管或5毫升注射器（将针尖磨秃）。为保证准确配制稀释液，可先试1毫升有多少滴，再计算稀释液的用量。

方法：用干净滴管将疫苗滴入眼或一侧鼻孔1～2滴。一般滴鼻和点眼并用，在滴鼻的同时点眼。注意将雏鸡另一侧鼻孔用手指堵住，加速疫苗滴入；并注意等疫苗液完全吸入后才放开雏鸡。稀释后的疫苗应在1～2小时内尽快用完，最好在早上或晚上天气阴凉时进行接种。

b. 注射法：分皮下注射法和肌内注射法。

皮下注射法：皮下注射的部位在鸡的颈背部。局部消毒后，用食指和拇指将颈背部皮肤捏起呈三角形，沿三角的下部近乎水平刺入针头，入针方向应自头部插入体部。针头不能插得太深，否则刺到颈部肌肉或颈椎骨内，对鸡造成伤害。也不要将针头刺穿皮肤，否则药液会流出。皮下注射适用于马立克疫苗接种。将1000只剂量的疫苗稀释于200毫升专用稀释液中，在鸡颈部皮下注射0.2毫升。

肌内注射法：按每只鸡0.5～1毫升的剂量将疫苗用生理盐水稀释，用注射器注射在胸部、腿部肌肉内。此法适合鸡新城疫Ⅰ系疫苗、油苗及禽霍乱弱毒苗或灭活疫苗。注射腿部应选在腿外侧无血管处，顺着腿骨方向刺入，避免刺伤血管神经；注射胸部时应将针头顺着胸骨方向，选中部并倾斜30°刺入，防止垂直刺入伤及内脏。

注射疫苗时注意注射器、针头及稀释用具在用前应严格消毒；连续注射器在使用前应校正确保剂量准确；在接种过程中应不时摇动疫苗瓶，使疫苗混合均匀；接种前应将疫苗自然平衡到室温，以减少对鸡只的刺激。

c. 饮水法：即将弱毒疫苗混入水中进行免疫接种，此法应用方便、安全性好，适于鸡新城疫Ⅱ、Ⅳ系和法氏囊等弱毒疫苗的接种。

在饮水免疫前，应将饮水用具彻底清洗干净，不能使用消毒剂和洗涤剂。饮水器不能用金属制品，最好用瓷器或塑料制品。稀释疫苗应用清凉的蒸馏水或煮沸放冷的深井水或凉开水，水中不能含有重金属离子和消毒剂。为了延长疫苗的活性，可在饮水中加入1%～5%脱脂奶粉，充分溶解并搅拌均匀。饮水免疫前应停水2～4小时，以让鸡群能尽快同时饮入疫苗。饮水免疫前后两天（共5天）内，饲料中不得添加抗病毒（或细菌）的药物和消毒剂。饮水免疫前应按鸡群数量、日龄大小增加饮水器的数量，让80%～90%的鸡能同时喝到足够的水。稀释疫苗的水量要适宜，疫苗稀释液应在1～2小时内饮用完，但不能少于1小时。

d. 翅内刺种法：将疫苗用生理盐水稀释，充分摇匀，用接种针或洁净的钢笔尖蘸取疫苗，在鸡翅膀内侧无血管处刺种，每只鸡刺种两针。适用于鸡新城疫Ⅰ系和鸡痘疫苗的接种。刺种疫苗3天后要检查刺种部位，若有小肿块或红斑则表明免疫成功，否则需要重新接种。

e. 气雾法：此法适合鸡新城疫Ⅱ、Ⅳ系和传支H120苗接种。气雾免疫时应关闭所有门窗和通风系统，喷雾时最好选用专用的喷雾器，雾滴不宜过大或过细；喷雾时喷雾器的喷头在鸡群上方 0.5～1米，让鸡自然吸入漂浮在空气中的雾滴。可在气雾免疫前后几天内使用广谱抗菌药和加大复合维生素的用量以减轻气雾免疫引起的应激反应。有慢性呼吸道疾病的鸡场不可用该法，否则易引起严重的呼吸道不良反应。

f. 擦肛免疫法：此法主要用于传喉疫苗接种。按使用说明稀释疫苗，把鸡倒提，肛门向上，将肛门黏膜翻出，用接种刷或棉球蘸取疫苗刷 3～5 下，接种后 3～5 天检查泄殖腔外唇有无炎性肿胀反应，无肿胀反应立即重新接种。从未发生过该病的鸡场，不宜接种传喉疫苗。

② 免疫接种注意事项

a. 制定合适的免疫程序：对当地曾发生过的疾病的流行情况进行调查了解，按实际情况制订预防接种计划，确定免疫制剂的种类和接种时间，并按所制定的免疫程序进行免疫，做到只只免疫。

b. 接种前应做好准备工作：接种前检查鸡的健康状况，体质健康或饲养管理条件较好的鸡只，接种后能够产生较强的免疫力；而体质弱的、有慢性病或饲养管理条件不好的鸡只，接种后产生的免疫力就差些，也可能引起较明显的接种反应。对弱小鸡在免疫接种前要加强饲养管理，促进体质恢复，以增强免疫接种效果。

c. 注意预防接种的反应：给鸡预防接种后，要注意观察局部或全身反应（接种反应）。局部反应是接种局部出现典型的炎症变化（红、肿、热、痛）；全身反应则呈现体温升高，精神不振，食欲减少，产蛋量减少等。这些反应一般属于正常现象，只要给予适当的休息和加强饲养管理，几天后就可以恢复。如果反应严重，应进行适当的对症治疗。

(2) 紧急接种　紧急接种是在发生传染病时，为了迅速控制和扑灭疫病的流行，而对疫区和受威胁区尚未发病的鸡进行的应急性免疫接种。紧急接种从理论上讲应使用免疫血清，2 周后再接种疫（菌）苗，较为安全有效。但因免疫血清量大，价格高，免疫期短，且在大批动物急需接种时常供不应求，因此在防疫中很少应用，有时只用于种鸡场等。实践证明，在疫区和受威胁区有计划地使用某些疫（菌）

苗进行紧急接种是可行而有效的。在疫区用疫（菌）苗进行紧急接种时，必须对所有受到传染病威胁的鸡群逐只进行详细检查，只能对正常无病的鸡进行紧急接种，对病鸡及可能已感染的潜伏期的病鸡，不能接种疫（菌）苗，应立即隔离或淘汰，不宜接种疫苗。

紧急接种是鸡病综合防治措施的一个重要环节，必须与其中的封锁、检疫、隔离、消毒等环节密切配合，才能取得较好的效果。

3. 疫苗选购及使用注意事项

（1）要购买有国家批准文号的正式厂家的疫苗　疫苗使用前要仔细检查，如发现疫苗没有标签、疫苗生产时间过期、疫苗色泽有变化、发生沉淀、发霉、玻璃瓶破裂等情况都不能使用。使用后的玻璃瓶等包装不得乱丢，应消毒或深埋。

（2）妥善保存和运输　一般要求疫苗应冷藏保存、运输。疫苗应保存在低温、避光及干燥的场所。灭活疫苗、免疫血清等应保存在2~10℃的环境中，防止冻结。弱毒疫苗一般都在0℃以下保存，温度越低，疫苗保存效果越好。疫苗在保存期温度应保持稳定，避免反复冻融。运输途中要避免高温和日光直接照射，尽快到达保存地点或预防接种地点。

（3）疫苗的稀释配制　疫苗稀释时须避光、无菌条件操作。稀释液应用灭菌的蒸馏水、生理盐水或专用的稀释液。稀释时绝对不能用热水，疫苗稀释后要避免高温及阳光直接照射。活菌疫苗稀释时稀释液中不得含有抗生素。疫苗接种所用注射器、针头、瓶子等必须严格消毒。

（4）使用　严格按照疫苗使用说明书进行疫苗接种。稀释倍数、接种剂量、部位按照说明进行。疫苗应现配现用。接种疫苗的鸡群必须健康，才能取得预期的免疫效果。

（四）生态养鸡合理用药

1. 生态养鸡用药要求

（1）坚持预防为主、防治结合的原则　在各个环节认真做好日常消毒、疫苗接种和药物预防等工作。

（2）正确诊断，对症治疗　选择疗效高、副作用小、安全廉价的药物，避免盲目滥用。不滥用抗生素。

(3) 正确掌握药物剂量和疗程 根据药物的理化性质、毒副作用及鸡的病情正确选择用量和疗程。

(4) 不使用禁用药物,严格遵守药物的停药期 预防、治疗和诊断禽疾病所用的兽药均应来自具有兽药生产许可证,并获得农业部颁发中华人民共和国兽药 GMP 证书的兽药生产企业,或农业部批注注册进口的兽药,其质量均应符合相关的兽药国家质量标准。优先使用绿色食品允许使用的抗寄生虫和抗菌化学药品及抗生素。农业部公布的食品动物禁用兽药及其他化合物清单见表 7-1。

表 7-1 农业部公布的食品动物禁用兽药及其他化合物清单

序号	兽药及其它化合物名称	禁止用途	禁用动物
1	β-兴奋剂类:克仑特罗、沙丁胺醇、西马特罗及其盐、酯及制剂	所有用途	所有食品动物
2	性激素类:己烯雌酚及其盐、酯及制剂	所有用途	所有食品动物
3	具有雌激素样作用的物质:玉米赤霉醇、去甲雄三烯醇酮、醋酸甲孕酮及制剂	所有用途	所有食品动物
4	氯霉素及其盐、酯(包括琥珀氯霉素)	所有用途	所有食品动物
5	氨苯砜及制剂	所有用途	所有食品动物
6	硝基呋喃类:呋喃唑酮、呋喃它酮、呋喃苯烯酸钠及制剂	所有用途	所有食品动物
7	硝基化合物:硝基酚钠、硝呋烯腙及制剂	所有用途	所有食品动物
8	催眠、镇静类:安眠酮及制剂	所有用途	所有食品动物
9	林丹(丙体六六六)	杀虫剂	水生食品动物
10	毒杀芬(氯化烯)	杀虫剂、清塘剂	水生食品动物
11	呋喃丹(克百威)	杀虫剂	水生食品动物
12	杀虫脒(克死螨)	杀虫剂	水生食品动物
13	双甲脒	杀虫剂	水生食品动物
14	酒石酸锑钾	杀虫剂	水生食品动物
15	锥虫胂胺	杀虫剂	水生食品动物
16	孔雀石绿	抗菌、杀虫剂	水生食品动物
17	五氯酚酸钠	杀螺剂	水生食品动物
18	各种汞制剂,包括氯化亚汞(甘汞)、硝酸亚汞、醋酸汞、吡啶基醋酸汞	杀虫剂	动物

续表

序号	兽药及其它化合物名称	禁止用途	禁用动物
19	性激素类：甲基睾丸酮、丙酸睾酮、苯丙酸诺龙、苯甲酸雌二醇及其盐、酯及制剂	促生长	所有食品动物
20	催眠、镇静类：氯丙嗪、地西泮（安定）及其盐、酯及制剂	促生长	所有食品动物
21	硝基咪唑类：甲硝唑、地美硝唑及其盐、酯及制剂	促生长	所有食品动物

（5）做好兽药使用记录　用药记录至少应包括：用药的名称（商品名和通用名）、剂型、剂量、给药途径、疗程，药物的生产企业、产品的批准文号、生产日期、批号等。使用兽药的单位或个人均应建立用药记录档案，并保存1年（含1年）以上。应对兽药的治疗效果、不良反应做观察记录；发现可能与兽药使用有关的严重不良反应时，应当立即向所在地人民政府兽医行政管理部门报告。

2. 鸡的用药方法

不同的给药途径不仅影响药物吸收的速度和数量，与药理作用的快慢和强弱有关。

① 混饲拌药：即将药物均匀地混入饲料中，让鸡采食饲料的同时食入药物的方法，是最常用的给药方法之一。适用于对鸡群整体用药、药物不溶于水及溶水后适口性差的药物。注意准确掌握用药剂量。根据已确定的混饲浓度和混料量，计算所需药量，准确称量。按鸡每千克体重给药时，应严格按照鸡的体重，计算出总药量，按要求把药物拌进鸡群每天所需采食的饲料。

为使药物与饲料混合均匀，通常采用分级混合法，先将全部剂量的药物加到少量饲料中，充分混合后再加到一定量饲料中，充分混匀，再拌入所需的全部饲料中，逐级混匀。对于安全范围较小和用药量少的药物如喹乙醇、马杜拉霉素等药物，在使用时一定要注意混匀使用。要注意所添加的药物是否与饲料中的药物及成分有拮抗或协同、增强作用，如添加氨丙啉会抑制维生素 B_1 的吸收。

粉料容易拌匀，颗粒料不易拌匀，可造成药物分布不均，引起鸡群药物中毒。如治疗鸡球虫病的药物，马杜拉霉素混入不匀就会发生中毒死亡，一般不主张通过颗粒饲料给药。

② 饮水给药：可用于预防或治疗鸡病，适用于水溶性药物的短期投药、紧急治疗、因病不能采食但还能饮水的鸡。

注意事项：注意掌握好用药剂量和鸡的饮水量。在一定范围内，药物的剂量越大，作用愈强。对安全范围广的药物，如青霉素类、喹诺酮类药物用的剂量可以大一些，但不能超过允许剂量。安全范围窄、毒性大的药物如呋喃类、聚醚类，用的剂量可以小一些，否则容易引起中毒。按照用药量将药物先用少量水将药物全部溶解后再混入全部饮水。也可分次喂药，一般不易被破坏的药物可按2～3次/天用药。根据鸡的数量、体重计算出每次所需要的药量，然后分次加入水中。注意保证绝大部分鸡在一定时间内都喝到饮水，按照每只鸡1次的饮水量，确定全群给水量。

用药前，鸡群适当停水1～3小时，再供给加入药物的饮水，让鸡在一定时间内饮入充足的药液。一般在水中稳定性差的药物如青霉素、高锰酸钾，可减少配制的药液量，让鸡在较短时间内饮完，并准备足够量的饮水器。饮水量与鸡的日龄、饲养季节、环境温度等因素有关，温度低时鸡的饮水量较少，药液的配制量应少些，相反，配制量应多些。正常温度下鸡的饮水量与喂料量的比例约为2∶1。同时保证用药疗程，才能起到较好的效果。一般用药3～5天为1个疗程，不要病情好转就停药，否则容易导致疾病复发。

饮水给药，要使用水溶性的药物。在水中溶解度较低的药物，可通过适当加热、搅拌使其充分溶解后再做饮水治疗，否则达不到疗效，且容易引起中毒。

③ 注射用药：肌注给药是将药液注射到肌肉组织中，药物不经肠道就直接进入血液，吸收速度快，适用于个体紧急治疗。注射部位一般在鸡体的胸部和腿部肌肉。肌注时动作要轻，要认真仔细，注射器具要严格消毒，最好一只鸡一个针头。

④ 气雾给药：是将药物溶液利用喷雾器或雾化器以气雾剂的形式喷出，形成药物雾粒悬浮于空气中，鸡群通过呼吸道吸入，经肺泡进入血液，起到治疗效果。此法对鸡舍条件要求严格，必须密闭门窗，温度要适宜，避免引起冷应激。常用于疫苗的气雾免疫。根据鸡群体重计算好用药量，加入适量的蒸馏水或凉开水，雾滴直径在1～5微米，在鸡头的上方20～30厘米处来回喷雾，喷完后关闭门窗2～

3小时。注意雾滴不要过大，喷雾时间不要过长，以免引起肺水肿。对于治疗鸡的呼吸道疾病和气囊炎有较好的效果。

⑤ 口服用药：适用于个别病鸡的用药和群体规模较小的鸡。该法剂量准确，节约药费，疗效确切。主要是片剂剂型。

⑥ 皮肤、黏膜给药：葡萄球菌引起的皮肤溃烂，可用软膏、酊剂等；大肠杆菌引起的全眼炎，可使用氧氟沙星滴眼液等。

⑦ 体表用药：用于杀灭体外寄生虫，常用喷洒、涂抹、药浴和喷雾等方法。如除鸡虱、螨等体外寄生虫可药浴；鸡啄肛可涂抹用药等。

⑧ 环境用药：如喷雾消毒、熏蒸消毒等方法。

3. 药物的选择及用药注意事项

（1）对症下药　鸡有异常表现时，应及时进行化验、诊断，查明病因，对症用药。每一种药物都有适应范围，用药时一定要对症下药，切忌盲目用药，否则达不到治疗疾病的效果，而且还会延误病情，加重症状。

（2）选用正确的给药方法　同一种药物，同一剂量，使用不同的给药方法，产生的药效不尽相同。用药时须根据病情、用药目的和药物本身的性质确定最佳的给药方法。如危重病例可采用静脉注射或肌注给药，治疗肠道感染，要经口投服。

（3）注意剂量、给药次数和用药疗程　必须按照药物使用说明准确使用药物剂量、用药次数和用药疗程。在计算、称量药物时，一定要准确，剂量过小，起不到治疗作用，剂量过大，造成浪费，有时还会引起药物中毒。为维持药物在体内的有效浓度，保证疗效，必须重复给药。疗程的长短应根据病情而定，多数药物一天给药 2～3 次，连用 3～5 天为 1 个疗程，切忌因停药过早而导致疾病复发。少数药物如驱虫药用药一次即可达到治疗目的。合理联合用药，注意配伍禁忌。

（4）两种以上药物同时使用，可以产生协同作用或拮抗作用及毒性反应　采用两种或两种以上的药物联合用药，将起协同作用的药物进行搭配，可提高疗效，如磺胺类药物加抗菌增效剂、青霉素加链霉素。避免出现拮抗作用或产生毒性反应。如链霉素和庆大霉素都属于氨基苷类抗生素，两者合用可导致动物中毒（肾脏毒性、骨骼受损等）。

(5) 注意用药产生耐药性、药物残留

① 耐药性：指病原与药物多次接触后，对药物的敏感性下降甚至消失，致使药物对耐药菌的疗效降低或无效。这时要不断增加剂量或停一段时间再用才能恢复药物的药理作用。在生产中用药前最好做药敏试验，使用有效的高敏药物。药物长期使用或不合理用药致使一些病原如鸡白痢沙门菌、大肠杆菌、葡萄球菌等对治疗药物产生耐药性，鸡场应轮换用药，避免长期使用同一种药物产生耐药性。

② 药物残留：药物在机体中没有彻底排泄，在鸡产品（蛋、肉）中有部分残留，可影响人体健康。应提倡使用具有不良反应少、不易产生耐药株、无药残的药物，如抗菌中草药制剂等。必须使用抗菌药时，严格控制剂量，同时按照规定的休药期停止给药。

四、林地生态养鸡常见疾病

（一）病毒病

1. 鸡新城疫

鸡新城疫又名亚洲鸡瘟或鸡瘟，是由新城疫病毒引起鸡的一种高度接触性、急性败血性传染病。主要特征为高热、呼吸困难、下痢、神经紊乱、黏膜和浆膜出血。该病死亡率高，是危害养鸡业的主要传染病。鸡新城疫病毒存在于病鸡所有组织和器官内，包括血液、分泌物和排泄物，以脾、脑、肺含毒量最多，骨髓中含毒时间最长。新城疫病毒对外界环境的抵抗力较强，55℃作用45分钟和直射阳光下作用30分钟才被灭活。病毒对乙醚敏感。氢氧化钠等碱性物质对病毒的消毒效果不稳定。3%～5%来苏尔、酚和甲酚5分钟内可将裸露的病毒粒子灭活。

（1）流行特点 鸡、火鸡、野鸡、孔雀、鸽、鹌鹑等对本病都有易感性，鸡最敏感。鸭和鹅可带毒传播但不发病。病鸡和带毒鸡是主要传染源。病鸡从口鼻分泌物和粪便中排出病毒，被污染的饲料、水、飞沫、用具等传播本病。本病主要经呼吸道和消化道感染，鸡蛋也可带毒。

（2）临床症状 潜伏期2～15天。

① 最急性：见于流行初期，病程很短，往往无明显症状即突然

死亡。

②急性：体温升高达43～44℃。精神沉郁，食欲不振，渴欲增加，离群呆立，缩颈闭眼，羽毛松乱，翅膀下垂，鸡冠、肉髯紫红色或紫黑色。病鸡呼吸困难，张口伸颈，发出"咕咕"声。口、鼻中有黏液，倒提时从口中流出大量淡黄色液体，嗉囊内充满气体或液体，时有摇头和频频吞咽。腹泻，排黄白色或黄绿色稀粪，有时有血。产蛋鸡产蛋量急剧下降，见软壳蛋、畸形蛋。病程3～5天，死亡率高。

③亚急性或慢性：多由急性转变而来。病初与急性相似，症状减轻，出现神经症状。多在免疫鸡群中发生，表现亚临床症状或非典型症状。主要有明显呼吸道症状和神经症状，跛行，一肢或两肢瘫痪，两翅下垂，转圈，后退，头后仰或向一侧扭曲。有的腹泻，拉黄绿色稀粪；采食和产蛋减少，产白壳蛋、畸形蛋等。这些症状病初较轻，随后可日渐变重，因采食困难而死亡。少数也可经数周恢复健康。

林地放养时尤其要注意防治非典型新城疫。林地放养鸡品种多，雏鸡来源不同，不同种鸡雏鸡的母源抗体水平各异，首次免疫日龄不易确定；同时免疫接种方法不当、饲养管理不善都会影响免疫效果。林地养鸡一定要根据实际情况，制定合理的免疫程序，通过合适的免疫方法，加强鸡群的饲养管理等，做好新城疫的预防。

(3) 病理变化　病理变化为全身败血症。咽部充血、出血。嗉囊内充满酸臭液体和气体。腺胃黏膜水肿，乳头顶端或乳头间有出血点，在腺胃和肌胃交界处更为明显。肌胃角质层下有出血斑或溃疡。

十二指肠和整个小肠黏膜出血，病程稍长有枣核状坏死灶。盲肠扁桃体肿大、出血和坏死。直肠黏膜皱褶呈条状出血。

鼻、喉黏膜充血、出血；气管内多黏液，气管环出血。心冠脂肪有细小如针尖大的出血点。母鸡的卵泡和输卵管充血。

(4) 诊断　结合临床症状，如严重下痢，排黄色、绿色稀粪；呼吸困难，死亡较慢者常出现神经症状；病理剖检见腺胃乳头肿胀、出血或溃疡；十二指肠黏膜及小肠黏膜出血或溃疡，有时可见枣核状溃疡灶；脂肪组织有细小如针尖大的出血点等，可做出初步诊断，确诊需进一步做实验室诊断。

(5) 防治措施　通过加强卫生管理、疫苗接种等综合措施预防新城疫的发生。

① 加强饲养管理和兽医卫生，注意饲料营养，减少应激，提高鸡的抵抗力。建立严格的防疫卫生制度，做好鸡场隔离和消毒。

② 做好疫苗接种。应根据实际情况制定出科学的免疫程序。4～7日龄雏鸡用新城疫克隆30或L（Lasota）系苗滴鼻免疫；17～21日龄以克隆30或L系苗滴鼻或饮水进行第二次免疫；60日龄用Ⅰ系苗肌注免疫。在开产前2～3周肌内注射新肾减三联油苗。

(6) 治疗　鸡群一旦发生本病，封锁鸡场，彻底消毒环境，并给鸡群进行Ⅰ系苗加倍剂量的饮水免疫或用L系加倍肌注。也可在发病早期注射卵黄抗体。

将可疑病鸡检出焚烧或深埋，被污染的羽毛、垫草、粪便、鸡新城疫病变内脏等一同深埋或烧毁。

2. 鸡传染性法氏囊炎

鸡传染性法氏囊炎是由传染性法氏囊病病毒引起的鸡的一种急性、接触性传染病，临床上以突然发病、法氏囊肿大和出血、肾脏损害为特征。该病毒对乙醚、氯仿、酚类、升汞和季铵盐等都有较强的抵抗力，对高温和紫外线有一定抵抗力，对含氯化合物、含碘制剂、甲醛敏感。56℃5小时、60℃90分钟均不能使其失活，1%石炭酸、甲醇、福尔马林或70%酒精处理1小时可杀死病毒，3%石炭酸、甲醇处理30分钟也可灭活病毒，0.5%氯化铵作用10分钟能杀死病毒。

(1) 流行特点　主要感染2～16周龄鸡，3～6周龄时最易感。本病发生无季节性，只要有易感鸡存在，全年都可发病。本病具有高接触性，可在感染鸡和易感鸡之间迅速传播。病鸡及隐性感染鸡群之间迅速传播。病鸡及隐性感染的带毒鸡是本病的主要传染源。污染的饲料、饮水、垫草、用具等都可引起传播。主要经消化道、呼吸道感染。

(2) 临床症状　本病潜伏期很短，感染后2～3天出现临床症状，早期为厌食、呆立、羽毛蓬乱、畏寒战栗等，部分鸡有自行啄肛现象。病鸡下痢，排白色或黄白色稀粪，肛门周围羽毛被粪便污染。发病突然，病鸡食欲减退，精神沉郁，羽毛蓬乱，常呆立不动，脱水，最后衰竭而死。出现症状后2～3天为死亡高峰，后鸡群康复较为迅速。鸡群病程一般5～7天。病鸡常继发感染鸡新城疫、大肠杆菌病、球虫病等。

(3) 病理变化　病鸡脱水，胸肌颜色发暗，股部和胸部肌肉常有出血，呈斑点或条纹状。腺胃和肌胃交界处有出血斑或散在出血点。法氏囊浆膜呈胶冻样肿胀，有的法氏囊可肿大2~3倍，呈点状出血或出血斑，严重者法氏囊内充满血块，外观呈紫葡萄状。病程长的法氏囊萎缩，呈灰黑色，有的法氏囊内有干酪样坏死物。肾肿大，呈斑纹状，输尿管中有尿酸盐沉积。

(4) 诊断　根据流行病学特点、临床症状、剖检病变可初步诊断本病，进一步确诊须依据病毒分离鉴定及血清学试验。

(5) 防治措施

① 加强鸡群的饲养管理，做好清洁卫生及消毒工作，减少和避免各种应激因素等，是预防传染性法氏囊炎的基本措施。

② 免疫接种：通过有效的免疫接种，使鸡群获得特异性抵抗力，是防治传染性法氏囊炎最重要的措施。提高雏鸡的母源抗体水平，种鸡除在雏鸡阶段进行中等毒力的活疫苗免疫以外，还应在18~20周龄和40~42周龄时各进行一次传染性法氏囊炎油乳剂灭能苗的免疫。雏鸡可在12~14日龄进行首免，用传染性法氏囊弱毒苗滴口或饮水；20~24日龄进行二免，用传染性法氏囊疫苗中等毒力苗饮水。

(6) 治疗　对发病鸡群可提高维生素含量，适当提高鸡舍温度，饮水中加5%的糖或补液盐，提高鸡只免疫力，减少各种应激。发病早期用传染性法氏囊炎高免蛋黄抗体肌内注射，有较好的防治作用。当有细菌病混合感染时，要配合使用抗生素控制继发感染。

3. 马立克病

马立克病是由疱疹病毒引起的鸡的一种淋巴组织增生性肿瘤疾病，其主要特征是病鸡外周神经淋巴样细胞浸润和增大，引起肢（翅）麻痹，以及内脏器官、眼、肌肉和皮肤形成肿瘤病灶。疱疹病毒抵抗力较强，在粪便和垫料中的病毒，室温下可存活4~6个月之久。对化学药物敏感，常用消毒剂在10分钟内可将其灭活，福尔马林熏蒸可在短时间内将其灭活。

(1) 流行特点　本病主要感染鸡，不同品系的鸡均可感染。传染源为病鸡和带毒鸡，其脱落的羽毛囊上皮、皮屑和鸡舍中的灰尘是主要传染源。病鸡和带毒鸡的分泌物、排泄物也具传染性。病毒主要经呼吸道传播。本病具有高度接触传染性，病毒一旦侵入易感鸡群，其感染率几乎可达100%。本病发生与鸡年龄有关，年龄越轻，易感性越高，因此，1日龄雏鸡最易感。本病多发于5～8周龄的鸡，发病高峰多在12～20周龄。我国地方品种鸡较易感。

(2) 临床症状与病理变化　根据临床表现分为神经型、内脏型、眼型、皮肤型四种类型。

① 神经型：主要表现为步态不稳、共济失调。特征症状是一肢或多肢麻痹或瘫痪，形成一腿伸向前方一腿伸向后方，呈"劈叉"姿势。当臂神经受损时，翅膀麻痹下垂；颈部麻痹致使头颈歪斜，嗉囊因麻痹或膨大。剖检可见受害神经肿胀变粗，常发生于坐骨神经、颈部迷走神经、臂神经丛、腹腔神经丛和肠系膜神经丛，神经纤维横纹消失，呈灰白或黄白色。一般病鸡精神尚好，并有食欲，但往往由于饮不到水而脱水，吃不到饲料而衰竭，或被其他鸡只践踏，最后均以死亡而告终，多数情况下病鸡被淘汰。

② 内脏型：常见于50～70日龄的鸡，病鸡精神委顿，食欲减退，羽毛松乱，下痢，迅速消瘦，死亡率高。剖检可见内脏器官有灰白色的淋巴细胞性肿瘤。常见于性腺（尤其是卵巢），其次是肾、脾、心、肝、肺、胰、肠系膜、腺胃、肠道、肌肉等器官组织。

③ 眼型：视力减退，甚至失明。主要侵害虹膜，可见虹膜增生退色，呈浑浊的淡灰色，瞳孔收缩，边缘不整呈锯齿状。

④ 皮肤型：毛囊肿大或皮肤出现结节，最初见于颈部及两翅皮肤，以后遍及全身皮肤。

(3) 诊断　根据典型临床症状和病理变化可做出初步诊断，确诊需进一步做实验室诊断。内脏型马立克病应与鸡淋巴性白血病进行鉴别，主要区别是马立克病常侵害外周神经、皮肤、肌肉和眼睛的虹膜，法氏囊被侵害时可能萎缩，而淋巴细胞性白血病没有这些症状，法氏囊被侵害时常见结节性肿瘤。

(4) 防治措施

① 疫苗接种是控制本病极重要的措施，雏鸡出壳后24小时内立即注射马立克疫苗，使用时严格按照说明操作，确保安全有效。在马立克病发病地区，环境污染严重的鸡场可在18～21日龄进行二次免疫。

② 搞好孵化室和育雏鸡舍卫生与消毒，对种蛋和孵化室进行熏蒸消毒，育雏室进雏前彻底清扫，熏蒸消毒，育雏前2周内最好采取封闭式饲养，防止雏鸡的早期感染。加强饲养管理，饲喂全价饲料，增强鸡体的抵抗力，严禁闲散人、畜出入鸡舍。注意防止早期感染鸡法氏囊炎、球虫、鸡沙门杆菌等，避免各种应激因素，以免使鸡对马立克病的抵抗力下降。

林地养鸡，必须重视鸡马立克疫苗接种，不要认为本地鸡抵抗力强，就不用注射马立克疫苗，购进雏鸡前一定要确认接种马立克疫苗后再育雏饲养。

4. 传染性支气管炎

传染性支气管炎是由病毒引起的鸡的一种急性、高度接触性的呼吸道传染病。主要特征是咳嗽，喷嚏，气管啰音。雏鸡还可出现流鼻液，蛋鸡产蛋减少，蛋质下降。传染性支气管炎主要存在于病鸡的呼吸道渗出物中，实质脏器及血液中也能发现病毒。病毒对外界抵抗力不强，加热56℃15分钟死亡，但对低温的抵抗力则很强，在-20℃时可存活7年。常用消毒剂，如1%来苏尔、1%石炭酸、0.1%高锰酸钾、1%福尔马林及70%酒精等均能在3～5分钟内将其杀死。

(1) 流行特点　本病只有鸡发病，其他家禽均不感染。各种年龄、品种的鸡都可发病，但雏鸡最为严重，以40日龄以内的鸡多发，死亡率也高。本病主要经呼吸道感染，病鸡咳嗽产生飞沫传染。也可通过被污染的饲料、饮水及饲养用具经消化道感染。鸡群拥挤、过热、过冷、通风不良、温度过低、缺乏维生素和矿物质，以及饲料供应不足或配合不当，均可促使本病的发生。本病一年四季均能发生，但以冬秋季节多发。

(2) 临床症状　传染性支气管炎的潜伏期1～7天，平均3天。幼雏症状：伸颈、张口呼吸、咳嗽，有"咕噜"音，精神委靡，食欲废绝，羽毛松乱，翅下垂，昏睡，怕冷，常拥挤在一起。2周龄以内的病雏鸡，还常见鼻窦肿胀、流黏性鼻液、流泪等症状，病鸡常甩头。2月龄以上和成年鸡发病主要症状是呼吸困难，咳嗽，喷嚏，气管有啰音，产蛋鸡感染后产蛋量下降25%～50%，产软壳蛋、畸形蛋或砂壳蛋，蛋白稀薄如水样。肾型传染性支气管炎，病鸡除表现呼吸症状外，病鸡喜喝水，厌食，排白色稀便，粪便中几乎全是尿酸盐。患病的幼年母鸡，可造成输卵管永久性损害，长成成鸡后成为"假产蛋鸡"。腺胃型传染性支气管炎：主要表现为病鸡流泪、眼肿、极度消瘦、拉稀和死亡，并伴有呼吸道症状。

(3) 病理变化　气管、支气管、鼻腔有浆液性或干酪样渗出物。气管环出血，管腔中有黄色或黑黄色栓塞物。幼雏鼻腔、鼻窦黏膜充血，鼻腔中有黏稠分泌物，肺脏水肿或出血。患鸡输卵管发育受阻，变细、变短或呈囊状。产蛋鸡腹腔可见液状卵黄物质。卵泡充血、出血，卵巢呈退行性变化。发生肾型传染性支气管炎时，肾脏肿大、苍白，肾小管或输尿管充满尿酸盐结晶，称"花斑肾"。腺胃型传染性支气管炎，腺胃肿胀，腺胃壁增厚，腺胃黏膜及乳头出血、溃疡，十二指肠、空肠、直肠和盲肠扁桃体出血。

(4) 诊断　根据流行病学、临床症状和病理变化可做初步诊断，确诊需做病毒分离和血清学检查。注意和传染性喉气管炎、传染性鼻炎、慢性呼吸道病、鸡新城疫等做鉴别。鸡新城疫时一般发病较本病严重，在雏鸡可见到神经症状。鸡传染性喉气管炎的呼吸道症状和病变比鸡传染性支气管炎严重，传染性喉气管炎很少发生于幼雏，而传染性支气管炎幼雏和成年鸡都能发生。传染性鼻炎的病鸡常见面部肿胀。肾型传染性支气管炎常需与痛风鉴别，痛风一般无呼吸道症状，无传染性，多与饲料配合不当有关，分析饲料中蛋白、钙磷即可确定。

(5) 防治措施

① 加强饲养管理，做好鸡舍通风保温，避免和减少应激，做好卫生消毒。

② 免疫：呼吸型传染性支气管炎，首免可在 7～10 日龄用传染性支气管炎 $H120+H_K$（肾型）疫苗点眼或滴鼻；二免可于 25～30 日龄用传染性支气管炎 H_{52} 弱毒疫苗点眼或滴鼻；开产前用传染性支气管炎灭活油乳疫苗肌内注射，每只 0.5 毫升。发生肾型传染性支气管炎时，可于 5～7 日龄和 20～30 日龄用肾型传染性支气管炎弱毒苗进行免疫接种，或用灭活油乳疫苗于 7～9 日龄颈部皮下注射。

(6) 治疗　本病尚无特异性治疗方法。改善饲养管理条件，降低鸡群密度，在饲料或饮水中加入多种维生素，使用肾肿解毒类利尿保肾药物对疾病有一定辅助作用。有细菌感染时使用抗生素防止继发感染，降低死亡率。

5. 鸡传染性喉气管炎

鸡传染性喉气管炎是由传染性喉气管炎病毒引起鸡的一种急性、接触性呼吸道传染病。本病特征是呼吸困难，咳嗽，咳出血样渗出物。剖检时可见喉部、气管黏膜肿胀、出血和糜烂。本病传播快，死亡率高。该病毒主要存在于病鸡的气管组织及其渗出物中。病毒对外界环境的抵抗力很弱，37℃存活22～24小时，加热55℃存活10～15分钟，煮沸立即死亡。常用的消毒药，如3%来苏尔、1%苛性钠溶液1分钟可将其杀死。

（1）流行特点　在自然条件下，本病主要侵害鸡，各种品种、性别、年龄的鸡均可感染，但以成鸡症状最典型。病鸡和康复后的带毒鸡是主要传染源，主要经呼吸道感染。被污染的垫草、饲料、饮水及用具，都可成为传播媒介。种蛋也可能传播。本病传播迅速，一旦发病可迅速传开。鸡舍拥挤、通风不良、饲养管理不良、缺乏维生素和寄生虫感染等，都可促进本病的发生和传播。

（2）临床症状　潜伏期自然感染为6～12天，人工气管内接种为2～4天。

鸡群发病突然，精神不振，病鸡初期有鼻液，半透明状，眼流泪，结膜发炎，进而表现为呼吸道症状，呼吸时发出湿性啰音，咳嗽，甩出黏液或黄白色豆渣样渗出物，吸气时头和颈部向前向上、张口尽力吸气，呼吸时伴有啰音及喘鸣声。严重病例，极度呼吸困难，痉挛咳嗽，可咳出带血的黏液。在鸡舍墙壁、垫草、鸡笼、鸡背羽毛或邻近鸡身上常沾有血痕。如黏液过多可导致窒息死亡。病鸡食欲减少或消失，鸡冠及肉髯呈暗紫色，迅速消瘦，排出黄白色或淡绿色的稀粪，最后衰竭死亡。最急性病例可于24小时左右死亡，多数5～10天或更长，不死者多经8～10天恢复，有的可成为带毒鸡。产蛋鸡的产蛋量迅速减少（可达35%）或停止，康复后1～2个月才能恢复。

（3）病理变化　喉头和气管肿胀、充血、出血，气管中有含血黏液或血凝块，气管管腔变窄，上附有黄白色纤维素性干酪样假膜。严重时炎症可波及支气管、肺和气囊、鼻腔和眶下窦。

（4）诊断　本病常突然发生，传播快，发病率高；表现为呼吸困难、头向前向上吸气，喘气有啰音，咳嗽时可咳出带血的黏液等典型症状，剖检可见喉气管出血性炎症病变。注意与鸡新城疫、传染性支气管炎鉴别诊断。传染性支气管炎不咳出带血黏液,喉头器官黏膜苍白,没有出血性炎症。

(5) 防治措施

① 鸡场应执行严格的隔离、消毒等卫生防疫措施,加强饲养管理,提高鸡体抵抗力。

② 免疫:在从未发生过本病的地区不宜应用疫苗。在有本病流行的地区,可使用弱毒疫苗,涂肛或点眼接种。操作必须严格按照使用说明进行。鸡群接种后可产生结膜炎、呼吸困难等疫苗反应,可用抗菌药防止继发感染。一般可在 35~45 日龄进行首免,在 90 日龄进行第二次免疫。

(6) 治疗 鸡群发病后,立即使用弱毒疫苗紧急接种。对饲养管理用具和鸡舍进行消毒。本病没有特效药物治疗,可使用抗病毒中草药对症治疗,并用抗菌药物防止继发性感染。

6. 鸡痘

鸡痘是由鸡痘病毒引起的一种接触性传染病,一年四季均可发病,秋冬季节发病率较高。其特征为皮肤出现结节状增生;喉头、口腔和食管黏膜发生增生病变。鸡痘病毒对外界的抵抗力相当强,病毒经 60℃ 热处理 90 分钟后仍有活性,3 小时才能杀死,在 -15℃ 低温下保存多年仍有感染力。但对消毒药较敏感,1% 烧碱、1% 醋酸或 0.1% 升汞溶液中 5 分钟即可被杀死。

(1) 流行特点 鸡痘主要发生于鸡和火鸡,鸽有时也发病,鸭和鹅易感性则较低。各种年龄、性别和品种的鸡都能感染,但以雏鸡病情严重、死亡率最高。

该病毒存在于病鸡脱落和碎散的痘痂中,病鸡的皮屑、咳嗽和喷嚏产生的飞沫、粪便中都可带毒。主要通过皮肤或黏膜伤口感染,蚊、蝇等吸血昆虫可携带病毒进行传播。打架、啄羽造成外伤,鸡群过分拥挤、通风不良、鸡舍阴暗、潮湿,饲养管理太差等均可促使该病发生。

(2) 临床症状 鸡痘的潜伏期一般是 4~10 天,根据症状、病变以及病毒侵害机体部位的不同分为皮肤型、黏膜型和混合型三种。

① 皮肤型:在身体无羽毛部位,如冠、肉髯、口角、眼睑、翅的内侧等部位产生灰白色的小结节,随后迅速增大,形成灰黄色的结

节。并与邻近结节互相融合形成大的痘痂，坚硬而干燥，表面凹凸不平。揭去痘痂，皮肤会露出一种出血凹陷病灶。如果眼部发生痘痂，可使眼缝完全闭合；发生在口角，则影响鸡的采食。皮肤型鸡痘一般全身症状很轻，但感染严重的病例，表现精神委靡，食欲不振，体温升高，体重减轻，母鸡产蛋下降或停产。

② 黏膜型（白喉型）：口腔、咽喉、鼻腔、气管黏膜发生痘疹。初期为黄白色圆形小结节，稍突出于黏膜表面，逐渐扩散，形成由坏死的黏膜组织和炎症渗出物凝固组成的黄白色干酪样伪膜，不易剥离。将伪膜剥下后，露出红色出血溃疡灶。口腔和喉部黏膜有伪膜时，引起吞咽和呼吸困难，发出"咯咯"叫声，伪膜脱落掉入气管可引起窒息死亡。侵害鼻腔，流出淡黄色的脓液。侵害眼睛时，眼肿胀，充满脓性分泌物或纤维蛋白性渗出物。翻开眼睛，可见到干燥黄白色干酪样物。病鸡表现为精神不振、吞咽困难，逐渐消瘦。

③ 混合型：混合型鸡痘，皮肤和口腔黏膜同时发病。

鸡痘的发病率与病毒的毒力、饲养管理条件有关。成年鸡死亡率低，雏鸡可达10%以上，严重者死亡率可达到50%。

(3) 诊断　可根据皮肤、黏膜出现结节和特殊的痂皮及伪膜做出初步判断。

本病应与传染性支气管炎、鸡传染性喉气管炎、白念珠菌病等相区别。传染性支气管炎在气管上皮细胞中可检测到核内包涵体。白念珠菌感染，形成的假膜是较松脆的干酪样物，容易剥离，剥离后不留痕迹。鸡传染性喉气管炎传播快、致死率高，患鸡呼吸困难，患结膜炎，喉部和气管黏膜肿胀、坏死、出血，病鸡常咳出血痰。

(4) 防治措施

① 加强饲养管理，不同日龄、不同品种的鸡应分群饲养，避免啄癖或机械性外伤。搞好鸡场及林地环境的清洁卫生，消灭蚊虫，定期消毒。

② 疫苗免疫：预防鸡痘最有效的方法是接种鸡痘疫苗。目前常用的鸡痘弱毒疫苗，采用翼翅刺种法接种。一般在10~20天首免，产蛋前1~2个月第二次免疫。在接种后3~5天接种部位出现绿豆大小痘疹，10天形成痂皮，表示接种疫苗有效，否则应重新刺种。

一般疫苗接种后10～14天产生免疫力，免疫期可持续4～5个月。

(5) 治疗　目前尚无特效药物，主要采用对症疗法，以减轻病鸡的症状和防止继发细菌性感染。

皮肤上的痘痂，一般不做治疗，必要时可用消毒镊子把患部的硬痂皮剥掉，伤口涂龙胆紫或碘甘油（碘酊1份、甘油3份混合）。口腔、咽喉黏膜上的病灶，可用镊子将假膜轻轻剥离，用高锰酸钾溶液冲洗，再用碘甘油涂擦口腔。病鸡眼部发生肿胀时，可将眼内的干酪样物挤出，用2％硼酸溶液冲洗，再滴入5％的蛋白银溶液。

对发病鸡群，可在饲料或饮水中添加抗生素，防止继发感染。

7. 禽流感

禽流感是禽流行性感冒的简称，是由禽A型流行性感冒病毒引起的一种全身性、出血性败血症。主要侵害禽的呼吸道、消化道和生殖道。由于病毒毒力的不同，禽感染后症状和危害程度也不同。禽流感病毒对高温、紫外线、各种消毒药敏感，容易被杀死。病毒在56℃3分钟、60℃10分钟、70℃2分钟即能被灭活，直射阳光下40～48小时可被灭活。氢氧化钠、漂白粉、福尔马林、过氧乙酸等消毒药在常用浓度下可杀死病毒，但存在于有机物如粪便、鼻液、泪水、唾液、尸体中的病毒能存活很长时间。在自然环境中的禽流感病毒，在低温和潮湿的条件下存活很长时间，如粪便中的流感病毒，其传染性在4℃可存活30～35天，20℃存活7天。在家禽发病期间，被分泌物和粪便污染的水槽、池塘的水中，常可发现病毒。

(1) 流行特点　各种品种、不同日龄的鸡都可感染发病。一年四季均可发生，但禽流感病毒在低温条件下抵抗力较强，在冬季和春季多发。病禽和带毒的禽及动物是主要传染源。感染禽可从呼吸道、结膜和粪便排出病毒，通过空气、粪便、被污染的饲料、水、用具等进行传播。带有禽流感病毒的禽群和禽产品的流通、疫区人员和运输车辆往来可造成本病传播。

(2) 临床症状　禽流感的潜伏期由几小时至几天不等。临床症状由于感染病毒的毒力、鸡的种类、年龄、性别、并发感染程度和环境因素等而有所不同。

① 最急性型：由高致病力的病毒引起，无明显症状，突然死亡。

② 急性型：是禽流感常见的病型。由中等毒力的病毒引起，潜伏期为 4~5 天。病鸡精神沉郁，体温升高至 43~44℃，食欲减低或消失。咳嗽、打喷嚏，流泪，呼吸困难，发出尖叫声。头部和脸部水肿。腹泻，水样或灰绿或黄绿色粪便。冠和肉髯发紫或苍白，羽毛松乱。产蛋量下降，蛋壳质量变差。有的表现神经紊乱。急性重症死亡率高达 75% 以上。

③ 慢性型：由低毒力病毒引起，只表现轻微的一过性呼吸道症状，发病率和死亡率都很低。

（3）病理变化 鸡冠肉髯肿胀、发紫、坏死，眼眶周围、头颈及胸部皮下水肿。气管黏膜水肿，有浆液性或干酪样渗出物。有时脚趾肿胀变紫。口腔内有黏液，黏膜出血。腺胃、肌胃角质膜下有出血，肠道充血出血，胰脏出血坏死，体内脂肪点状或斑状出血。卵巢及输卵管充血或出血，发生输卵管炎或卵黄性腹膜炎。

（4）诊断 根据疾病的流行情况、症状及全身出血性病变初步诊断，确诊须做病原分离鉴定和血清学试验。

（5）防治措施

① 搞好卫生防疫，不从疫区购鸡或饲料，控制外来人员及车辆进入鸡场，防止野鸟进入鸡舍。流行季节每天用过氧乙酸、次氯酸钠对环境和鸡舍消毒。

② 免疫接种：25~30 日龄和 110~120 日龄接种禽流感疫苗。

③ 发病后措施：一旦发病，要严格执行封锁、隔离、消毒、捕杀病鸡等措施。对机场进行彻底清洗和消毒，鸡舍要经过充分清洗和消毒后，空舍 30 天以上检查合格再养鸡。

（二）细菌性疾病防治

1. 鸡白痢

鸡白痢是由鸡白痢沙门菌引起一种急性败血传染病，病鸡表现不吃饲料，精神沉郁或昏睡，下痢和内脏器官形成坏死结节，发病率和死亡率较高，是一种严重危害雏鸡成活率的疾病之一。成年鸡一般无临床症状，呈慢性或隐性感染。鸡白痢沙门菌为革兰阴性，菌体两端钝圆、中等大小、无荚膜、无鞭毛、不能运动。本菌对热及直射阳光的抵抗力不强，60℃ 加热 10 分钟内死亡，但在干燥的排泄物中可活5年，粪便中存活3个月以上，尸体中存活3个月以上。附着在绒毛上的病菌可存活3个月以上。常用的消毒药物都可迅速杀死本菌。

(1) 流行特点　感染动物为鸡和火鸡，不同品种、年龄、性别的鸡都有易感染性，但雏鸡最易感。2周龄以内的雏鸡发病率和死亡率都高。随着日龄的增加，鸡的抵抗力也随之增强。病鸡和带菌鸡是主要传染源。成年母鸡感染后，多成为慢性和隐性感染者，长期带菌，是本病的重要传染源。可通过消化道、呼吸道、交配等传播，也可经蛋垂直传播。雏鸡饲养管理不良、温度忽高忽低、饲料营养不全、长途运输等，都可促使本病发生。本病一年四季均可发生，尤以冬春育雏季节多发。

(2) 临床症状

① 雏鸡：由带菌蛋孵出的雏鸡，大部分在7天内死亡。病雏怕冷、翅膀下垂、精神不振、停食、嗜睡。排白色黏稠粪便，肛门周围羽毛有石灰样粪便粘污，甚至堵塞肛门，影响排便。排粪时常发出尖叫，腹部膨大。肺炎感染时出现呼吸困难，伸颈张口呼吸。有时表现关节肿胀，跛行。

② 成年鸡：通常不表现明显症状，呈慢性或隐性经过。但卵巢感染母鸡表现产蛋量下降，蛋的孵化率降低，死胎增加，孵出感染雏鸡。个别病鸡表现精神不振，减食，消瘦，下痢。

(3) 病理变化　肝脏肿大充血，或有条纹状出血。胆囊肿大，充满胆汁；病程稍长的，可见卵黄吸收不全，呈油脂状或淡黄色豆腐渣样；肝、肺、心肌、肌胃上有灰黄色或灰白色坏死灶或结节，心肌上结节增大时可使心脏显著变形。盲肠膨大，内容物有干酪样阻塞物。

成年母鸡常见卵巢炎，可见卵泡萎缩、变形，呈黄绿色、灰色，有的卵泡内容物呈水样、油状或干酪样。有的卵泡破裂，流入腹腔导致腹膜炎及腹水，腹腔器官粘连。公鸡睾丸发炎，睾丸萎缩变硬、变小，输精管内有干酪样物质充塞而膨大。

(4) 诊断　根据典型临床症状和病理变化可做出初步诊断，确诊需进一步做实验室诊断。

(5) 防治措施

①严格执行卫生、消毒和隔离制度。做好环境、饲料、饮水卫生，认真搞好种蛋、孵化过程消毒工作。种鸡场定期检疫，及时淘汰病鸡。

②加强育雏饲养管理卫生，鸡舍及一切用具要经常消毒。搞好鸡舍保温和通风。育雏时使用土霉素、氟哌酸、庆大霉素等药物进行预防。

（6）治疗　庆大霉素0.01克/千克体重饮水。环丙沙星按25~50毫克/升饮水或拌料，连用5~7天。有条件的鸡场最好做药敏试验，据试验结果选择高敏药物治疗，可有较好疗效。

2. 鸡大肠杆菌病

鸡大肠杆菌病是由埃希大肠杆菌引起的禽类传染病。其特征是引起心包炎、肝周炎、气囊炎、腹膜炎、输卵管炎、脐炎、滑膜炎、肉芽肿、眼炎等病变。

本病原菌为革兰阴性小杆菌。大肠杆菌是健康畜禽肠道中的常在菌，可分为致病性和非致病性两大类。大肠杆菌是一种条件性疾病，在卫生条件差、饲养管理不良、鸡的抵抗力下降等情况下，容易诱发本病。大肠杆菌对环境的抵抗力很强，附着在粪便、土壤、鸡舍的灰尘或孵化器的绒毛、破碎蛋皮等的大肠杆菌能长期存活。

（1）流行特点　大肠杆菌在自然环境中、饲料、饮水、鸡的体内、孵化场、孵化器等各处普遍存在。该菌在种蛋表面、鸡蛋内、孵化过程中的死胚及毛蛋中分离率较高。各日龄鸡均易感染发病，病原可以经呼吸道、消化道、可视黏膜感染鸡。也可由感染的种鸡经种蛋垂直传播给雏鸡。交配等途径可引起种公母鸡间的感染发病。

本病一年四季均可发生，在多雨、闷热、潮湿季节多发。常继发或并发鸡慢性呼吸道病、传染性支气管炎、鸡新城疫等。

（2）临床症状和病理变化　鸡大肠杆菌病的临床症状因发病日龄、感染途径、病原侵害部位不同，其临床症状和病理变化各有不同。

①雏鸡脐炎：经种蛋感染或在孵化后感染。雏鸡出壳后表现精神沉郁，腹部膨大，脐炎，卵黄吸收不良，排出白色、黄绿色稀便，多在2~3日内死亡。耐过鸡多数因卵黄吸收不良发育迟缓。剖剑可

见卵黄囊不吸收，卵黄膜充血、出血，囊内卵黄液黏稠或稀薄，呈黄绿色。肠道呈卡他性炎症。肝脏肿大，有散在的淡黄色坏死灶，肝包膜略有增厚。

② 败血型：是大肠杆菌病较常见病型。病鸡表现精神不振，采食减少，羽毛松乱，排黄绿色稀粪，消瘦，衰竭而死亡。剖检见严重的纤维素性心包炎、肝周炎、气囊炎、腹膜炎等。

a. 气囊炎：经常和支原体病并发，病鸡表现呼吸困难、咳嗽等。剖检见气囊浑浊增厚，气囊膜上有淡黄色或黄白色干酪样渗出物；心包膜增厚，心包内有纤维素性渗出物；肝脏表面有纤维素样渗出物。

b. 卵黄性腹膜炎或输卵管炎：输卵管黏膜充血，管内有干酪样物，严重时堵塞输卵管后蛋落入腹腔引起腹膜炎。

c. 其他脏器受侵害的病变：眼球炎：主要表现为眼部肿胀，眼内积液或有干酪样渗出物。肠炎：排淡黄色、灰白色或绿色混有血液的稀便，小肠黏膜充血、出血。肉芽肿：心、肝、十二指肠及肠系膜有黄白色大小不等的肉芽结节。关节炎：跛行，关节明显肿胀，关节周围组织充血水肿，滑膜囊内有渗出物。

(3) 诊断 根据流行特点、临床诊断及病理变化可做初步诊断，确诊需要实验室检查。

(4) 防治措施

① 搞好环境卫生消毒，加强饲养管理，严格控制饲料、饮水卫生和消毒。防止饲养密度过大，保持鸡舍通风换气，及时清除粪便，减少诱发因素。孵化场还须作好种蛋的消毒，以减少种蛋污染。对场地、用具等进行彻底消毒。定期进行带鸡消毒。

② 疫苗接种预防：由于大肠杆菌有许多血清型，用本场分离的致病性大肠杆菌制成油乳剂灭活苗免疫本场鸡群对预防大肠杆菌有一定作用。

(5) 治疗 发生鸡大肠杆菌病时，可用药物进行治疗。常用药物有丁胺卡那霉素、庆大霉素、新霉素、诺氟沙星、环丙沙星、恩诺沙星等。由于大肠杆菌易产生耐药性，有条件时应进行药物敏感试验，选用敏感药物进行治疗。

3. 鸡霍乱

鸡霍乱又称鸡巴氏杆菌病、鸡出血性败血症，是由巴氏杆菌引起的一种急性败血性传染病。本病病原是多杀性巴氏杆菌。多杀性巴氏杆菌对消毒药抵抗力不强,在5%生石灰、1%漂白粉、50%酒精、0.02%升汞溶液内1分钟可将其杀死。一般消毒药物很容易将它杀死。对热抵抗力不强,60℃经10分钟即死亡,在阳光照射下也很快死亡。

(1) 流行病学 该菌在自然界中广泛分布,在饲养管理不良、气温突变和鸡抵抗力降低时即可引起发病。一年四季都能发病,以春秋季节多见。常散发或地方性流行。雏鸡对巴氏杆菌有一定抵抗力,感染较少,3~4月龄的鸡和成鸡易感。本病主要传染源是病鸡和带菌家禽。病鸡排泄物污染饲料、饮水,通过消化道传播。病鸡咳嗽、鼻腔分泌物排出病菌,通过飞沫经呼吸道传染。带菌家禽常无临床症状,但可排出病菌污染周围环境、用具、饲料和饮水。

(2) 临床症状

① 最急性型:常见于流行初期,成年高产蛋鸡易发生,病鸡无任何临床症状,突然死亡。

② 急性型:病鸡精神不振,羽毛松乱,缩颈闭目。体温升高,不食或少食,饮水增多。口鼻分泌物增加,自口中流出黏液,挂于嘴角。呼吸加快,发出咯咯声。拉黄、灰绿色稀粪。产蛋鸡产蛋停止,最后衰竭而死。一般1~3天死亡。

③ 慢性型:精神委靡,消瘦,肉冠、肉髯肿大,黏膜苍白,病鸡经常腹泻,咳嗽,关节肿大。病程可达1个月以上。

(3) 病理变化

① 最急性型:见不到明显变化,或仅有心外膜散布针尖大点状出血,肝脏有细小坏死灶。

② 急性型:肝脏体积稍肿大,棕色或棕黄色,质地脆弱,被膜下和肝实质中有弥散性、数量较多的灰白色或黄白色针尖大至针头大出血点。心脏扩张,心包积液,心脏有血凝块,心冠脂肪有针尖大出血点,心外膜有小出血点。皮下组织和腹部脂肪、肠系膜、浆膜等处常有小出血点。肺脏质脆,呈棕色或黄棕色。

③ 慢性型:可见关节、腱鞘、卵巢等发炎和肿胀。以呼吸道症状为主时,可见鼻腔、气管卡他性炎症。

(4) 诊断 根据病史、临床症状和病理变化怀疑本病时,可用肝脏或心血做涂片，染色镜检。确诊须做病原分离、鉴定和动物接种。

(5) 防治措施

① 加强饲养管理，搞好鸡舍、运动场卫生，经常清洗消毒用具。

② 常发地区可用禽霍乱氢氧化铝甲醛菌苗，3月龄以后每只胸肌注射2毫升，免疫3个月。

(6) 治疗 一旦鸡群发病应立即隔离病鸡，烧毁或深埋病死鸡，场地及用具用高效强力消毒灭菌剂或百毒杀彻底消毒，防止病菌扩散。多种药物对鸡霍乱有治疗效果，应结合药敏试验选择敏感药物治疗。

常用药物有庆大霉素、环丙沙星、恩诺沙星、喹乙醇等。

青霉素按每只成年鸡肌注2～5万国际单位，每天2～3次，连用2天。

链霉素按每只成年鸡肌注0.1克，每天2次，连用2天。用药后死亡率降低。

4. 葡萄球菌病

葡萄球菌病是主要由金黄色葡萄球菌引起的一种急性或慢性传染病。其特征是腱鞘、关节和滑膜囊局部化脓、创伤感染、败血症、脐炎和细菌性心内膜炎。病原体是金黄色葡萄球菌，该菌对外界环境抵抗力较强，在干燥的浓汁或血液中，可生存2～3个月，加热70℃1小时、80℃30分钟才能将其杀死。对许多消毒药有抵抗力，3％～5％石炭酸消毒效果较好，也可用过氧乙酸消毒。

(1) 流行特点 各种日龄的鸡都可感染金黄色葡萄球菌，40～60日龄的鸡最易发病，成年鸡发病较少。

金黄色葡萄球菌在自然界中分布广泛，土壤、空气、水、饲料、物体表面及鸡的羽毛、皮肤、黏膜、肠道和粪便中都有该菌存在。

鸡皮肤和黏膜创伤是主要的传染途径，也可以通过消化道和呼吸道传播。接种鸡痘、断喙、刺伤、啄伤、脐带感染、鸡群拥挤、患传染性法氏囊病或马立克病等造成鸡免疫功能低下等都是本病的诱因。

本病一年四季都可发生，雨季、潮湿季节发生较多。鸡品种对本病发生没有明显影响。

(2) 临床症状

① 急性败血型：病鸡精神沉郁，不原活动，呆立，两翅下垂，

缩颈，眼半闭呈嗜睡状。羽毛松乱，无光泽，食欲减退或废绝。部分病鸡下痢，排出灰白色或黄绿色稀粪。特征性症状是胸腹部、大腿内侧皮下浮肿，有数量不等的血样渗出液，外观呈紫色或紫褐色，有波动感，自然破溃，流出恶臭液体；局部羽毛脱落或用手一摸即可掉落；有些在翅膀背侧及腹面、翅尖、尾、脸、背及腿等不同部位的皮肤出现大小不等的出血点，局部炎性坏死或干燥结痂。在发病后 2～5 天死亡。

② 关节炎型：多个关节发炎肿胀，特别是趾关节，呈紫红色或紫黑色，有的破溃并结痂。病鸡跛行，喜卧，因采食困难，被其他鸡踩踏，消瘦，衰弱死亡。病程多为十余天。有的病鸡趾端坏疽，干脱。如果发病鸡群是由鸡痘而引起的，部分病鸡还可见到鸡痘症状。

③ 脐炎型：鸡胚及新出壳的雏鸡脐孔闭合不全，金黄色葡萄球菌感染后，引起脐炎。脐部肿大，局部呈黄红、紫黑色，质地稍硬。脐炎病鸡在出壳后 2～5 天死亡。

④ 眼型：病程长时出现眼型。眼睑肿胀，闭眼，有脓性分泌物。久病者眼球下陷，失明。最后病鸡饥饿，被踩踏，衰竭死亡。

(3) 病理变化

① 急性败血型：病死鸡胸部、前腹部羽毛稀少或脱落，皮肤呈紫黑色或浅绿色浮肿，整个皮下充血、溶血，呈弥漫性紫红色或黑红色，积有大量胶冻样粉红色、浅绿色或黄红色水肿液。肝肿大，淡紫红色，有花纹或花斑样变化。脾肿大，紫红色，有白色坏死点。心包积液，呈黄红色半透明。

② 关节炎型：关节和滑膜发炎，关节肿大，滑膜增厚，关节囊内有浆液、黄色脓性或浆性纤维素性渗出物，慢性病例形成干酪样坏死，关节周围结缔组织增生及畸形。

③ 脐炎型：脐部发炎、肿大，紫红或紫黑色，有暗红色或黄红色液体，时间稍长则为脓样干涸坏死物。肝脏有出血点。卵黄吸收不良，呈黄红或黑灰色。

④ 眼型：病鸡眼结膜发炎、充血、出血等，眼睛红肿、闭眼，眼角流出脓性黏液，眼部肿胀突出。

(4) 诊断　主要根据发病特点、发病症状及病理变化做出初步诊断，确诊须结合实验室检查综合诊断。

(5) 防治措施

① 防止和减少鸡只外伤：消除林地场地、用具、鸡舍内设施上能引起外伤的因素。在断喙、免疫接种时要细心，并做好消毒，以避免金黄色葡萄球菌感染。

② 做好消毒管理工作。做好林地饲养环境、用具、鸡舍的清洁卫生及消毒工作，减少或消除传染源，可用 0.3% 过氧乙酸或 0.01% 百毒杀带鸡消毒。

③ 加强卫生管理措施。鸡饲料中要保证合适的营养物质，供给足够的维生素和矿物质，避免拥挤。

(6) 治疗　鸡场一旦发生葡萄球菌病，要立即对鸡舍、用具进行严格消毒，防止疫病发展和蔓延。发病鸡只隔离饲养。

发病后，应立即确诊，根据药敏试验结果选择敏感药物进行治疗。常用的药物有新霉素、卡那霉素或庆大霉素等。

5. 慢性呼吸道病

鸡的慢性呼吸道病是由鸡败血支原体引起的一种接触性慢性呼吸道传染性疾病。其特征是咳嗽、喷嚏和气管啰音，上呼吸道炎症及气管中有干酪样物，成年鸡呈隐性感染。鸡的慢性呼吸道病病原是支原体。支原体是缺少细胞壁的微小原核微生物。支原体对外界环境的抵抗力不强，离体后迅速失去活力，一般消毒药能迅速将其杀灭。对热的抵抗力弱，在 20℃ 的鸡粪中存活 1~3 天，45℃ 1 小时、50℃ 20 分钟即可失去活力。在室温下可保存 6 天。

(1) 流行特点　在正常的饲养管理下，单独感染支原体的鸡群不表现症状，常呈隐性经过。病鸡和隐性感染鸡是本病的传染源。通过接触传染和经蛋传染。通过带菌鸡长生的飞沫或尘埃传播，也可通过被污染的用具、饲料、饮水传播。病鸡所产的蛋含有病原体，孵出的雏鸡带有支原体，成为传染源。也可经交配传播。本病一年四季均可发生，寒冷季节多发。当鸡群受到其他病原微生物和寄生虫侵袭如感染新城疫、传染性支气管炎或传染性鼻炎等病原体，以及影响鸡抵抗力降低的应激因素如预防接种、卫生不良、鸡群拥挤、气候突变时，可促使或加重本病的发生和流行。

(2) 临床症状　鸡败血支原体的潜伏期为 4~21 天。患病幼龄鸡鼻腔及邻近黏膜发炎，流鼻涕、喷嚏、窦炎、结膜炎及气囊炎。炎症由鼻腔蔓延到支气管，咳嗽，呼吸道啰音，生长停滞。炎症波及眶下窦时，蓄积的渗出物引起眼睑肿胀，向外突出如肿瘤，视觉减退，失明。单纯性感染本病死亡率低，并发感染的死亡率达30％。成年鸡多散发。此病常与大肠杆菌混合感染，表现发热、下痢等症状。

（3）病理变化　病鸡的鼻腔、窦腔、气管和支气管发生卡他性炎症，渗出液增多。气囊壁增厚，不透明，囊内常有黏液性或干酪状渗出物。与大肠杆菌混合感染时，可见纤维素性肝周炎、心包炎和腹膜炎。

（4）诊断　根据流行病学、临床症状和病理变化可作出初步诊断。确诊鸡群须做病原分离鉴定和血清学试验。

（5）防治措施

① 从无支原体病的种鸡场和孵化场购鸡；注意鸡舍环境卫生，经常清扫、清毒，加强鸡舍通风换气，减少和避免各种应激发生。

② 疫苗接种：1～3日龄用敏感药物防止鸡群感染，15日龄用弱毒疫苗免疫，可使鸡群得到良好保护。种鸡群产蛋前注射油乳剂灭活苗，可大大减少经蛋传播。

（6）治疗　泰乐菌素、北里霉素、支原净、土霉素、链霉素、强力霉素等对治疗有一定疗效。有条件的可进行药物敏感试验。大群治疗时，可按每吨饲料添加土霉素200～500克，连续饲喂1周，预防量减半。支原体易产生抗药性，长期使用单一药物，效果不好，最好是几种药物轮换使用或联合使用。混合感染时，注意对并发症的治疗。

6. 鸡伤寒

鸡伤寒是由鸡伤寒沙门菌引起的一种败血性疾病。特征为肝、脾等实质器官病变和下痢。病原为鸡伤寒沙门菌。此菌抵抗力不强，60℃10分钟即被杀死，在阳光照射下数分钟即死亡。对低温阴暗的环境抵抗力较强。一般消毒药物都能将其杀死。

（1）流行特点　受感染的鸡是重要传染源。传染途径以消化道为主，也可经种蛋传染。可通过被污染的饲料、垫料、饮水、设备和工作人员的衣服进行传播。动物、野禽和苍蝇也可机械带菌。本病的死亡常开始于幼雏，但死亡可延续到产蛋期。

（2）临床症状　本病的潜伏期为4～5天。幼雏和成年鸡对本病的易感性相同。病雏症状和雏鸡白痢相似。病雏体弱嗜睡，发育不良，泄殖腔周围黏着白色粪便，肺出现病灶，有呼吸困难或打咯声。

中鸡和成年鸡急性暴发本病时，病鸡精神委顿，食欲废绝，渴欲增加，鸡冠和肉髯苍白，羽毛松乱，头翅下垂，体温升高 $1\sim3℃$，腹泻，排黄绿色稀粪，病程1周左右，死亡率 $5\%\sim30\%$。成年鸡可能无症状而成为带菌鸡。发生慢性腹膜炎时，病鸡常呈企鹅式站立。

(3) 病理变化　急性型鸡伤寒的特征性病理变化是肝和脾发生肿大，充血变红。亚急性和慢性病例，肝脏肿大，呈黄色或铜绿色，有白色或浅黄色坏死点。脾肿大 $1\sim2$ 倍，常有粟粒大小的坏死灶。胆囊肿大，充满胆汁；心包积水，有纤维素性渗出物。肾脏肿大充血。卵泡变形、充血，卵泡破裂可引起腹膜炎。睾丸肿胀并有大小不等的坏死灶。

(4) 诊断　本病的确诊必须从病鸡的内脏器官中分离培养和鉴定病菌。

(5) 防治措施　加强饲养管理和器具的清洗与消毒工作。

(6) 治疗　发生本病时，要隔离病鸡，对重病鸡及时淘汰，病、死鸡深埋或焚烧。根据药敏试验，选用药物。环丙沙星、新霉素等对本病有良好的疗效。

7. 鸡坏死性肠炎

鸡坏死性肠炎又称肠毒血症，是由魏氏梭菌引起的一种散发性疫病。本病特征为鸡的肠黏膜坏死。魏氏梭菌（C型产气荚膜梭菌）为革兰阳性杆菌，有芽孢和荚膜。该菌在体内增殖后，由大肠向小肠迁移，产生外毒素，导致该病发生。该菌在自然界分布极广。对外界环境和许多常用的酚类、甲酚类消毒剂有较强抵抗力。

(1) 流行特点　$2\sim8$ 周龄雏鸡仅散发，多发于肉用仔鸡。本病经消化道感染。魏氏梭菌存在于鸡消化道中，当机体抵抗力下降或某些应激因素可引发本病。在潮湿温暖季节多发。受污染的尘埃、污物、垫料是本病的传染源。鸡的死亡率一般为 6%。肠黏膜损伤、球虫感染等可诱发本病。

(2) 临床症状　病鸡精神沉郁，眼闭合，无食欲，贫血，排红褐色或黑褐色焦油样粪便，或见有脱落的肠黏膜。慢性病鸡体重减轻，排灰白色稀粪，衰竭死亡。

第七章 林地生态养鸡疾病防治技术

(3) 病理变化 小肠后 1/3 段的肠内壁附着疏松或致密的黄色或绿色假膜，剥去后黏膜弥漫性坏死。肠壁脆弱，肠内充满气体。肠内容物为血样或黑绿色液状。盲肠黏膜有陈旧性血样内容物。肾肿大褪色。肝充血，有小的圆形坏死灶。

(4) 诊断 根据临床症状和病理变化做出初步诊断。确诊须进行病原分离。

(5) 防治要点

① 加强饲养管理和环境卫生、避免饲养密度过大、消除应激因素、控制球虫病等可有效预防本病发生。

② 饲料中添加酶制剂，控制球虫病，可减少本病发生。

③ 应用微生态活菌制剂维持消化道菌群平衡，可减少产气荚膜梭状芽孢杆菌在肠道中繁殖。

(6) 治疗 使用杆菌肽锌、青霉素、环丙沙星等药物进行防治。

8. 鸡曲霉菌病

鸡曲霉菌病是由曲霉菌引起鸡的一种疾病。该病特征是呼吸困难，在肺和气囊上形成霉菌小结节。病原是曲霉菌中的烟曲霉菌和黄曲霉菌，一般常见且致病力最强的为烟曲霉菌。曲霉菌及其孢子在自然界分布广泛，常污染饲料和垫草。对理化作用的抵抗力很强，120℃干热 1 小时或在 100℃沸水中煮 5 分钟才能将其杀死。曲霉菌的孢子对一般消毒药抵抗力强，仅能致弱不能杀死。2% 甲醛 10 分钟、3% 石炭酸 1 小时、3% 苛性钠 3 小时，才使其致弱。

(1) 流行病学 幼鸡常呈急性暴发，发病率、死亡率均高。成年鸡多为散发。本病发生与生长霉菌的环境有关。饲料或垫料被霉菌污染，鸡群密度过大，通风不良时可诱发本病。多雨、潮湿地区，常在鸡群中暴发。初生雏鸡可由于孵化过程污染霉菌而感染发病。

(2) 临床症状 病雏呼吸困难，伸颈张口呼吸，喘气。食欲不振，口渴，嗜睡。羽毛松乱，进行性消瘦，发生下痢，最后衰竭而死。病原侵害眼睛，一侧或两侧眼球发生灰白浑浊。食道黏膜受损，则吞咽困难。病原侵害脑组织，出现斜颈、麻痹等神经症状。成年鸡多呈慢性经过，引起产蛋下降，有时出现跛行。

(3) 病理变化 肺和气囊、支气管和气管出现病灶，其他器官也可出现病变。肺脏可见散在的黄色小米粒大至豆大的结节，质地较硬。气囊壁上可见大小不等的干酪样结节或圆形斑块，气囊壁增厚，斑块融合在一起，形成灰绿色霉菌斑。严重时在腹腔、浆膜、肝或其他部位表面有结节或圆形灰绿色斑块。

(4) 诊断　根据发病特点、临床特点、病理变化等，作出初步诊断。确诊必须进行微生物学检查和病原分离鉴定。

(5) 防治措施　加强卫生管理，防止饲料和垫料发霉，使用清洁干燥的垫料和无霉菌污染的饲料。避免鸡只接触发霉物，防止场地潮湿和积水，加强鸡舍通风。

(6) 治疗　及时隔离病雏，清除污染霉菌的饲料与垫料，清扫鸡舍，铲除地面土，20％石灰水彻底消毒。严重病例及时淘汰。

① 用1：2000或1：3000的硫酸铜溶液代替饮水，连用3～4天，可以控制疾病蔓延。

② 病鸡试用碘化钾口服治疗。每升水加碘化钾5～10毫克，有一定疗效。

③ 制霉菌素：成鸡15～20毫克，雏鸡3～5毫克，混于饲料喂服3～5天。

(三) 寄生虫病

1. 鸡球虫病

鸡球虫病由艾美耳属的多种球虫引起的一种急性流行性原虫病。其特征为病鸡消瘦、贫血、血痢、生长发育受阻，是鸡的一种常见病、多发病，对鸡危害严重。病原为艾美耳球虫，有7种，即柔嫩艾美耳球虫、毒害艾美耳球虫、堆型艾美耳球虫、巨型艾美耳球虫、哈氏艾美耳球虫、和缓艾美耳球虫和早熟艾美耳球虫。柔嫩艾美耳球虫、毒害艾美耳球虫的致病力较强，柔嫩艾美耳球虫寄生在盲肠黏膜内，称盲肠球虫。毒害艾美耳球虫寄生在小肠中段黏膜内，称小肠球虫。球虫的卵囊抵抗力非常强，在土壤中可以保持生活期达4～9个月，在有树荫的运动场上，可达15～18个月。当气温在22～30℃时只需要18～36小时，就可能成为感染性卵囊。卵囊对高温和干燥的抵抗力较弱。

(1) 流行特点　各品种的鸡均有易感性，雏鸡有母源抗体保护，10日龄以内很少发病。15～50日龄发病率和死亡率很高，成年鸡对球虫也敏感。吃入感染性卵囊是鸡感染球虫的主要途径。病鸡是主要传染源。被带虫鸡污染过的饲料、饮水、土壤或用具等，都有卵囊存在。可通过污染的设备、工作人员的衣服等机械性传播。苍蝇、鼠类和野鸟等也是传播媒介。

易感鸡食入传染性卵囊时，就会暴发球虫病。本病多发生在温暖季节，鸡舍内温度高达30~32℃，湿度80%~90%时，最易发病。天气潮湿多雨，鸡群过于拥挤，运动场潮湿积水，饲料中缺乏维生素A以及日粮搭配不合理等，都可诱发本病流行。

（2）临床症状　病鸡精神不振，羽毛松乱，闭目呆立不动；食欲减退，鸡冠及可视黏膜苍白，逐渐消瘦；排水样稀便，并带有少量血液。患盲肠球虫时，粪便呈棕红色，以后变成血便。雏鸡死亡率高达100%。日龄较大的鸡呈慢性经过，症状轻，病程较长。病鸡间歇性下痢，逐渐消瘦，产蛋减少，死亡率低。

（3）病理变化　主要病变在肠道。柔嫩艾美耳球虫主要侵害盲肠，盲肠显著肿大，肠内充满凝固的或暗红色血液，肠上皮变厚并有糜烂，浆膜可见针尖大至小米粒大小的白色斑点和红色出血点。毒害艾美耳球虫损害小肠中段，这部分肠管扩张、肥厚、变粗，严重坏死。肠管中有凝固血块，使小肠在外观上呈现淡红色或黄色。巨型艾美耳球虫主要侵害小肠中段，肠管扩张，肠壁肥厚，内容物黏稠，呈淡灰色、淡褐色或淡红色，有时混有很少的血。堆型艾美耳球虫多在上皮表层发育，而且同一发育阶段的虫体常聚集在一起。被损害的肠段出现大量淡灰色斑点。哈氏艾美耳球虫主要损害十二指肠和小肠前段，肠壁上出现针头大小的出血点。

（4）诊断　根据发病季节、临床症状和病理变化初步做出诊断，确诊要做实验室检查。检查方法是：取少量病鸡肠病理变化黏液，放在清洁的玻璃片上，滴上生理盐水混匀，盖上盖片，镜检。

（5）防治措施

① 搞好环境卫生。鸡舍要保持干燥，通风良好，及时清除粪便、受潮垫料。饲槽、饮水器、用具和栖架要经常洗刷和消毒。对墙壁、地面进行彻底消毒，饲养管理人员出入鸡舍应更换鞋子，减少和杀灭鸡舍环境中的球虫卵囊。鸡场中的粪便、垫料做堆积发酵处理，以杀灭卵囊，防止饲料和饮水被污染。合理搭配日粮，补充充足的维生素

A、维生素 K，提高机体抵抗力。雏鸡与成鸡分开饲养。不同批次的雏鸡严禁混养，实行全进全出制度以切断传染源。每天注意观察雏鸡食欲、精神、排便情况，发现病鸡及时隔离治疗。

②药物预防：从 7～9 日龄开始在饲料或饮水中按时、按量投入药物。

(6) 治疗 药物治疗对该病有效，同时须做好消毒和清粪。治疗球虫病的药物主要有氨丙啉、克球粉、盐霉素、地克珠利、青霉素等。应有计划地交替使用或联合使用，用足疗程。在治疗的同时，饲料中注意补充维生素 K、鱼肝油。

2. 鸡蛔虫

鸡蛔虫寄生于鸡肠道内所引起的一种线虫病。鸡蛔虫分布很广，对雏鸡危害大，严重感染时甚至发生大批死亡。虫体淡黄色，圆筒形，体表角质层具有横纹。雄虫长 58～62 毫米，雌虫长 65～80 毫米。虫卵呈椭圆形，大小为（73～90）微米×（45～60）微米。鸡蛔虫产卵量大，一条雌虫一天可产 72500 个虫卵。鸡蛔虫卵在外界环境中的发育与温度、湿度、阳光等自然因素密切相关。虫卵发育所需的温度为 10～39℃，在 10℃下，虫卵不能发育，但在 0℃中可以持续 2 个月不死亡。鸡蛔虫卵在潮湿的土壤中才能发育，在相对湿度低于 80% 时不能发育为感染性虫卵。蛔虫卵受阳光照射极易死亡，对化学药物有一定的抵抗力，在 5% 甲醛溶液中仍可发育为感染性虫卵。

(1) 流行特点 本病主要发生于 2～4 月龄的鸡，随着年龄的增大，易感性逐渐降低。1 年以上的鸡多为带虫者。鸡食入被虫卵污染的饲料或饮水而感染。鸡食入感染性虫卵至蛔虫发育成熟共需 50 天左右。饲料中动物性蛋白质含量过少、维生素 A 和 B 族维生素缺乏时，雏鸡对蛔虫的抵抗力降低。

(2) 临床症状 雏鸡感染时临床症状较明显。患病雏鸡表现为精神不振，食欲减退，常呆立不动，羽毛松乱，两翅下垂；鸡冠、肉髯、可视黏膜苍白，生长缓慢，下痢和便秘交替出现，有时稀粪中见血或有蛔虫出现，鸡体消瘦衰弱。大量蛔虫堵塞肠道时可引起死亡。成年鸡轻度感染时一般不出现临床症状，母鸡产蛋量减少或停止。严重感染时，表现为下痢、贫血和消瘦。

(3) 病理变化 病死鸡明显贫血、消瘦,肠黏膜充血、肿胀、发炎、出血,肠壁上有颗粒状化脓结节。小肠内可见黄白色虫体。

(4) 诊断 根据病理变化、剖检,在粪便中发现虫卵或剖检时发现虫体可确诊。

(5) 防治措施 搞好环境卫生,对鸡舍和运动场经常清理消毒,运动场每隔一段时间铲去表土,更换新土。鸡舍与运动场清洗后用3%氢氧化钠溶液喷洒消毒。鸡粪应及时清除、堆积发酵,以杀死虫卵。幼鸡、成鸡严格分群饲养。对易感鸡群定期驱虫,幼鸡在2月龄开始,每隔1个月驱虫一次。成年鸡每年驱虫2~3次,在每年春秋两季进行。

(6) 治疗

① 左旋咪唑,片剂,每千克体重25毫克,空腹时经口投服,或拌于少量饲料中喂服;针剂5%的注射液,每千克体重0.5毫升肌注。

② 驱虫净,每千克体重40~50毫克混入饲料中,一次投给。

③ 驱蛔灵,每千克体重0.15~0.25克投服。最好隔1周再驱虫1次。

3. 鸡住白细胞原虫病

鸡住白细胞原虫病是由寄生在鸡的白细胞或红细胞内的住白细胞原虫而引起的一种寄生虫病。鸡以内脏器官和肌肉出血为特征,表现为鸡冠苍白,所以又名"白冠病"。鸡住白细胞原虫分为卡氏白细胞原虫、沙氏白细胞原虫和休氏白细胞原虫3种,我国已发现了前两种。卡氏白细胞原虫是毒力最强、危害最严重的一种。住白细胞原虫寄生于鸡的红细胞、白细胞等组织细胞中。卡氏白细胞原虫的发育需要库蠓参加,当库蠓叮咬鸡时,将含有成熟孢子的卵囊输入鸡体内。成熟的卵囊内含有许多孢子,聚集在库蠓的唾液腺内。库蠓吸血时,便可传染给鸡。

(1) 流行特点 本病的传染需要库蠓作为传播媒介,发病有明显的季节性,北京地区一般发生在7~9月份,华南地区多发生在4~10月份。任何日龄的鸡都能感染,3~6周龄雏鸡和2~4月龄青年鸡最易感,发病严重。母鸡感染后,个别发生死亡,多数耐过后,鸡只消瘦,产蛋率下降,甚至停产。并可长期带虫,成为鸡群的传播来源。

(2) 临床症状 发病急，病鸡高热，精神委靡，食欲减退，羽毛松乱，拉黄绿色粪便或血便。严重贫血，鸡冠和肉髯苍白，两肢轻瘫，伏于地上。病鸡渴欲增加，呼吸困难，雏鸡偶见咯血。母鸡症状较轻微，产蛋减少或停止，时间可至一个多月。住白细胞原虫病死亡率，高康复鸡生长和产蛋都很差。

(3) 病理变化 病死鸡剖检特征是：口流鲜血，鸡冠苍白，全身性广泛出血，肌肉及某些内脏器官有白色小结节。全身性出血包括皮下出血，胸肌和腿肌有出血点或出血斑。各内脏器官广泛出血，多见于肺和肾，严重的可见两侧肺叶充满血液，肾包膜下有大片血块。心、脾、胰及胸腺有出血点，腭裂常被血样黏液阻塞。气管、嗉囊、胸腔、腺胃、肌胃及肠道有出血斑点。胸肌、腿肌等浅部及深部肌肉，以及肝、肺、脾等脏器常见到白色、界限清楚的小结节。

(4) 诊断 根据发病季节、临床症状和病理变化可作出初步诊断，确诊需作实验室检查。

(5) 防治措施 消灭库蠓是预防本病的主要措施。保持环境清洁卫生，鸡舍内外可定期喷洒福尔马林、新洁尔灭。

(6) 治疗 泰灭净对住白细胞原虫病有特效。泰灭净粉剂按0.1％混料，连用3天后浓度改为0.01％，再用14天。泰灭净钠粉，按0.1％混于饮水，连用3天后，浓度改为0.01％，再用14天。

4. 组织滴虫病

组织滴虫病又名盲肠肝炎或黑头病，是鸡和火鸡的一种原虫病，由组织滴虫寄生于盲肠和肝脏引起，以肝的坏死和盲肠溃疡为特征。组织滴虫病的病原是组织滴虫，它是一种很小的原虫。该原虫有两种形式：一种是组织型原虫，寄生在细胞里；另一种是肠腔型原虫，寄生在盲肠腔的内容物中，虫体呈阿米巴状。

(1) 流行特点 组织滴虫病最易发生于2周至三四个月龄以内的鸡。成年鸡也可感染，但呈隐性感染，成为带虫者，有的慢性散发。随病鸡粪排出的虫体，在外界环境中能生存很久，鸡食入这些虫体便可感染。但主要的传染方式是通过寄生在盲肠的异刺线虫的卵而传播。当异刺线虫在病鸡体寄生时，其中卵内可带上组织滴虫。异刺线虫卵中约0.5%带有这种组织滴虫。这些虫在线虫卵的保护下，随粪便排出体外，在外界环境中能生存2~3年。当外界环境条件适宜时，发育为感染性虫卵。鸡吞食了这样的虫卵后，卵壳被消化，线虫的幼虫和组织滴虫一起被释放出来，共同移行至盲肠部位繁殖，进入血流。线虫幼虫对盲肠黏膜的机械性刺激，促进盲肠肝炎的发生。组织滴虫钻入肠壁繁殖，进入血流，寄生于肝脏。

（2）临床症状　本病潜伏期一般为15~20天。病鸡精神委顿，食欲不振，缩头，羽毛松乱。呆立，翅膀下垂，闭眼，身体蜷缩，行走如踩高跷步态。最急性病例，粪便带血或完全血便，头皮呈紫蓝色或黑色，又叫黑头病。慢性病例，患病鸡排淡黄色或淡绿色粪便，较大的鸡消瘦，体重减轻。

（3）病理变化　组织滴虫病的损害常限于盲肠和肝脏，盲肠的一侧或两侧发炎、坏死，肠壁增厚或形成溃疡，有时盲肠穿孔，引起全身性腹膜炎，盲肠表面覆盖有黄色或黄灰色渗出物，并有特殊恶臭。有时这种黄灰绿色干酪样物充塞盲肠腔，呈多层栓子样。外观呈明显的肿胀和混杂有红、灰、黄等颜色。肝出现颜色各异、圆形或不规则形、中央稍有凹陷的溃疡状灶，通常呈黄灰色，或淡绿色。溃疡灶的大小不等，一般为1~2厘米的环形病灶，也可能相互融合成大片的溃疡区。大多数感染鸡群通常只有剖检足够数量的病死鸡只，才能发现典型病理变化。

（4）诊断　根据流行病学、症状和病理变化进行综合诊断，据肝脏和盲肠典型病理变化可以初步诊断。注意与鸡大肠杆菌、鸡坏死性肠炎鉴别诊断。

（5）防治措施

① 必须加强卫生管理，防止异刺线虫侵入鸡体内，用驱虫净定期驱除异刺线虫，用药量每千克体重40~50毫克。

② 在进鸡前，必须清除林地杂物，鸡舍用水冲洗干净，然后严格消毒。严格做好鸡群的卫生管理，饲养用具不得混用，饲养人员不能串舍，避免互相传播疾病，及时检修供水器，定时移动饲料槽和饮水器的位置，以减少局部湿度过大和粪便堆积。

③ 蚯蚓是鸡异刺线虫的宿主，用蚯蚓喂鸡时，先用清水漂洗干净，加热煮沸5~7分钟，可有效杀死蚯蚓体内、体外的寄生虫。将

煮后的蚯蚓切成小段，添加到饲料中喂鸡。

④ 如发现病鸡立即隔离治疗，重病鸡淘汰，鸡舍地面用3％苛性钠溶液消毒。

(6) 治疗

① 甲硝达唑（灭滴灵）：配成0.05％水溶液饮水，连饮7天后，停药3天，再饮7天。

② 二甲硝基咪唑（达美素）：混料饲喂，预防量为150～200毫克/千克，治疗量为400～800毫克/千克。

③ 卡巴砷：混料饲喂，预防量为150～200毫克/千克，治疗量为400～800毫克/千克。

④ 硝基苯砷酸：混料饲喂，预防量为187.5毫克/千克，治疗量为400～800毫克/千克。

治疗时补充适量维生素K，以防止盲肠出血；补充维生素A，促进盲肠和肝脏的组织恢复。

5. 鸡绦虫病

鸡绦虫病是由棘沟赖利绦虫、节片戴文绦虫、四角赖利绦虫和有轮赖利绦虫等绦虫引起的一种寄生虫病。各种绦虫均为白色、扁平、带状分节的蠕虫，虫体由一个头节和多体节结构组成。成虫虫体由很多节片构成，外观呈白色竹节状。虫体末端为孕卵节片，成熟后脱落，随粪便排出体外。

(1) 流行特点　雏鸡易感性最强。中间宿主为蚂蚁、蝇类、甲虫等。虫卵被中间宿主食入体内，经14～16天长成幼虫。鸡吃了含幼虫的中间宿主而被感染，幼虫吸附在鸡小肠黏膜上，经12～23天发育为绦虫成虫，往复传播、繁殖。在流行区，放养的雏鸡可能大群感染并引发死亡。

(2) 临床症状　病鸡消化不良，食欲减退，腹泻，消瘦，翅下垂，羽毛蓬乱，贫血，鸡冠、肉髯及眼结膜苍白。粪便稀薄或混有血样黏液。粪便中可见白色、芝麻粒大、长方形绦虫节片。绦虫代谢物能使鸡中毒，引起腿脚麻痹，进行性瘫痪，最后因衰竭而死。

(3) 病理变化　小肠黏膜出血、坏死和溃疡，黏膜附有灰黄色黏液。鸡小肠内发现虫体，严重时阻塞肠道。肠壁可见灰黄色、中间凹陷的小结节。

（4）诊断　粪便中发现绦虫节片，结合临床症状和病理变化，可做出诊断。

（5）防治措施

① 彻底清理林地、鸡舍中污物，防止或减少中间宿主的滋生和隐藏，是防治绦虫虫卵传播最有效的方法。及时清理粪便，并进行腐熟堆肥，灭杀虫卵。

② 定期驱虫，使用丙硫苯咪唑预防，按15毫克/千克体重，混料一次投服。

（6）治疗

① 丙硫苯咪唑，15～20毫克/千克体重，混料一次投服。

② 硫双二氯酚，100～200毫克/千克体重，混料一次投服。

③ 氯硝柳胺，50～100毫克/千克体重，混料一次投服。

④ 吡喹酮，10～20毫克/千克体重，混料一次投服。

⑤ 氟苯咪唑，鸡每千克饲料添加30毫克，连用4～7天。

6. 鸡虱病

鸡虱病是鸡羽虱寄生于鸡体表引起的。鸡羽虱是一种永久性寄生虫，全部生活史都在鸡身上进行，以羽毛和皮肤分泌物为食，有时吸吮鸡的血液。羽虱种类较多，常见的有鸡羽虱、鸡体虱、鸡头虱等种类。虫体很小，长1～2毫米，淡黄色或灰色。

（1）流行特点　一年四季均可发病，秋、冬两季，鸡体表寄生的羽虱最多。鸡羽虱经接触感染后，传播迅速，散养或放养鸡发病率高。

（2）临床表现　羽毛脱落，皮肤损伤，奇痒不安，食欲下降，体重减轻，消瘦贫血，雏鸡和肉鸡生长迟缓，产蛋鸡产蛋率下降。

（3）防治措施　保持环境清洁卫生，清除陈旧干粪、垃圾杂物，使用敌百虫、溴氰菊酯等药物对鸡舍地面、墙壁和棚架进行喷洒，杀灭环境中的羽虱。

（4）治疗　撒粉法或喷粉法：用5%氟化钠、或0.5%敌百虫、或5%硫黄粉，撒喷到鸡体的各个部位，使药粉分布均匀。

① 药浴法：在温暖晴天时，将0.1%敌百虫溶液装入容器内，浸透鸡体，露出鸡头，将鸡提起，待鸡身上的药液干后再将鸡放开，以免鸡啄羽毛而中毒。也可用2.5%的溴氢菊酯或灭蝇灵4000倍液对

鸡体进行药浴或对鸡舍进行消毒。

② 沙浴法：在鸡的运动场上挖一浅坑，用 10 份黄沙和 1 份硫黄粉，将鸡放入池内，任其进行沙浴，可戴上手套将药沙在鸡体上用手搓浴。

药物灭虱时要注意管理，避免鸡群中毒。

(四) 维生素缺乏症

1. 维生素 A 缺乏症

(1) 发病原因　饲料中缺乏合成维生素 A 的原料或添加维生素 A 不足，造成维生素 A 缺乏症。

(2) 临床症状　病鸡精神沉郁，食欲不振，消瘦，羽毛脏乱，嘴、脚黄色变淡，鸡冠和肉髯苍白，步态不稳，常伴有严重的球虫病。特征性症状：鼻孔、眼内流出水样液体，眼睑粘在一起眼睁不开，严重时眼内蓄积黄乳白色干酪样物质，眼球凹陷，角膜软化，失明，因衰弱或饥饿而死亡。

(3) 病理变化　雏鸡眼睑发炎，内有黏液性渗出物粘连而闭合。口腔、咽部及食管黏膜上有灰白色小结节，有时融合在一起形成假膜。内脏器官出现尿酸盐沉积，肾肿大，颜色变淡，表面有灰白色网状花纹，输尿管变粗，心、肝等脏器的表面也常有尿酸盐覆盖。

(4) 防治　维生素 A 缺乏时，加喂青绿饲料，按维生素 A 正常需要量的 3～4 倍混料饲喂，连喂 2 周后恢复正常水平。

2. 维生素 B_1（硫胺素）缺乏症

(1) 发病原因　饲料中缺乏富含维生素 B_1 的糠麸、酵母、谷粒等。长期使用磺胺类药物造成维生素 B_1 缺乏。

(2) 临床症状　雏鸡对维生素 B_1 缺乏十分敏感，2 周龄以前多发。饲喂缺乏维生素 B_1 的饲粮后约 10 天可出现神经症状。表现为麻痹或痉挛，不能站立和行走，以跗关节和尾部着地，坐在地面或倒地侧卧，头向背后极度弯曲呈角弓反张状，呈现"观星"姿势。成鸡除神经症状外，鸡冠呈蓝紫色。

(3) 病理变化　胃肠有炎症，十二指肠溃疡，生殖器官萎缩，雏鸡皮肤水肿，肾上腺肥大。

(4) 防治措施

① 多喂谷物、麸皮和新鲜青绿饲料等富含维生素 B_1 的饲料，适量添加维生素 B_1 添加剂。

② 防止饲料霉变，加热和遇碱性物质而使维生素 B_1 遭受破坏。

（5）治疗　维生素 B_1，病鸡每千克体重 2.5 毫克，内服，连用 1~2 周。肌内注射，每千克体重 0.1~0.2 毫克。

3. 维生素 B_2（核黄素）缺乏症

维生素 B_2 缺乏症是以幼禽趾爪向内蜷曲，两腿发生瘫痪为主要特征的营养缺乏病。

（1）发病原因　饲料中缺乏富含维生素 B_2 的青绿饲料、豆类、麸皮，饲料中添加维生素 B_2 不足。饲料贮存时间过长，或过分暴晒，或饲料中加入过量碱性添加剂，维生素 B_2 受到破坏。

（2）临床症状　病鸡生长减慢，消瘦，羽毛缺乏光泽，趾爪向内卷曲，以跗关节着地，翅展开以维持身体平衡，运动困难，被迫以踝部行走，腿部肌肉萎缩或松弛，皮肤干燥，下痢，眼睛发生结膜炎或角膜炎。

（3）病理变化　坐骨神经和臂神经肿大而柔软，比正常粗大 4~5 倍，羽毛脱落不全、卷曲。肝脏肿大和脂肪肝。胃肠道黏膜萎缩，肠壁变薄。

（4）防治措施　在日粮中添加足够的维生素 B_2，在饲料加工、贮存、使用过程中避免过量添加碱性物质及阳光暴晒。

（5）治疗　口服维生素 B_2，雏鸡每天 0.1~0.2 毫克/只，育成鸡每天 5~6 毫克/只，连用 3 天。或在饮水中添加适量的复合维生素 B 溶液，连用数天。

（五）鸡普通病

1. 鸡啄癖

啄癖也称异食癖、恶食癖、互啄癖，是多种营养物质缺乏及代谢障碍、饲养管理不当等引起的一种复杂的综合征。主要包括啄羽癖、啄肛癖、啄趾癖、啄蛋癖等，是林地养鸡时最常见的恶癖。

（1）发病原因　啄癖发生的原因复杂，主要包括以下三方面因素。

① 饲养管理不当：鸡舍光线太强，引起鸡的兴奋，好斗；饲养

密度过大、潮湿、有害气体浓度高、外寄生虫等因素可引起啄癖。

② 饲料营养不足：日粮营养不全价，蛋白质含量不足，氨基酸不平衡，维生素及矿物质缺乏，食盐缺乏等。

③ 体外寄生虫：鸡虱、螨等引起皮肤瘙痒，鸡啄叼患部后破溃出血，引起鸡啄癖。

(2) 临床症状

① 啄羽癖：雏鸡、蛋鸡换羽期容易发生。鸡只互啄羽毛或啄脱落的羽毛，多与饲料中含硫氨基酸、硫和B族维生素缺乏有关。

② 啄趾癖：幼鸡易发生。啄食脚趾，引起出血或跛行。脚部被外寄生虫感染鸡多发生。

③ 啄肛癖：雏鸡和产蛋鸡最为多见。雏鸡患鸡白痢时，肛门周围羽毛粘有污浊粪便，其他雏鸡会啄食病鸡肛门，造成肛门破裂或出血，严重时直肠脱出，导致死亡。蛋鸡产蛋时泄殖腔外翻，其他鸡看见时就会啄食，引起泄殖腔炎和输卵管脱垂。

④ 啄蛋癖：产蛋鸡产蛋后自啄或互相啄食鸡蛋。

(3) 防治措施

① 断喙：7～10日龄断喙，是防治鸡啄癖最有效的办法。

② 合理搭配饲料：保证饲料中氨基酸、维生素、微量元素的含量。在日粮中添加0.2%的蛋氨酸，能减少啄癖的发生。

③ 每只鸡每天补充0.5～3克生石膏粉，啄羽癖会很快消失。

④ 食盐缺乏引起的啄癖，可在日粮中添加1.5%～2%食盐，连续3～4天，但不能长期饲喂，以免引起食盐中毒。

⑤ 加强饲养管理，避免鸡舍光照强度过强，保持适宜的饲养密度，加强通风换气，分群饲养，定量、定时饲喂。保证充足的食槽和饮水器。鸡舍可以使用红光照明。

2. 鸡痛风

鸡痛风是由于蛋白质代谢障碍引起尿酸盐在体内蓄积的营养代谢性疾病。特征是尿酸盐在关节、软骨、内脏的表面及皮下结缔组织沉积。

(1) 发病原因　鸡痛风主要是由于日粮中含氮化合物含量过高和维生素A缺乏，机体代谢产生大量的尿酸盐，在血液中含量过高时，会沉积在关节、软骨、皮下结缔组织、肝脏、肾、脾等处。也与饲料中维生素D缺乏、高钙低磷、饮水供应不足等因素有关。

（2）临床症状　根据尿酸盐在体内沉积的部位不同，分为关节型和内脏型两种。病鸡精神不振，食欲降低，羽毛松乱或脱毛，冠苍白，贫血，腿、脚皮肤脱水、发干。关节型痛风病鸡脚趾、腿、翅关节肿大，关节疼痛，跛行。内脏型痛风病鸡极度消瘦，喜卧，排白色石灰乳样稀便，最后脱水死亡。

（3）病理变化　内脏型痛风病鸡肾脏显著肿大，输尿管内蓄积大量尿酸盐，肾脏表面呈花斑状。气管黏膜、皮下、心、肝、脾、肠系膜等表面散布一层白色石灰粉样物质。肝脏质脆，切面有白色小颗粒状物。关节型痛风病鸡可见关节肿胀，关节腔内有白色尿酸盐。

（4）诊断　根据临床症状、病理变化可做出诊断。应与肾型传染性支气管炎、鸡法氏囊病和霉菌毒素中毒造成的尿酸盐沉积相区别。

（5）防治措施　预防为主，严格按照营养标准进行日粮配合，加强饲养管理。通过适当减少饲料蛋白质含量，特别是动物蛋白的含量；提高维生素A、维生素D的添加量，调节饲料钙、磷比例，添加青绿饲料，供给充足的饮水等措施，除掉诱因，降低发病率和死亡率。饮水中加入肾肿解毒药等药物，连用3～5天，可提高肾脏排泄尿酸盐的能力，降低死亡率。

3. 食盐中毒

（1）发病原因　日粮中食盐添加过多、饲喂含盐量高的鱼粉，可能引起鸡食盐中毒。由于计算错误，日粮中加入食盐过多，或饲料调制不均。配料所用的鱼粉含盐量过高，鸡群发生啄癖时，饮用食盐水浓度过大（＞2%），喂的时间过长（＞3天），都有可能引起鸡食盐中毒。

（2）临床症状　病鸡强烈口渴，大量饮水。嗉囊软肿，口和鼻中流出黏性分泌物。频频排粪，下痢。精神沉郁，食欲不振或废绝，共济失调，两脚无力，行走困难，瘫痪。后期表现衰弱，呼吸困难，抽搐，最后虚脱衰竭而死。

（3）病理变化　嗉囊中充满黏性液体，黏膜脱落，腺胃黏膜充血、出血。小肠前段充血、出血，肾变硬、色淡。病程较长者，可见皮下水肿，肺水肿，腹腔和心包中积水，脑膜血管显著充血扩张，心脏有针尖状出血点。

(4) 防治措施 发现中毒后立即停喂原有饲料，换喂无盐或低盐分、易消化的饲料至康复。供给病禽5%的葡萄糖或红糖水以利尿解毒，病情严重者另加0.3%～0.5%醋酸钾溶液逐只灌服。严格控制饲料中食盐的含量，根据所用鱼粉含盐量，调整饲料中的食盐。配料时食盐要求粉细，混合均匀。

4. 中暑

中暑是日射病和热射病的总称。鸡在烈日下暴晒，头部血管扩张而引起脑及脑膜急性充血，导致中枢神经系统机能障碍称日射病。鸡在潮湿闷热环境中因机体散热困难而造成体内积热，引起中枢神经系统机能障碍称为热射病。

(1) 发病原因 由于鸡皮肤无汗腺，体表覆盖羽毛，主要靠呼吸道散热，散热途径单一。因此，鸡在烈日下暴晒或在高温高湿环境中，鸡只拥挤，得不到足够的饮水，或在密闭、拥挤的车辆内长途运输时，鸡体散热困难，产热不能及时散发出去，引起本病发生。

(2) 临床症状 本病常突然发生，呈急性经过。日射病患鸡表现体温升高，烦躁不安，然后精神迟钝，麻痹，体躯、颈部肌肉痉挛，常在几分钟内死亡。剖检可见脑膜充血、出血，大脑充血、水肿及出血。热射病患鸡体温高达45℃以上，呼吸困难，张口呼吸，翅膀张开下垂，很快眩晕，步态不稳或不能站立，饮水大幅增加，虚脱，易惊厥而死亡。

(3) 病理变化 尸僵缓慢，血液呈紫黑色，凝血不良，全身淤血，心外膜、脑部出血。

(4) 诊断 根据发病季节、气候及环境条件、发病情况及症状、病理变化等综合分析，一般不难做出诊断。

(5) 防治措施 夏季应在林地上搭建凉棚遮阳，供鸡只活动或栖息，避免鸡长时间受到烈日暴晒。夏季避免舍内温度过高，做好遮阳、通风，地面洒水，减低饲养密度，保证供足饮水等。

(6) 治疗 发生中暑时迅速将鸡只转移到无阳光直射、阴凉的环境中，同时给清凉饮水，并在鸡冠、翅翼部位扎针放血，同时给鸡喂十滴水1～2滴、人丹4～5粒，多数中暑鸡很快即可恢复。

5. 鸡有机磷农药中毒

(1) 发病原因 鸡在刚喷洒过有机磷农药（如敌百虫、乐果、敌敌畏等)的果园、林地、农田放牧,采食被污染了的虫、青草、树叶、饲料、饮水等,可引起中毒。鸡使用体外驱虫药时用药量过大或使用方法不当,也可以发生中毒。鸡对有机磷农药十分敏感。有机磷农药与胆碱酯酶结合,引起一系列副交感神经过度兴奋的中毒症状。

(2) 临床症状　最急性中毒时,没有任何症状而突然死亡。急性中毒呈现典型的副交感神经兴奋症状:运动失调,盲目奔走或乱飞,流泪,鼻腔、口腔流出多量黏稠液体。瞳孔缩小,食欲废绝,鸡冠及肉髯呈暗紫色,头颈向腹部弯曲,呼吸困难。体温下降,肌肉痉挛、抽搐,最后卧地不起,昏迷,窒息或衰竭而死。

(3) 病理变化　尸僵显著,瞳孔明显缩小,皮下肌肉点状出血。嗉囊、腺胃、肌胃及肠道黏膜充血、肿胀,有散在出血点。内容物有某些农药的特殊气味。喉头、气管内充满泡沫样液体,肺淤血、水肿、出血,肺表面可见粉白色突出于表面的灶状气肿。心肌和心冠脂肪出血,右心扩张,心腔内有没凝固的血液。肝脏及肾脏肿胀,呈土黄色。脑充血、水肿。腹腔积有多量液体。

(4) 诊断　鸡采食过被有机磷农药污染的饲料、饮水或害虫,根据临床症状、剖检变化可做出诊断。必要时,采取可疑饲料及胃内容物做有机磷农药检测。

(5) 防治措施

① 加强农药管理,注意农药的使用方法、使用剂量及安全要求。不在刚喷洒过农药的果园、农田放养鸡只。

② 用有机磷农药杀灭鸡舍或鸡体表的外寄生虫时,要严格控制药物使用剂量和浓度。

(6) 治疗　最急性中毒,来不及治疗即大批死亡。

① 切开嗉囊排出含毒饲料,或灌服1%硫酸铜或0.1%高锰酸钾,利于有毒物质分解,缓解中毒症状。灌服盐类泻剂,可加快排除胃肠道内尚未吸收的农药。

② 对个别中毒严重的鸡只可注射特效解毒药。4%解磷定:每千克体重0.2~0.5毫克,一次肌内注射;1%硫酸阿托品:每只鸡0.1~0.2毫升,一次肌内注射。

第八章 林地生态养鸡经营管理

一、制定养鸡周期和计划

多方收集信息，掌握市场供应、需求情况，价格情况，找准市场定位，合理安排养鸡品种、养殖和出栏时间。可以向有经验、养殖规模大的养殖户打听相关信息，通过网络、报刊、电视等多渠道收集信息，权衡林地面积、资金、技术等情况，合理安排养殖周期和规模。并做好购雏、饲料需要、产品销售、支出和收入预算等生产计划。

二、成本和效益核算

做好成本预测，对人工工资、雏鸡苗的品种及价格、饲料费用、药费、燃料费用、鸡舍等建材费用等支出成本，以及产品销售渠道和价格收入等进行核算，估测利润情况，做到心中有数。

三、提高经济效益的方法

（一）规范饲养，确保产品质量

林地放养场地的空气、水质、土壤等环境符合相应的要求，饲养过程中严格控制药物和添加剂使用，保证足够的放养时间，确保鸡肉、鸡蛋产品的风味和质量。

（二）科学饲喂，精心管理，降低成本

选好品种。所选品种既能适应林地、果园的粗放饲养环境，又要把鸡的生产性能、饲料转化率等指标和当地的消费习惯、市场价格等因素综合考虑，确定最佳的放养鸡种。

饲料占养鸡成本70%左右，决定养鸡效益。林地放养要尽可能多地利用野生饲料资源，结合诱虫、人工育虫、养殖蝇蛆、蚯蚓，增加动物蛋白的供给，利用林地、果园种植优质牧草等都可减少补喂饲料的数量。

精心摸索补饲方法、补饲量,注重饲喂量和体重、蛋重的比例关系,减少饲料浪费,以获得较高的养殖效益。

(三) 严格执行卫生防疫制度,保证鸡群健康

只有健康的鸡群才能保持良好的生产性能和产品质量。林地放养一定树立预防为主的观念,科学确定疫苗接种程序,搞好环境消毒,采取一切措施预防疾病,保证鸡群健康。

(四) 饲养过程中做好记录,及时总结经验

整个养鸡过程较长且烦琐,再好的记忆力也不能把各种生产过程及数据都能准确地回想起来。所以要养成把养鸡过程的各项数据及时、准确记录下来的习惯,以便一个饲养周期结束后对生产中的饲养管理过程、各项生产指标、收支情况作分析,及时总结经验,进一步提高饲养管理水平。

记录要及时、精确,尽量简化,以便于分析。主要记录内容包括资产如一些房舍、设备及用具等固定资产、流动资金及变化,库存物资如饲料、兽药等情况;生产记录,如饲养的品种、数量、进雏日期、生长发育、体重变化、死淘率、饲料消耗等;资金的变化情况,包括购买饲料或原材料、鸡苗、药品、燃料、工人工资、水电等支出费用及出售各种产品如鸡只、鸡蛋、淘汰鸡的收入等;疾病防治记录,如免疫程序、发病及预防、治疗等情况。

四、生态养殖,生产无公害、绿色产品

因为林地养鸡周期长,出栏鸡体重小,蛋个小,养殖成本相对比较高,但鸡肉、鸡蛋风味好,质量优。如何使优质产品有较高的销售价格,是决定林地养鸡效益的关键。正确认识无公害产品和绿色产品的概念、绿色产品质量标准和产地环境技术条件要求,实行生态养殖,以生态、无公害、绿色产品形成自己的特色。

(一) 无公害农产品

无公害农产品是指产地环境符合无公害农产品的生态环境质量,生产过程必须符合规定的农产品质量标准和规范,有害物质残

留量控制在安全质量允许范围内，其指标符合《无公害农产品（食品）标准》的农、牧、渔产品（食用类，不包括深加工的食品），经专门机构认定，获得认证证书并许可使用无公害农产品标识的产品。

无公害农产品范围较宽，这类产品生产过程中允许限量、限品种、限时间地使用人工合成的化学农药，但符合国家食品卫生标准。有机食品、绿色食品都属于无公害农产品，但有机食品和AA级绿色食品对农药的使用具有更严格的限制。

（二）绿色食品

1. 绿色食品概念

绿色食品概念是由我们国家提出的，指遵循可持续发展计划，按照特定生产方式生产，经专门机构认证、许可使用绿色食品标志的无污染的安全、优质、营养类食品。由于与环境保护有关的事物国际上通常都称之为绿色，为了更加突出这类食品出自良好的生态环境，因此定义为绿色食品。

为适应国内消费者需求及当前我国农业生产发展水平与国际市场竞争，从1996年开始，在申报审批过程中将绿色食品分为A级和AA级。A级标志为绿底白字，AA级标志为白底绿字。该标志由中国绿色食品协会认定颁发。A级绿色食品系指在生态环境质量符合规定标准的产地，生产过程中允许限量使用限定的化学合成物质，按特定的操作规程生产、加工，产品质量及包装经检测、检验符合特定标准，并经专门机构认定，许可使用A级绿色食品标志的产品。AA级绿色食品系指在环境质量符合规定标准的产地，生产过程中不使用任何有害化学合成物质，按特定的操作规程生产、加工，产品质量及包装经检测、检验符合特定标准，并经专门机构认定，许可使用AA级绿色食品标志的产品。AA级绿色食品标准已经达到甚至超过国际有机农业运动联盟对于有机食品的基本要求。

绿色食品、无公害食品未必都是绿颜色的，绿颜色的食品也未必是绿色无公害食品。产品是否是绿色无公害食品还要经过专门的机构认证。

2. A级绿色食品禽肉及其产品质量标准

(1) A级绿色食品禽肉　活禽应来自非疫病区、健康、无病。禽的饲养环境、饲料及饲料添加剂、兽药、饲养管理应分别符合《绿色食品产地环境技术条件》(NY/T 391)、《绿色食品饲料和添加剂》(NY/T 471)、《绿色食品兽药使用准则》(NY/T 472)和《绿色食品动物卫生准则》(NY/T 473)的要求。

活禽应按《绿色食品动物卫生准则》(NY/T 473)的要求，经检验合格后，进行屠宰。从活禽放血至加工或分割产品到包装入冷库时间不得超过2小时。

感官要求应符合表8-1的规定。

表8-1　感官要求

项　目	鲜禽肉	冻禽肉(解冻后)
组织状态	肌肉有弹性，经指压后凹陷部位立即恢复原位	肌肉经指压后凹陷部位恢复慢，不能完全恢复原状
色泽	表皮和肌肉切面有光泽，具有禽种固有的色泽	
气味	具有禽种固有的气味，无异味	
煮沸后的肉汤	透明澄清，脂肪团聚于表面，具有固有香味	
淤血面积大于1厘米^{2}时	不允许存在	
淤血面积小于1厘米^{2}时	不得超过抽样量的2%	
硬杆毛/(根/10千克)	≤1	
肉眼可见异物	不得检出	

注：淤血面积以单一整禽或单一分割禽体的1片淤血面积计。

理化指标应符合表8-2的规定。

表8-2　理化指标/%

项　目	指　标
水分	≤77
解冻失水率	≤8

卫生指标应符合表8-3的规定。

表 8-3 卫生指标/（毫克/千克）

挥发性盐基氮/（千克/100 克）	≤15	敌敌畏	≤0.05
汞（以小时克计）	≤0.05	四环素	≤0.1
铅（以 Pb 计）	≤0.5	金霉素	≤0.1
砷（以 As 计）	≤0.5	土霉素	≤0.1
镉（以 Cd 计）	≤0.1	己烯雌酚	≤0.001
氟（以 F 计）	≤2.0	二氯二甲吡啶酚	≤0.01
铜（以 Cu 计）	≤10	呋喃唑酮	≤0.01
铬（以 Cr 计）	≤1.0	磺胺类	≤0.1
六六六	≤0.1	二甲硝咪唑	≤0.005
滴滴涕	≤0.1		

微生物指标应符合表 8-4 的规定。

表 8-4 微生物指标

项 目	指 标
菌落总数/（cfu/克）	$\leqslant 5 \times 10^5$
大肠菌群/（MPN/100 克）	$\leqslant 10^4$
沙门菌	不得检出
致泻大肠埃希菌	不得检出
单核细胞增生李斯特菌	不得检出

（2）A 级绿色食品（蛋与蛋制品质量标准）

感官要求应符合表 8-5 的规定。

表 8-5 感官要求

品 种	要 求
鲜蛋	蛋壳清洁完整，灯光透视时，整个蛋呈橘黄色至橙红色，蛋黄不见或略见阴影。打开后蛋黄凸起、完整、有韧性，蛋白澄清、透明，稀稠分明，无异味，破次率≤7%，劣蛋率≤1%
皮蛋（松花蛋）	外包泥或涂料均匀洁净，蛋壳完整，无霉变，敲摇时无水响，剖检时蛋体完整；蛋白呈青褐、棕褐或棕黄色，呈半透明状，有弹性，一般有松花花纹。蛋黄呈深浅不同的墨绿色或黄色，溏心或硬心。具有皮蛋应有的滋味和气味，无异味，破次率≤5%，劣蛋率≤1%

续表

品　种	要　　求
咸蛋	包壳包泥(灰)等涂料洁净均匀,去泥后蛋壳完整,无霉斑,灯光透视可见蛋黄阴影,剖检时蛋白液化,澄清,蛋黄呈橘红色或黄色环状凝胶体。具有咸蛋正常气味,无异味,破次率≤5%,劣蛋率≤1%
糟蛋	蛋形完整,蛋膜无破裂,蛋壳脱落或不脱落。蛋白呈乳白色、浅黄色,色泽均匀一致,呈糊状或凝固状。蛋黄完整,呈黄色或橘红色,呈半凝固状。具有糟蛋正常的醇香味,无异味
巴氏杀菌冰全蛋	坚洁均匀,呈黄色或淡黄色,具有冰禽全蛋的正常气味,无异味,无杂质
冰蛋黄	坚洁均匀,呈黄色,具有冰禽蛋黄的正常气味,无异味,无杂质
冰蛋白	坚洁均匀,白色或乳白色,具有冰禽蛋白正常的气味,无异味,无杂质
巴氏杀菌全蛋粉	呈粉末状或极易松散的块状,均匀淡黄色,具有禽全蛋粉的正常气味,无异味,无杂质
蛋黄粉	呈粉末状或极易松散块状,均匀黄色,具有禽蛋黄粉的正常气味,无异味,无杂质
蛋白片	坚洁均匀,白色或乳白色,具有冰禽蛋白正常的气味,无异味,无杂质

理化指标应符合表 8-6 的规定。

表 8-6 理化指标/%

项目	水分	脂肪	游离脂肪酸	酸度	pH(1:15稀释)	食盐(以 NaCl 计)
鲜蛋	—	—	—	—	—	—
皮蛋	—	—	—	—	≥9.5	—
咸蛋	—	—	—	—	—	2.0~5.0
糟蛋	—	—	—	—	—	—
巴氏杀菌冰全蛋	≤76	≥10	≤4	—	—	—
冰蛋黄	≤55	≥26	≤4	—	—	—
冰蛋白	≤88.5	—	—	—	—	—
巴氏杀菌全蛋粉	≤4.5	≥42	≤4.5	—	—	—
蛋黄粉	≤4.0	≥60	≤4.5	—	—	—
蛋白片	≤16	—	—	≤1.2	—	—

卫生指标应符合表 8-7 的规定,干制蛋制品应按鲜蛋折算。

表 8-7　卫生指标/（毫克/千克）

项目	指标	项目	指标
汞（以 Hg 计）	≤ 0.03	六六六	≤ 0.05
铅（以 Pb 计）	≤ 0.1	滴滴涕	≤ 0.05
砷（以 As 计）	≤ 0.5	四环素	≤ 0.2
镉（以 Cd 计）	≤ 0.05	金霉素	≤ 0.2
氟（以 F 计）	≤ 1.0	土霉素	≤ 0.1
铜（以 Cu 计）	≤ 5（皮蛋不超过 10）	呋喃唑酮	≤ 0.01
锌（以 Zn 计）	≤ 20	碘胺类（以磺胺类总量计）	≤ 0.1
铬（以 Cr 计）	≤ 1.0		

注：表中锌指标仅对皮蛋需要检测。

微生物指标应符合表 8-8 的规定。

表 8-8　微生物指标

项目	菌落总数 /(cfu/克)	大肠菌群 /(MPN/100 克)	沙门菌	志贺菌	金黄色葡萄球菌	溶血性链球菌
鲜蛋	≤ 5×10^4	< 100	不得检出	不得检出	不得检出	不得检出
皮蛋	≤ 500	< 30	不得检出	不得检出	不得检出	不得检出
咸蛋	≤ 500	< 100	不得检出	不得检出	不得检出	不得检出
糟蛋	≤ 100	< 30	不得检出	不得检出	不得检出	不得检出
巴氏杀菌冰全蛋	≤ 5000	< 1000	不得检出	不得检出	不得检出	不得检出
冰蛋黄	≤ 10^6	< 1.1×10^6	不得检出	不得检出	不得检出	不得检出
冰蛋白	≤ 10^6	< 1.1×10^6	不得检出	不得检出	不得检出	不得检出
巴氏杀菌全蛋粉	≤ 1×10^4	< 90	不得检出	不得检出	不得检出	不得检出
蛋黄粉	≤ 5×10^4	< 40	不得检出	不得检出	不得检出	不得检出
蛋白片	≤ 5×10^4	< 40	不得检出	不得检出	不得检出	不得检出

3. A 级绿色食品（产地环境技术条件）

（1）空气环境质量要求　绿色食品产地空气中各项污染物含量不应超过表 8-9 所列的指标要求。

表 8-9　空气中各项污染物的指标要求（标准状态）

项目	指标日平均	1 小时平均
总悬浮颗粒物/(千克/米³)	0.30	—
二氧化硫(SO_2)/(千克/米³)	0.15	0.50

续表

项 目	指标日平均	1小时平均
氮氧化物(NO_x)/(千克/米^3)	0.10	0.15
氟化物(F)/(微克/米^3)	7	20
氟化物(F)/[微克/(天·米^2)]	1.8(挂片法)	—

注：1. 日平均指任何一日的平均指标。

2. 1小时平均指任何1小时的平均指标。

3. 连续采样3天，1日3次，晨、午和夕各一次。

4. 氟化物采样可用动力采样滤膜法或石灰滤纸挂片法，分别按各自规定的指标执行，石灰滤纸挂片法挂置7天。

（2）农田灌溉水质要求　绿色食品产地农田灌溉水中各项污染物含量不应超过表8-10所列的指标要求。

表8-10　农田灌溉水中各项污染物的指标要求/（毫克/升）

项　目	指　标	项　目	指　标
pH值	5.5~8.5	总铅	≤0.1
总汞	≤0.001	六价铬	≤0.1
总镉	≤0.005	氟化物	≤2.0
总砷	≤0.05	粪大肠菌群/个	≤10000

注：灌溉菜园用的地表水需测粪大肠菌群，其他情况不测粪大肠菌群。

（3）畜禽养殖用水要求　绿色食品产地畜禽养殖用水中各项污染物不应超过表8-11所列的指标要求。

表8-11　畜禽养殖用水各项污染物的指标要求/（毫克/升）

项　目	标　准　值	项　目	标　准　值
色度	15°,并不得呈现其他异色	总砷	0.05
浑浊度	3°	总汞	0.001
臭和味	不得有异臭、异味	总镉	0.01
肉眼可见物	不得含有	六价铬	0.05
pH	6.5~8.5	总铅	0.05
氟化物	1.0	细菌总数/(个/毫升)	100
氰化物	0.05	总大肠菌群/(个/升)	3

（4）土壤环境质量要求　本标准将土壤按耕作方式的不同分为旱田和水田两大类，每类又根据土壤pH值的高低分为三种情况，即

pH<6.5，pH=6.5～7.5，pH>7.5。绿色食品产地土壤环境质量指标、各种不同土壤中的各项污染物含量不应超过表8-12、表8-13所列的限值。

表8-12 土壤环境质量指标/（毫克/千克）

项目	含量限制		
	pH<6.5	pH6.5～7.5	pH>7.5
镉 ≤	0.30	0.30	0.60
汞 ≤	0.30	0.50	1.0
砷 ≤	40	30	25
铅 ≤	250	300	350
铬 ≤	150	200	250
铜 ≤	50	100	100

表8-13 土壤中各项污染物的指标要求/（毫克/千克）

耕作条件	旱田			水田		
pH	<6.5	6.5～7.5	>7.5	<6.5	6.5～7.5	>7.5
镉 ≤	0.30	0.30	0.40	0.30	0.30	0.40
汞 ≤	0.25	0.30	0.35	0.30	0.40	0.40
砷 ≤	25	20	20	20	20	15
铅 ≤	50	50	50	50	50	50
铬 ≤	120	120	120	120	120	120
铜 ≤	50	60	60	50	60	60

注：果园土壤中的铜限量为旱田中铜限量的1倍；水旱轮作用的标准值取严不取宽。

五、养鸡废弃物的处理

（一）病死鸡的无公害处理

在鸡生长过程中，由于各种原因会造成鸡的死亡。这些死鸡若不加处理或处理不当，尸体能很快分解腐败，散发臭气。特别应注意的是患传染病死亡的鸡，其病原微生物会污染大气、水源和土壤，造成疾病的传播与蔓延。

1. 高温处理

病死鸡尸体采用焚烧炉焚烧。此种方法能彻底消灭死鸡及其所携带的病原体，是一种彻底处理方法。

2. 土埋法

将死亡的鸡挖深沟掩埋，利用土壤的自净作用使死鸡无害化。应遵守卫生防疫要求，尸坑应远离养殖场、畜禽舍、居民点和水源，地势要高燥，掩埋深度不小于 2 米。填埋时，在每次投入鸡尸体后应覆盖一层厚度大约 10 厘米的熟石灰。

（二）鸡粪的科学处理和利用

林地养鸡，鸡舍内粪便比较集中，需将清理出的鸡粪做无害化处理，以避免对环境产生污染。鸡粪含有丰富的氮、磷、钾微量元素等植物生长所需的营养素及高量的纤维素、半纤维素、木质素等物质，是植物生长的优质有机肥料，能改良土壤结构，增加土壤有机质，提高土壤肥力。如经过腐熟或发酵的畜粪中磷元素主要是有机磷，这种状态的磷肥被植物吸收与利用的效率要显著高于无机磷肥。鸡粪作为优质有机肥在改良土壤和搞好绿色食品生产方面都有很好的效果。生产实践表明，各种瓜果在种植过程中施用有机肥会使其成熟后的甜度和鲜度增加，农作物生长更为健康。

1. 用作肥料

常用的方法有以下三种。

（1）高温堆肥　粪便与其他有机物如秸秆、杂草、垃圾混合、堆积，控制适宜的相对湿度 70% 左右，创造好气发酵的环境，微生物大量繁殖，导致有机物分解转化成为植物能吸收的无机物和腐殖质。堆肥过程中产生的高温（50～70℃）使病原微生物及寄生虫卵死亡，达到无害化处理的目的，从而获得优质肥料。

经高温堆肥法处理后的粪便呈棕黑色、松软、无特殊臭味，不招苍蝇，无害。为了提高堆肥的肥效价值，堆肥过程中可以根据畜粪的肥效特性及植物对堆肥中营养素的特定要求，拌入一定量的无机肥及各种肥料添加物，使各种添加物经过堆肥处理后变成被植物吸收和利用率较高的有机复合肥，用于瓜果、花卉、苗木栽培等。

（2）干燥处理　干燥处理畜粪的方式和工艺较多，常有微波干燥、笼舍内干燥、大棚发酵干燥、发酵罐干燥等方式。主要问题是投入的设施成本较高，而且干燥处理过程会产生明显的臭气。

采用自然风干或阳光干燥法来干燥处理畜粪，但处理过程中产生的臭气较重，引起养殖场及周边环境的空气污染。也常常会受到阴雨天气的影响而得不到及时处理，降水也会引起粪水的地表径流而造成环境的严重污染。

(3) 药物处理　在急需用肥的季节，或在传染病和寄生虫病严重流行的地区（尤其是血吸虫病、钩虫病等），为了快速杀灭粪便中的病原微生物和寄生虫卵，可采用化学药物消毒灭虫灭卵。

选用药物时，应采用药源广、价格低、使用方便、灭虫和杀菌效果好、不损肥效、不引起土壤残留、对作物和人畜无害的药物。常用的药物主要有尿素，添加量为粪便量的1%；敌百虫，添加量为10毫克/千克；碳酸氢铵，添加量为0.4%；硝酸铵，添加量为1%。通常上述药物或添加物在常温情况下加入畜粪1天左右时间就可起到消毒与除虫的效果。

2. 生产沼气

沼气是有机物质在厌氧环境中，在适宜的温度、湿度、酸碱度、碳氮比等条件下，通过厌氧微生物发酵作用而产生的一种可燃气体，其主要成分是甲烷，占60%～70%。

沼气池一般由进料池、发酵池、贮气室、出料池、使用池和导气管六部分组成。沼气池身通常建于地下。通常在鸡粪配料中加入一定比例的杂草、植物秸秆或牛粪等含碳元素较高的物料，以保持适宜碳氮比。

沼气作为新能源，可用于鸡舍供暖、照明，职工做饭。产气后的渣汁含有较高的N、P微量元素及维生素，可作为鱼塘的良好饵料。沼渣也是一种无臭的良好肥料。

3. 通过水生植物的处理与利用

水生植物如浮莲、水葫芦、水花生等能够在粪水池塘中快速生长，使粪肥中的有机质、离子盐等养分被快速吸收利用。但由于其含水量高、干物质含量低，大部分又为碳水化合物，营养价值低而应用不多。水生植物浮萍、满江红等虽然蛋白质含量较高，是鱼和禽类的良好饲料，但单位水面的生产量低，难以快速处理与利用大量的畜粪，应进一步研究、开发。

4. 通过水体食物链的处理与利用

鸡粪适度地投到水体中,将有利于水中藻类的生长和繁殖,使水体能保持鱼良好的生长环境。只是应控制好水体的富营养化,避免使水中的溶解氧枯竭。在以上水体中适宜放养的鱼类以滤食性鱼类(如鲢、鳙、罗非鱼等)和杂食性鱼类(鲤、鲫、泥鳅等)为主。据有关报道,每公顷水面水体能处理不多于2000~4000羽体重为2千克禽类产生的粪便。

5. 用作培养料

鸡粪中的水分、碳、氮、磷等能为蚯蚓与蝇蛆提供优质食料,用于养殖蚯蚓和蝇蛆,蚯蚓和蝇蛆可作为畜禽优质蛋白饲料,也可以作为食用菌的培养料。

附　录

一、规模化生态放养鸡养殖技术规程

河北省地方标准（DB13/T 926—2008）

1 范围

本标准规定了规模化生态放养鸡的术语和定义、品种选择、设施建设、育雏、放养、生产模式、疫病防治、环境卫生、检疫、无害化处理等。

本标准适用规模化生态放养鸡养殖。

2 规范性引用文件

下列文件中的条款，通过本标准的引用而成为本标准的条款。凡是注日期的引用文件，其随后所有的修改单（不包括勘误的内容）或修订版均不适用于本标准，然而，鼓励根据本标准达成协议的各方使用这些文件的最新版本。凡是不注日期的引用文件，其最新版本适用于本标准。

GB 13078　饲料卫生标准

GB 16548　病害动物和病害动物产品生物安全处理规程

GB 16549　畜禽产地检疫规范

NY 5027　无公害食品　畜禽饮用水水质

NY 5030　无公害食品　畜禽饲养兽药使用准则

NY 5032　无公害食品　畜禽饲料和饲料添加剂使用准则

NYIT 388　畜禽场环境质量标准

饲料和饲料添加剂管理条例

饲料药物添加剂使用规范

3 术语和定义

3.1 规模化放养是从农业可持续发展的角度，根据生态学、生态经济的原理，将传统养殖方法和现代科学技术相结合，根据不同地区的特点，利用林地、草场、果园、农田等资源，实行放养和舍养相结合的规模养殖。

3.2 生态放养

是指在自然生态环境（林地、果园等）中，以采食昆虫及野生嫩草、草籽、腐殖质为主，以开放散养的方式进行养殖，从而有效控制植物虫害和草害，减少农药的使用，实现经济效益、生态效益和社会效益的高度统一。

4 品种选择

4.1 品种外形特征

宜选择体型瘦小、大小适中的鸡种，从羽毛外观上宜选择黑红、麻羽、青脚等土杂鸡特征明显的鸡种。

4.2 生产性能特点

选择适应性广、抗病力强、采食能力强、抗逆性强、可生产高产量鸡蛋、鸡肉为目标的现代配套系鸡种、地方鸡种和杂交鸡种。

4.3 品种分类

4.3.1 蛋用型品种有农大矮小鸡、海兰鸡、伊莎鸡、仙居鸡、白耳黄鸡、绿壳蛋鸡等。

4.3.2 肉用型品种有黄羽肉鸡、惠阳胡须鸡、清远麻鸡、杏花鸡、桃源鸡、溧阳鸡、河田鸡、霞烟鸡、江村黄鸡等。

5 设施建设

5.1 场址选择

可选择林地、草地、果园、农田等，要求地势相对平坦、宽阔、安静、绿色植物较多，有一定量的草虫，距交通主干线 1km 以上、居民点 1km 以上、周围 3km 内无工厂及其他畜牧污染源。

5.2 鸡场布局

鸡场布局应科学、合理、实用，并根据地形、地势和风向确定房舍和设施的相对位置，包括房舍分区规划、道路规划、供水供电布置、防疫卫生安排，做到利于生产管理和卫生管理。

5.3 鸡舍建筑

5.3.1 永久性鸡舍要求防暑保温，背风向阳，光照充足，布列均匀，便于卫生防疫。鸡舍跨度 8～10m、高度 2～2.5m、长 1～

20m，舍内设置栖架（似鸡蛋笼，高低分层错开），每只鸡占15cm，每个鸡舍容纳成年鸡1000～1500只。

5.3.2 简易鸡舍要求能保温挡风，不漏雨，不积水即可，形式和规格不拘一格。一般每棚可容纳1000～1500只青年鸡或产蛋鸡。

5.3.3 搭建棚舍要避风、向阳、防水、地势高，每个棚容纳100～200只。棚顶石棉瓦错开，一高一低，留5～8cm的缝隙。

5.3.4 围网护群用铁丝网或尼龙网围护，高大于1.5m。刚开始放养网围面积要小些，使其适应，然后逐渐扩大。

5.4 设备和用具

生态放养鸡常用设施和用具包括供暖设备、饮水设备、喂料设备、产蛋箱、诱虫设备等，应根据放养鸡的生活习性，做到简单、实用、易于搬动，维修方便，经济耐用。

6 育雏

6.1 育雏准备

6.1.1 用具

垫料、炉子烟囱、布门帘、塑料布、料槽、饮水器、灯泡、温度计、湿度计、消毒剂、疫苗、雏鸡饲料等用品，饲料使用应符合《饲料和饲料添加剂管理条例》、GB 13078和NY 5032等有关规定，饲料中药物添加剂使用应符合《饲料药物添加剂使用规范》，严禁使用有毒有害物质，严禁超标准使用添加剂。

6.1.2 消毒

进雏前鸡舍内先用2%火碱溶液进行地面消毒，再用高锰酸钾与福尔马林按1∶2混合熏蒸消毒，500g高锰酸钾和1000g福尔马林能消毒30～50m³的空间。鸡舍门前铺上草垫，上撒生石灰或2%火碱或3%来苏尔。食槽、水槽等用具刷净后，用3%来苏尔消毒。

6.2 饮水开食

6.2.1 饮水

雏鸡入舍休息30～60 min后，即可供给凉开水，温度以36℃为宜，在水中加入8%白糖或多维葡萄糖，并按说明加抗生素；15日后，改饮常水。水质应符合NY 5027的规定。

6.2.2 开食

在鸡初饮 2~3h（出壳后 24~36h），方可开食，用雏鸡料。采取自由采食，少添勤喂，撒均匀。间隔时间尽量相等，不可忽长、忽短。饲料要多样化，保证蛋白质的数量和质量。饲料中粗纤维含量不宜超过 5%。饲料卫生标准应符合 GB 13078 的规定。

6.2.3 环境条件

育雏鸡舍内温度、湿度、密度、光照应符合附表 1 的要求。

附表 1 育雏鸡舍环境条件技术要求

周龄	相对湿度 /%	温度		密度	光照	
		地面/℃	笼养/℃	只/m²	光照时间 /h	光照强度 /lx
1(1~3 天)	70	32~33	34~35	66	24	20
1(4~7 天)	70	30	32	55	18	11
2	65	28	30	45	14	10
3	60	26	27	40	12	11
4~17	60~65	18~24	18~24	29	10~12	20

6.2.4 空气要求

舍内应定期通风，空气质量符合 NY/T 388 的规定。

7 放养

7.1 放养前的准备

7.1.1 调教

包括喂食和饮水调教、放牧调教、归巢调教、上栖架调教及紧急避险调教等，使鸡产生条件反射形成习惯性行为。

7.1.2 适应

通过适应性锻炼，使小鸡迅速适应环境变化。包括饲料、温度、活动量、管理、抗应激、防疫的适应。

7.1.3 分群

应注意不同日龄鸡的分群，切忌群体过大，每亩地 50~80 只，每群 80~100 只为宜。

7.2 放养

7.2.1 时间

宜选在春季当地日平均气温南部达到23℃，北部15℃开始放养，至秋后霜冻前当地日平均气温达到15℃。雏鸡宜达40～50日龄时再开始放养。

7.2.2 密度
一般每亩50～80只鸡。

7.2.3 供水
供水一定要充足，在鸡活动范围内放一些饮水器，饮水应符合NY 5027的规定。

7.2.4 补料
补料是为补充野外自由觅食的不足，应根据鸡的日龄、生长发育、林地草地类型、天气情况，决定补料次数、时间、类型、营养浓度和补料数量。多采用营养全面、价格适宜的配合饲料。春夏季一般安排在晚上补料。

7.2.5 防虫

7.2.5.1 物理方法
除虫可在夏季每晚用黑光灯引虫蛾，每个棚舍放一盏灯。

7.2.5.2 化学方法
在树木、农田和果园喷药，防治病害虫时，应将鸡赶到安全地带或错开时间，田园病虫害防治要选择高效低毒农药，用药后要间隔5天以上，才可以放到田园中，并做好解毒，以防鸡群中毒。

7.3 放养技术特点

7.3.1 林地
分区轮牧，全进全出；重视兽害；林下种草。

7.3.2 草场
注意昼夜温差；严防兽害；建造遮阴防雨棚舍；晚放牧早回巢；严防鸡在窝外产蛋。

7.3.3 果园
分区轮牧；慎用除草剂；捕虫与诱虫想结合。

8 生产模式

8.1 模式一
105天×2生态放养肉用鸡生产模式。本模式适用于河北省中南部气候较温暖地区。从小鸡出壳到出栏，公鸡90～100天，母鸡

110～120 天，平均 105 天出栏，平均体重 1.25 kg。每年饲养两批。具体安排：第一批，4 月上旬进雏，5 月中旬放养，7 月中旬出栏；第二批，6 月中旬进雏，7 月中旬放养，9 月底～10 月初出栏。

8.2 模式二

365 天蛋肉结合生产模式。本模式适用于河北省境内，前期以产蛋为主，后期以产肉为主，饲养 1 年后母鸡作为肉鸡出售。具体安排：1 月上旬进雏（冬季育雏），3 月放养（春季育成），6 月上、中旬产蛋，元旦淘汰。生产周期 1 年。

8.3 模式三

500 天蛋鸡生产模式。本模式适用于河北省中北部气候较寒冷地区。0～140 日龄，通过育雏期、育成期，开始产蛋，蛋鸡 1 年后作为肉鸡淘汰。具体安排：4 月下旬至 5 月上旬进雏，6 月中旬放养，10 月上旬产蛋，第二年 10 月上旬淘汰。

8.4 其他模式

如果采取人工强制换羽 1～2 次，生产周期更长，效益更高，可根据具体情况选择。

9 疫病防治

9.1 卫生防疫

9.1.1 卫生防疫制度

9.1.1.1 每个基地应引入同一鸡场同一品种的鸡苗饲养，防止交叉感染。饲养实行"全进全出"原则，即同一放牧地点和鸡舍只能放养同一批相同日龄的鸡。

9.1.1.2 场和生产区入口必须设置消毒池，外来物品必须消毒后才能进入场内。

9.1.1.3 外来人员不准随便进入场内，如有特殊情况需进入，必须进行消毒和换工作服后才能进场。

9.1.1.4 外出销售未完的鸡场外妥善保存，不能再拿回场内。场内不能从外购入任何家禽宰食。

9.1.1.5 应按免疫程序的时间要求，搞好免疫工作。

9.1.1.6 鸡舍、放牧场地和饲养工具应定期消毒。

9.1.1.7 发生疫情时应执行严格的隔离制度，即时诊断和治疗。

并上报当地畜牧技术服务中心。

9.1.1.8 病死鸡应进行焚烧、深埋等无害化处理。防止病源传播。

9.1.2 免疫程序

参考免疫程序：

1日龄，预防马立克，使用马立克液氮苗，颈部皮下注射0.2ml/只。

5日龄，预防新肾支，使用新肾支冻干苗，点眼0.05ml/只。

12日龄，预防法氏囊病，使用法氏囊弱毒苗，饮水按说明稀释后10ml/只。

22日龄，预防新城疫，使用新城疫克隆30或N系疫苗，饮水用3倍量水稀释。

26日龄，预防法氏囊病，使用中等毒法氏囊苗，饮水按说明稀释后10ml/只。

28日龄，预防鸡痘，使用鸡痘弱毒疫苗，翅膀内侧皮下接种用100倍水稀释。

30日龄，预防禽流感，使用禽流感疫苗颈部皮下注射0.5ml/只。

60日龄，预防新城疫，使用新城疫Ⅰ系苗，肌内注射1ml/只。

90日龄，预防新城疫，使用新城疫C30或4系疫苗，饮水，4倍量稀释15ml/只。

110～120日龄，预防新肾支，使用新肾支减三联油苗，肌内注射0.5ml/只。

110～120日龄，预防禽流感，使用禽流感疫苗，肌内注射0.5ml/只。

注：以上疫苗剂量为参照量，也可按说明书使用。以上程序可根据当地实际随时调整。

9.2 常见病

9.2.1 细菌病

鸡沙门菌病（鸡白痢、鸡伤寒、鸡副伤寒）和大肠杆菌病，在1～15日龄用新霉素、庆大霉素等药物交替使用。

9.2.2 寄生虫病

鸡球虫病和盲肠肝炎，在 20～60 日龄，用地克珠利、莫能菌素、盐霉素等药物交替使用。

9.2.3 呼吸道病

多发于 20～70 日龄，用恩诺沙星、泰乐菌素、北里霉素等药物预防。

9.3 多发传染病

禽流感、新城疫、传染性法瓦囊病、传染性支气管炎病、慢性呼吸道病、鸡痘、鸡白痢、大肠杆菌病、球虫病、蛔虫病等。防治此类传染病，要严格按照免疫程序及时使用疫苗。

9.4 兽药使用

9.4.1

兽药使用应符合 NY 5030 的规定，宜使用中药预防和治疗各种疾病。规范用药，用量及休药期按 NY 5030 的规定执行。

9.4.2 禁止使用的药物

禁止使用致畸、致癌、致突变、对环境造成污染、激素类和基因工程方法生产的兽药。

禁止使用以下药物：激素类药物、氯霉素、呋喃类药物、马兜铃属植物及制剂、氯仿、氯丙嗪、秋水仙碱、氨苯砜、硝咪唑等。

9.4.3 允许使用的药物

盐酸氨丙啉、盐酸氨丙啉＋磺胺喹噁啉钠、越霉素 A、二硝托胺、芬苯达唑、氟苯咪唑、潮霉素 B、甲基盐霉素、尼卡巴嗪、盐酸氟苯胍、磺胺喹噁啉＋二甲氧苄啶、磺胺喹噁啉钠、妥曲珠利、硫酸安普霉素、亚甲基水杨酸杆菌肽、甲磺酸达氟沙星、盐酸二氟沙星、恩诺沙星、硫氰酸红霉素、氟苯尼考、氟甲喹、吉他霉素、酒石酸吉他霉素、硫酸新霉素、牛至油、盐酸土霉素、盐酸沙拉沙星、磺胺喹噁啉＋甲氧苄啶、复方磺胺嘧啶、延胡索酸泰妙菌素、酒石酸泰乐菌素。

9.4.4 消毒药

允许使用季铵盐类、卤素类、表面活性剂等消毒药。

9.4.5 灭鼠药

允许使用抗凝血类灭鼠剂。

9.4.6 农药

放牧地果树及其他经济林木杀虫,允许使用菊酯类杀虫剂。喷洒农药后1个月内不能放鸡。

10 环境卫生

放牧过的大田和林地等应翻土,撒施生石灰,带鸡消毒用0.3%过氧乙酸或0.05%~0.01%百毒杀或1210。

11 检疫

鸡出售前做产地检疫,按GB 16549执行,检疫合格方可上市,不合格的按GB 16548处理。

12 废弃物的无害化处理

按GB 16548的规定执行。

二、无公害食品蛋鸡饲养允许使用的兽药

(规范性附录)

1 幼雏/中雏期、育成期用药

附表2 治疗用药(必须在兽医指导下使用)

类别	药品名称	剂型	用法与用量（以有效成分计）	休药期天	用途	注意事项
抗寄生虫药	盐酸氨丙啉	可溶性粉	混饮:48g/L,连用5~10天	1	预防球虫病	饲料中维生素B_1含量在10mg/kg以上时明显拮抗
	盐酸氨丙啉+磺胺喹噁啉钠	可溶性粉	混饮:0.5g/L。治疗:连用3天,停2~3天,再用2~3天	7	球虫病	—
	越霉素A	预混剂	混饲 0.5~10g/1000kg饲料,连用8周	3	蛔虫病	—
	二硝托胺	预混剂	混饲 125~1000kg饲料	3	球虫病	—

续表

类别	药品名称	剂型	用法与用量（以有效成分计）	休药期天	用途	注意事项
抗寄生虫药	芬苯达唑	粉剂	口服：10～50mg/kg体重		线虫和绦虫病	—
	氟苯咪唑	预混剂	混饲：8g/1000kg饲料，连用4～7天	14	驱除胃肠道线虫及绦虫	—
	潮霉素B	预混剂	混饲：8～12g/1000kg饲料，连用8周	3	蛔虫病	—
	甲基盐霉素+尼卡巴嗪	预混剂	混饲：[(24.8+24.8)～(44.8+44.8)]g/1000kg饲料	5	球虫病	禁于泰妙菌素、竹桃霉素并用；高温季节慎用
	盐酸氯苯胍	片剂	口服：10～15mg/kg体重	5	球虫病	影响肉质品质
		预混剂	混饲：3～6g/1000kg饲料			
	磺胺喹噁啉+二甲氧苄啶	预混料	混饲：(100+20)g/1000kg饲料	10	球虫病	—
	磺胺喹噁啉钠	可溶性粉	混饮：300～500mg/L，连续饮用不超过5天	10	球虫病	—
	妥曲珠利	溶液	混饮：7mg/kg体重，连用2天	21	球虫病	—
抗菌药	硫酸安普霉素	可溶性粉	混饮：250～500mg/L，连用5天	7	大肠杆菌、沙门菌及部分支原体感染	—
	亚甲基水杨酸杆菌肽	可溶性粉	混饮：50～100mg/L，连用5～7天（治疗）	0	治疗慢性呼吸道病；提高产蛋量，提高产蛋期饲料效率	每日新配
	甲磺酸达氟沙星	溶液	混饮：20～50mg/L；1日1次，连用3天	1	细菌和支原体感染	—

续表

类别	药品名称	剂型	用法与用量（以有效成分计）	休药期天	用途	注意事项
抗菌药	盐酸二氟沙星	粉剂溶液	内服：5～10mg/kg体重，1日2次，连用3～5天	1	细菌和支原体感染	—
	恩诺沙星	可溶性粉溶液	混饮：25～75mg/L，连用3～5天	2	细菌性疾病和支原体感染	避免与四环素、氯霉素、大环内酯类抗生素合用；避免与含铁、镁、铝的药物或高价配合饲料同服
	硫氰酸红霉素	可溶性粉	混饮：125mg/L，用3～5天	3	革兰阳性菌及支原体感染	—
	氟苯尼考	粉剂	内服：20～30mg/kg体重，连用3～5天	30	敏感细菌所致细菌性疾病	
	氟甲喹	可溶性粉	内服：3～6mg/kg体重，首次量加倍，2次/日，连用3～4天		革兰阴性菌引起的急性胃肠道及呼吸道感染	
	吉他霉素	预混制	混饲：100～300g/1000kg饲料，连用5～7天（防治疾病）	7	革兰阳性菌、支原体感染；促生长	
	酒石酸吉他霉素	可溶性粉	混饮：250～500mg/L，连用3～5天	7	革兰阳性菌及支原体等感染；促生长	
	硫酸新霉素	可溶性粉 / 预混剂	混饮：250～500mg/L，连用3～5天 / 混饲：77～154g/1000kg饲料，连用3～5天	5	革兰阴性菌所致胃肠道感染	
	牛至油	预混剂	混饲：22.5g/1000kg饲料，连用7天（治疗）	0	大肠杆菌、沙门菌所致下痢	
	盐酸土霉素	可溶性粉	混饮：53～211mg/L，用药7～14天	5	鸡霍乱、白痢、肠炎、球虫、鸡伤寒	
	盐酸沙拉沙星	可溶性粉溶液	混饮：25～50mg/kg体重，连用3～5天		细菌及支原体感染	

续表

类别	药品名称	剂型	用法与用量（以有效成分计）	休药期天	用途	注意事项
抗菌药	磺胺喹噁啉钠＋甲氧苄啶	预混剂	混饲：20～30mg/kg体重，连用10天	1	大肠杆菌、沙门菌感染	—
		混悬液	混饮：[(80＋16)～(160＋32)]mg/L，连用5～7天			
	复方磺胺嘧啶	预混制	混饲：0.17～0.2g/kg体重，连用10天	1	革兰阳性菌及阴性菌感染	—
	磺胺喹噁啉钠＋甲氧苄啶	预混剂	混饲：25～30mg/kg体重，连用10天	1	大肠杆菌、沙门菌感染	—
		混悬液	混饮：[(80＋16)～(160＋32)]mg/L，连用5～7天			
	延胡索酸泰妙菌素	可溶性粉	混饮：125～250mg/L，连用3天	7	慢性呼吸道病	禁与莫能菌素、盐霉素等聚醚类抗生素混合使用
	酒石酸泰乐菌素	可溶性粉	混饮：500mg/L，连用3～5天	1	革兰阳性菌及支原体感染	—

附表3 预防用药

类别	药品名称	剂型	用法与用量（以有效成分计）	休药期天	用途	注意事项
抗寄生虫药	盐酸氨丙啉＋乙氧酰胺苯甲酯	预混剂	混饲：(125＋8)g/1000kg饲料	3	球虫病	—
	盐酸氨丙啉＋磺胺喹噁啉钠	可溶性粉	混饮：0.5 g/L，连用2～4天	7	球虫病	—
	盐酸氨丙啉＋乙氧酰胺苯甲酯＋磺胺喹噁啉	预混制	混饲：(100＋5＋60)g/1000kg饲料	7	球虫病	—
	氯羟吡啶	预混剂	混饲：125g/1000kg饲料	5	球虫病	—

续表

类别	药品名称	剂型	用法与用量（以有效成分计）	休药期天	用途	注意事项
抗寄生虫药	地克珠利	预混剂	混饲：1g/1000kg 饲料	—	球虫病	—
		溶液	混饮：0.5~1mg/L			
	二硝托胺	预混剂	混饲：125g/1000kg 饲料	3	球虫病	—
	氢溴酸常山酮	预混剂	混饲：3g/1000kg 饲料	5	球虫病	—
	拉沙洛西钠	预混剂	混饲：75g/1000kg 饲料	5	球虫病	—
	马杜霉素铵	预混剂	混饲：5~125g/1000kg 饲料	5	球虫病	—
	莫能菌素钠	预混剂	混饲：90~110g/1000kg 饲料	5	球虫病	禁与泰妙菌素、竹桃霉素并用
	甲基盐霉素	预混剂	混饲：6~8g/1000kg 饲料	5	球虫病	禁与泰妙菌素、竹桃霉素及其他抗球虫药伍用
	甲基盐霉素+尼卡巴嗪	预混剂	混饲：[(24.8+24.8)~(44.8+44.8)]g/1000kg 饲料	5	球虫病	禁与泰妙菌素、竹桃霉素并用；高温季节慎用
	尼卡巴嗪	预混剂	混饲：20~25g/1000kg 饲料	4	球虫病	—
抗寄生虫药	尼卡巴嗪+乙氧酰胺苯甲酯	预混剂	混饲：(125+8)g/1000kg 饲料	9	球虫病	种鸡禁用
	盐霉素钠	预混剂	混饲：50~70g/1000kg 饲料	5	球虫病及促生长	禁与泰妙菌素、竹桃霉素并用
	赛杜霉素钠	预混剂	混饲：25g/1000kg 饲料	5	球虫病	—
	磺胺氯吡嗪钠	可溶性粉	混饮：0.3g/L，混饲：0.6g/1000kg 饲料，连用5~10天	1	球虫病	鸡霍乱及伤寒病不得作饲料添加剂长期使用；凭兽医处方购买
	磺胺喹噁啉+二甲氧苄啶	预混剂	混饲：(100+20)g/1000kg 饲料	10	球虫病	凭兽医处方购买

续表

类别	药品名称	剂型	用法与用量（以有效成分计）	休药期天	用途	注意事项
抗菌药	亚甲基水杨酸杆菌肽	可溶性粉	混饮：25mg/L（预防量）	0	治疗慢性呼吸道病；提高产蛋量，提高产蛋期饲料效率	每日新配
	杆菌肽锌	预混剂	混饲：4～40g/1000kg饲料	7	促进畜禽生长	用于16周龄以下
	杆菌肽锌+硫酸黏杆菌素	预混剂	混饲：2～20g/1000kg饲料	7	革兰阳性菌和阴性菌感染	—
	金霉素（饲料级）	预混剂	混饲：20～50g/1000kg饲料（10周龄以内）	7	促生长	—
	硫酸黏杆菌素	可溶性粉	混饮：20～60mg/L	7	革兰阴性杆菌引起的肠道疾病；促生长	避免连续用药1周以上
		预混剂	混饲：2～20g/1000kg饲料			
	恩拉霉素	预混剂	混饲：1～10g/1000kg饲料	7	促生长	—
	黄霉素	预混剂	混饲：5g/1000kg饲料	0	促生产	—
	吉他霉素	预混剂	混饲：5～11g/1000kg饲料	7	革兰阳性菌、支原体感染；促生长	—
	那西肽	预混剂	混饲：2.5g/1000kg饲养	3	促生长	—
	牛至油	预混剂	混饲：促生长：1.25～12.5g/1000kg饲料，预防：11.25g/1000kg	0	大肠杆菌、沙门菌所致下痢	—
	土霉素钙	粉剂	混饲：10～50g/1000kg饲料（10周龄以内）；添加于低钙饲料（含钙量0.18%～0.55%）时，连续用药不超过5天	5	促生长	—
	酒石酸泰乐菌素	可溶性粉	混饮：500mg/L，连用3～5天	1	革兰阳性菌及支原体感染	—
	维吉尼亚霉素	预混剂	混饲：5～20g/1000kg饲料	5	革兰阳性菌及支原体感染	—

2 产蛋期用药

附表 4　产蛋期用药（必须在兽医指导下使用）

药品名称	剂型	用法与用量（以有效成分计）	弃蛋期天	用途
氟苯咪唑	预混期	混饲：30g/1000kg 饲料，连用 4~7 天	7	驱除胃肠道线虫及绦虫
土霉素	可溶性粉	混饮：60~250mg/L	1	抗革兰阳性菌和阴性菌
杆菌肽锌	预混制	混饲：15~100g/1000kg 饲料	0	促进畜禽生长
牛至油	预混剂	混饲：22.5g/1000kg 饲料，连用 7 天（治疗）	0	大肠杆菌、沙门氏菌所致下痢
复方磺胺氯达嗪钠（磺胺氯达嗪钠＋甲氧苄啶）	粉剂	内服：20mg/kg 体重，连用 3~6 天	6	大肠杆菌和巴氏杆菌感染
妥曲珠利	溶液	混饮：7mg/kg 体重，连用 2 天	14	球虫病
维吉尼亚霉素	预混剂	混饲：20g/1000kg 饲料	0	抑菌、促生长

三、无公害食品肉鸡饲养中允许使用的药物饲料添加剂

类别	药品名称	用量（以有效成分计）	休药期天
抗菌药	阿美拉霉素	5~10g/1000kg	0
	杆菌肽锌	以杆菌肽计，4~40g/1000kg，16 周龄以下使用	0
	杆菌肽锌＋硫酸黏杆菌素	2~20g/1000kg＋0.4~4g/1000kg	7
	盐酸金霉素	20~50g/1000kg	7
	硫酸黏杆菌素	20~20g/1000kg	7
	恩拉霉素	1~5g/1000kg	7
	黄霉素	1g/1000kg	0
	吉他霉素	促生长，5~10g/1000kg	7
	那西肽	2.5g/1000kg	3
	牛至油	促生长，1.25~12.5g/1000kg，预防，11.25g/1000kg	0
	土霉素钙	混饲，10~50g/1000kg，10 周龄以下使用	7
	维吉尼亚霉素	5~20g/1000kg	1

续表

类别	药品名称	用量(以有效成分计)	休药期天
抗球虫	盐酸氨丙啉+乙氧酰胺苯甲酯	(125+8)g/1000kg	3
	盐酸氨丙啉+乙氧酰胺苯甲酯+磺胺喹啉	(100+5+60)g/1000kg	7
	氯羟吡啶	125g/1000kg	5
	复方氯羟吡啶粉(氯羟吡啶+苄氧喹甲酯)	(102+8.4)g/1000kg	7
	地克珠利	1g/1000kg	—
	二硝托胺	125g/1000kg	3
	氢溴酸常山酮	3g/1000kg	5
	拉沙洛西钠	75~125g/1000kg	3
	马杜霉素铵	5g/1000kg	5
	莫能菌素	90~110g/1000kg	5
	甲基盐霉素	60~80g/1000kg	5
	甲基盐霉素+尼卡巴嗪	[(30~50)+(30~50)]g/1000kg	5
	尼卡巴嗪	20~25g/1000kg	4
抗球虫药	尼卡巴嗪+乙氧酰胺苯甲酯	(125+8)g/1000kg	9
	盐酸氯苯胍	30~60g/1000kg	5
	赛杜霉素钠	25g/1000kg	5

四、无公害食品肉鸡饲养中允许使用的治疗药

类别	药品名称	剂型	用法与用量(以有效成分计)	休药期天
抗菌药	硫酸安普霉素	可溶性粉	混饮,0.25~0.5g/L,连饮5天	7
	亚甲基水杨酸杆菌肽	可溶性粉	混饮,预防,25mg/L;治疗,50~100mg/L,连用5~7天	1
	硫酸黏杆菌素	可溶性粉	混饮,20~60mg/L	7
	甲磺酸达氟沙星	溶液	20~50mg/L,1次/天,连用3天	—
	盐酸二氟沙星	粉剂、溶液	内服、混饮,(5~10)mg/kg体重,2次/天,连用3~5天	1
	恩诺沙星	溶液	混饮,25~75mg/L,2次/天,连用3~5天	2
	氟苯尼考	粉剂	内服,20~30mg/kg体重,2次/天,连用3~5天	30天暂定

续表

类别	药品名称	剂型	用法与用量(以有效成分计)	休药期天
抗菌药	氟甲喹	可溶性粉	内服,3~6mg/kg 体重,2 次/天,连用 3~4 天,首次量加倍	—
	吉他霉素	预混剂	100~300g/1000kg,连用 5~7 天,不得超过 7 天	7
	酒石酸吉他霉素	可溶性粉	混饮,250~500mg/L,连用 3~5 天	7
	牛至油	预混剂	22.5g/1000kg,连用 7 天	—
	金荞麦散	粉剂	治疗:混饲,2g/kg;预防:混饲,1g/kg	0
	盐酸沙拉沙星	溶液	20~50mg/L,连用 3~5 天	
	复方磺胺氯哒嗪钠(磺胺氯哒嗪钠+甲氧苄啶)	粉剂	内服,(20+4)mg/(kg 体重·天),连用 3~6 天	1
抗菌药	延胡索酸泰妙菌素	可溶性粉	混饮,125~250mg/L,连用 3 天	
	磷酸泰乐菌素	预混制	混饲,26~53g/1000kg	5
	酒石酸泰乐菌素	可溶性粉	混饮,500mg/L,连用 3~5 天	1
抗寄生虫药	盐酸氨丙啉	可溶性粉	混饮,48g/L,连用 5~7 天	7
	地克珠利	溶液	混饮,0.5~1mg/L	—
	磺胺氯吡嗪钠	可溶性粉	混饮,300mg/L;混饲,600g/1000kg,连用 3 天	1
	越霉素 A	预混剂	混饲,10~20g/1000kg	3
	芬苯达唑	粉剂	内服,10~50mg/kg 体重	
	氟苯咪唑	预混剂	混饲,30g/1000kg,连用 4~7 天	14
	潮霉素 B	预混剂	混饲,8~12g/1000kg,连用 8 周	3
	妥曲珠利	溶液	混饮,25mg/L,连用 2 天	

五、生产 A 级绿色食品允许使用的抗寄生虫和抗菌化学药品

类别	药名	剂型	途径	剂量	停药期
抗寄生虫药	地克珠利	溶液	饮水	$0.5\sim1$mg/L	5 天
抗菌药	红霉素	粉剂	饮水	125mg/L	5 天,产蛋禁用
	新霉素	可溶粉	饮水	$50\sim75$mg/L	5 天,产蛋禁用
	大观霉素	可溶粉	饮水	1g/L	5 天,产蛋禁用
	林可霉素	片剂	口服	10mg/kg	5 天,产蛋禁用
	泰乐菌素	可溶粉	饮水	500mg/L	1 天,产蛋禁用
	酒石酸泰乐菌素	注射剂	皮下、肌内注射	$5\sim13$mg/kg	14 天

参 考 文 献

[1] 王长康. 优质鸡半放养技术. 福州：福建科学技术出版社，2003.
[2] 李英，谷子林. 规模化生态放养鸡. 北京：中国农业大学出版社，2005.
[3] 刘月琴，张英杰. 家禽饲料手册. 北京：中国农业大学出版社，2007.
[4] 李如治. 家畜环境卫生学. 北京：中国农业出版社，2005.
[5] 张敬，江乐泽. 无公害散养蛋鸡. 北京：中国农业出版社，2010.
[6] 杨山，李辉. 现代养鸡. 北京：中国农业出版社，2002.
[7] 郭年丰. 无公害肉鸡生产大全. 北京：中国农业出版社，2009.
[8] 冯纪年. 陕西草地鼠虫害及其防治. 陕西：西北农林科技大学出版社，2006.
[9] 徐汉虹. 生产无公害农产品使用农药手册. 北京：中国农业出版社，2008.
[10] 郗荣庭. 果树栽培学. 北京：中国农业出版社，2000.